Wagner/Kratz · Chemie in faszinierenden Experimenten

AF860900

Stadtbüchereien
Landeshauptstadt Düsseldorf

Bibliografische Information Der Deutschen Bibliothek

Die Deutsche Bibliothek verzeichnet diese Publikation in der Deutschen Nationalbibliografie; detaillierte bibliografische Daten sind im Internet über <http://dnb.ddb.de> abrufbar.

Best.-Nr. 4208
© Alle Rechte bei AULIS VERLAG DEUBNER, Köln, 2005
Einbandgestaltung: *Sybille Hübener*
Printed in the European Community
ISBN 3-7614-2511-2

Das vorliegende Werk wurde sorgfältig erarbeitet. Dennoch übernehmen Autoren, Herausgeber und Verlag für die Richtigkeit von Angaben, Hinweisen und Ratschlägen sowie für eventuelle Druckfehler keine Haftung.

Inhaltsverzeichnis

Vorwort des Herausgebers zur 10. Auflage

Der Klassiker unter den faszinierenden Experimenten erschien in der ersten Auflage bereits im Jahre 1979. Seit dem hat er neun Auflagen erlebt und sicher viele Experimentatoren motiviert, die in diesem Buch gesammelten Experimente, die ja einen besonderen Effekt zeigen, zu probieren, sie im Unterricht oder vor einem ausgewählten Publikum in einem passenden Rahmen zu demonstrieren und selbst neue zu suchen. Außerdem hat die Publikation viele Autoren angeregt, Experimente dieser Art selbst zu veröffentlichen. Nach der langen Publikationsperiode war eine völlige Überarbeitung des erfolgreichen Buches mit einer Ergänzung und Erweiterung der Versuche, also eine völlige Neugestaltung des Buches, angesagt. So sollten neue attraktive Experimente aufgenommen, die bisherigen durchgesehen und auf den neuesten Stand gebracht werden, vor allem aber sollten die Sicherheitsvorkehrungen den heutigen Erkenntnissen angepasst werden. Der bisherige Autor, Herr *Georg Wagner*, wollte sich dieser Aufgabe nicht mehr unterziehen, so musste ein neuer Autor gesucht werden, der in der Lage war, dieses bewährte Buch fortzuführen. Der besonderer Dank gilt deshalb dem neuen Autor, Herrn *Michael Kratz*, der die sicher nicht ganz einfache Aufgabe übernommen hat und mit Kompetenz, Geschick und Engagement diese Neuauflage gestaltete.

Nun liegt ein Buch mit etwa 140 Experiment-Titeln vor, das sind 60 mehr als in der letzten Auflage. Häufig findet man unter »Hinweise für weitere passende Versuche« Alternativen zum beschriebenen Experiment oder ähnliche Versuche, so dass die Anzahl der im Buch enthaltenen Experimente die genannte Anzahl deutlich übersteigt.

Die Struktur der Versuchs-Darstellungen hat sich im Vergleich zur letzten Auflage ebenfalls geändert, um die Übersichtlichkeit und das rasche Erfassen eines Experiments zu erhöhen. In diesem Rahmen kann besonders auf den Abschnitt »Vorbereitende Arbeiten« hingewiesen werden. Weiterhin wurden die Bezugsadressen aktualisiert, der Text wurde auf die neue Rechtschreibung umgestellt und es werden Tipps für die Präsentation gegeben. Da attraktive Experimente zwangsläufig häufig mit heftigen Reaktionen verbunden sind, sollten die eigens zusammengestellten Sicherheitsvorkehrungen sorgfältig gelesen werden, um Unfälle zu vermeiden. Das Entsorgungskonzept ist auf vier Sammelbehälter und zusätzlich einen für Sondermüll in Anlehnung an übliche Maßnahmen reduziert worden. Die hier aufgeführten Versuche werden im allgemeinen als »Show-Experimente« bezeichnet, denn in den meisten Fällen führen die Versuche zu einem nicht vorhergesehenen Ergebnis, das eine überraschende Reaktion bei den Zuschauem auslöst. Auch wenn kein Chemieverständnis bei den Zuschauern vorausgesetzt werden kann, so werden diese Vorführungen zur Unterhaltung gern akzeptiert. Fast immer haben diese Experimente aber einen interessanten fachlich-chemischen Hintergrund. So wird ein bestimmtes chemisches Prinzip deutlich aufgezeigt, z. B. eine Reaktion mit der Freisetzung einer beachtlichen Energiemenge, einer farbigen Leuchterscheinung, einer zeitverzögernden Reaktion, Verschwinden und Wiederauftauchen von farbigen Lösungen usw. Aus diesem Grund sollten solche Umsetzungen auch in den Chemieunterricht einbezogen werden, um die Vielfalt und Bedeutung chemischer Reaktionen zu verdeutlichen. Nicht zuletzt motivieren solche Versuche die Schülerinnen und Schüler, sich mit Chemie zu beschäftigen. Mit einigen Stichworten wird deshalb zu Beginn jeder Versuchsbeschreibung auf den möglichen Einsatz im Unterricht hingewiesen.

Prof. Dr. *Heinz Schmidkunz*
Im Herbst 2005

Zur 10. Auflage

Chemische Experimente haben Konjunktur!
Im Winter 2001 gestaltete der Psychoanalytiker *Oliver Sacks* eine Lesung aus dem chemiehaltigen autobiografischen Roman »Onkel Wolfram« im vollbesetzten Auditorium maximum der Universität Hamburg. Der bislang naturwissenschaftlicher Neigungen »unverdächtige« Autor begeisterte das Publikum mit kleinen, den Text illustrierenden Experimenten. Er las nicht nur eine Episode über den Einsatz von Rotkohl als Indikator, er führte diesen Effekt auch auf dem Podium vor – wenn auch mit mäßigem experimentellen Erfolg, was seinem Renommee aber nicht schadete. Eine zuverlässige Anleitung zu diesem Versuch finden Sie übrigens auf Seite 129.
Sollte eine Tradition aufleben, die (nicht immer ohne Risiko für die Zuschauer!) *Justus von Liebig* mit seinen berühmt-berüchtigten öffentlichen Vorlesungen pflegte oder die, harmloser, *Faraday* mit seinen kindgerechten Vorträgen zur »Naturgeschichte einer Kerze« begründete?
Bereits im kleinen Rahmen, etwa in der Schule oder ganz privat, kann ein ansprechendes Experiment das Publikum faszinieren. Gelegentlich wird dabei nachhaltig Neugierde geweckt; ein Zitat aus *Thomas Mann*s Roman »Doktor Faustus« verdeutlicht, wie ich das meine:
»Ich werde den Anblick niemals vergessen. Das Kristallisationsgefäß, in dem er sich darbot, war zu Dreivierteln mit leicht schleimigem Wasser, nämlich verdünntem Wasserglas gefüllt, und aus sandigem Grunde strebte darin eine groteske kleine Landschaft verschieden gefärbter Gewächse empor, eine konfuse Vegetation blauer, grüner und brauner Sprießereien, die an Algen, Pilze, festsitzende Polypen, auch an Moose, dann an Muscheln, Fruchtkolben, Bäumchen oder Äste von Bäumchen, da und dort geradezu an Gliedmaßen erinnerten – das Merkwürdigste, was mir je vor Augen gekommen: merkwürdig, nicht so sehr um seines allerdings sehr wunderlichen und verwirrenden Ansehens willen, als wegen seiner tief melancholischen Natur.«
Der »Chemische Garten« ist es, der hier so schwärmerisch beschrieben wird. Das vorliegende Buch wäre ohne dieses klassische Experiment unvollständig; die Anleitung können Sie auf Seite 28 nachlesen.
Da mich chemische Experimente seit meiner frühen Jugend faszinieren, habe ich mich gerne der Aufgabe gewidmet, das von *Georg Wagner* begründete und längst klassische Projekt fortzuführen.
Bei Herrn Prof. Dr. *Schmidkunz* möchte ich mich herzlich für die freundliche und gründliche Betreuung sowie für die zahlreichen Anregungen bedanken.

Michael Kratz

Hinweise

Die Umwelt des in der heutigen Zivilisation lebenden Menschen ist zu einem großen Teil durch die Ergebnisse chemischer Forschung geprägt. Aufgabe des Chemieunterrichtes ist es nun, dem Schüler die Einsichten, Kenntnisse und Fertigkeiten zu vermitteln, die ihm helfen, Erscheinungen seiner Umwelt und späteren Arbeitswelt zu deuten und zu erklären. Um dieser Aufgabe im Unterricht nachkommen zu können, ist es wichtig, beim Schüler Interesse und Aufgeschlossenheit für das Fach Chemie zu wecken und zu fördern. Für jeden Chemielehrer ergibt sich oft die Gelegenheit, sei es die erste Chemiestunde zu Anfang des Schuljahres oder sei es bei Schulfesten, Karneval und anderen ähnlichen Anlässen, mit der Vorführung ausgefallener, verblüffender Versuche beim Schüler Verwunderung und Neugier hervorzurufen und die Freude an der Chemie ein wenig anzufeuern.
Die vorliegenden Ausführungen sollen eine Hilfestellung zur Gestaltung derartiger Stunden bieten. In ihr werden Versuche beschrieben, die auf Grund ihres effektvollen und unerwarteten Verlaufs einen entspannten, unterhaltsamen Umgang mit der Chemie ermöglichen. Bei diesen Versuchen kommt es nicht so sehr auf die chemischen Tatbestände an, sondern darauf, dass durch ihren eindrucksvollen Ablauf beim jungen Menschen Begeisterung und Interesse für die Experimentalchemie hervorgerufen werden. Die Motivationswirkung dieser Schauversuche für das Fach Chemie macht natürlich einen gut geplanten und interessant gestalteten Unterricht nicht überflüssig, sondern sie stellt stattdessen eine Chance dar, die im normalen Chemieunterricht geschickt aufgegriffen und ausgebaut werden sollte.
Die beschriebenen Experimente sind für sich schon spektakulär, allerdings lässt sich durch entsprechende Auswahl und Anordnung der Versuche, geeignete Kostüm- und Raumdekoration und gekonntes Vorführen die Wirkung der Experimente noch bedeutend steigern. Von der Darstellung einer derartigen »Vorführung« wurde hier abgesehen. Zum einen würde sie über den Rahmen der vorliegenden Arbeit hinausgehen, zum anderen erscheint eine solche Darstellung nicht zweckmäßig: die schulischen Gegebenheiten (Verdunklungsmöglichkeiten, Ausstattung an Chemikalien und Geräten, Vorhandensein eines Abzugs, Zahl der Schüler, zur Verfügung stehende Zeit ...) sind überall verschieden und somit hätte eine Zusammenstellung der Versuche zu einer zusammenhängenden, dezidiert beschriebenen »Vorführung« keine allzu große praktische Bedeutung. Aus diesem Grund werden in der vorliegenden Arbeit die Versuche einzeln und unabhängig voneinander vorgestellt und beschrieben. Dies bietet die Möglichkeit, entsprechend der jeweiligen Situation die passenden Experimente selbständig auszusuchen, zusammenzustellen und gegebenenfalls humorvoll zu kommentieren.
Bei manchen Versuchen entsteht eine heftige Reaktion oder es ergeben sich giftige Stoffe. Auf die Gefährlichkeit des Experimentierens wird dann besonders hingewiesen. Es muss immer Grundsatz für den Experimentator sein, sich genau und gewissenhaft an die Versuchsvorschriften zu halten und die Vorsichtsmaßnahmen zu beachten. Eine Schutzbrille sollte immer getragen werden.

Die einfache Aneinanderreihung der einzelnen Versuche führt zu einer nüchternen Darstellungsweise, die der Absicht der beschriebenen Experimente, nämlich Freude und Interesse an Chemie zu vermitteln, nicht gerecht wird. Deshalb wurden an geeigneten Stellen Bilder, die den Effekt des entsprechenden Versuches in humorvoller Weise wiedergeben, eingefügt. Sie dienen der Auflockerung des Textes und sollen zur Erheiterung und auch Neugier des Lesers beitragen.
Die Bilder wurden von Frau *Barbara Krämer* angefertigt, der auch an dieser Stelle herzlich gedankt sei. Auf dem ersten Bild sieht man, wie ein zu einem Chemiker umgewandeltes Reagenzglas versucht, sachkundig und mit großem Geschick, eine Suppe zu salzen.
Die einzelnen Versuche sind in sich abgeschlossen dargestellt. Um das Nachvollziehen eines Versuches zu erleichtern, wurde die Versuchsbeschreibung nach einem durchgängigen Schema vorgenommen.

Die Symbolleiste
enthält Symbole, die deutlich auf Gefahren, auf zu beachtende Sicherheits- und Entsorgungsmaßnahmen, aber auch auf besondere Möglichkeiten der Versuche hinweisen. Genauere Hinweise befinden sich im Kapitel *Hinweise zu den Versuchen*.

Themen für den Unterricht
Die hier aufgeführten Stichworte sind dann von Interesse, wenn die Versuche nicht nur dem Vergnügen dienen sollen, sondern der direkte Bezug zum Unterricht gewünscht wird.

Geräte und Chemikalien
Hier werden die zur Versuchsdurchführung benötigten Geräte bzw. Chemikalien aufgezählt. Diese Aufzählung dient zunächst einer ersten Übersicht, inwieweit der vorliegende Versuch überhaupt mit den vorhandenen Geräten und Chemikalien durchgeführt werden kann. Daneben trägt sie aber auch zu einer Erleichterung der Versuchsvorbereitung bei. Falls es möglich ist, werden für schwer zu beschaffende Gegenstände Bezugsquellen genannt.

Vorbereitende Arbeiten
Dieser Abschnitt enthält genaue Anweisungen zur Vorbereitung des Versuches, wie etwa die Beschreibung des Versuchsaufbaus oder die Herstellung benötigter Lösungen. Die Mengenangaben wurden überall genau festgelegt, so dass der Versuch bei Einhaltung dieser Angaben gelingen sollte.

Hinweise zur Sicherheit und Entsorgung

Die Durchführung einiger Versuche ist nicht ganz gefahrlos. Es wird daher auf die zu beachtenden Gefahrenquellen hingewiesen. Die aufgeführten Gefahrenhinweise erheben allerdings keinen Anspruch auf Vollständigkeit – gewisse Erfahrungen im Experimentieren werden vorausgesetzt. Da einige gefährliche Chemikalien (z. B. Quecksilber, Kaliumchlorat) in mehreren Versuchen vorkommen, werden die bei ihrem Umgang notwendigen Vorsichtsmaßnahmen in einem gesonderten Abschnitt behandelt, auf den dann jeweils verwiesen wird.
Besondere Hinweise zur umweltgerechten Entsorgung tauchen nur dann auf, falls Probleme auftreten, die nicht über das auf vier Behältern basierende Verfahren behandelt werden können.
Das Kapitel »Hinweise zu den Versuchen« enthält Ratschläge zur Behandlung kritischer Chemikalien wie z. B. weißen Phosphor.

Durchführung und Beobachtung

Um die Übersichtlichkeit des Textes zu erhöhen, wurden die Punkte Durchführung und Beobachtung zusammengefasst. Der daraus entstehende Vorteil wird vor allem bei den aus mehreren Teilversuchen bzw. Varianten bestehenden Anleitungen deutlich.

Erläuterung

Soweit es in diesem Rahmen sinnvoll ist, wird auf die den Versuchen zu Grunde liegenden chemischen Tatbestände eingegangen.

Hinweise zur Präsentation

Über die in der Kopfzeile enthaltenen Anregungen hinaus erfolgen hier gelegentlich Hinweise für eine eindrucksvollere Vorführung.

Weitere passende Versuche

Hier findet man Kurzbeschreibungen weiterer im Buch enthaltenen Experimente.

Hinweise zu den Versuchen

1. Entsorgung

Der Stoff kann ohne großen Aufwand gereinigt und für weitere Versuche verwendet werden.

0 – Harmloser Stoff
Entsorgung über die Kanalisation oder den Hausmüll möglich.

1. Gefäß: Säuren und Laugen
Einige Säuren und Laugen können nach Neutralisation dem Abwasser zugeführt werden.

2. Gefäß: Giftige anorganische Stoffe
Schwermetalschlämme und -lösungen (Lösungsmittel vorher verdampfen lassen)

3. Gefäß: Halogenfreie anorganische Chemikalien

4. Gefäß: Halogenfreie organische Chemikalien

5. Gefäß:
Abfälle, die einer *besonderen Behandlung* bedürfen (z. B. Quecksilber).
Erläuterungen: jeweilige Versuchsanleitung bzw. im Kapitel *Hinweise zu den Versuchen*.

2. Hinweise auf Maßnahmen zur Sicherheit

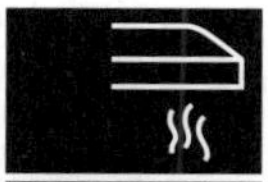

Abzug einsetzen

Schutzbrille aufsetzen

Sicherheitsabstand einhalten

Im Freien durchführen

Gefahr von Hörschäden; ggf. Hörschutz verwenden

Schutzhandschuhe anziehen (je nach Versuch elektrisch isolierend, wärmeisolierend oder vor ätzenden Substanzen schützend)

Schutzscheibe verwenden

Schutzbrille gegen UV-Strahlen aufsetzen

Durchführung in der Schule problematisch, ggf. verboten

Das Publikum ist vor Nachahmung zu warnen!
Es handelt sich um riskante, mit allgemein zugänglichen Mitteln zugängliche Experimente, die eventuell zur leichtsinnigen Wiederholung verleiten könnten.

3. Umgang mit speziellen gefährlichen Stoffen

Xn
O

Umgang mit Kaliumchlorat

Kaliumchlorat gehört zu den Giften der Abteilung 3 des Giftgesetzes, wird allerdings nach den Arbeitsschutzrichtlinien in Schulen wie Gift 1 behandelt. Wegen seiner oxidativen Wirkung ist es für den Blutfarbstoff gefährlich; ca. 10 g können für einen Erwachsenen tödlich wirken.

Mit leicht entzündlichen Stoffen (z. B. Staub) ist Kaliumchlorat hoch explosiv. Schon durch Stoß oder Schlag können Explosionen ausgelöst werden. Daher sollte man nur analysenreine Substanz verwenden. Bei der Herstellung von Gemischen aus Kaliumchlorat und leicht entzündlichen Stoffen ist folgendes zu beachten:

- Nur kleine Mengen mischen.
- Nicht mir harten Gegenständen (z. B. Spatel) mischen, sondern das Mischen am besten durch mehrmaliges Umschütten auf Papier vornehmen.
- Unbedingt Schutzbrille tragen.
- Schüler durch Schutzscheibe sichern.

T+
C
F
N

Umgang mit weißem Phosphor

Eigenschaften des weißen Phosphors

Der weiße Phosphor stellt eine der drei Modifikationen des Phosphors dar. Er bildet eine wachsweiche, durchscheinende Masse von charakteristischem Geruch (knoblauchartig), die in Wasser schwer und in Schwefelkohlenstoff gut löslich ist. Seine Dichte bei 20 °C beträgt 1,82 g cm^{-3}, der Schmelzpunkt liegt bei 44 °C und der Siedepunkt bei 280 °C.

Weißer Phosphor zeigt eine große Reaktionsfähigkeit: in kompakten Stücken entzündet er sich schon wenig oberhalb von 50 °C, in fein verteiltem Zustand allerdings schon bei Zimmertemperatur. Sein charakteristisches Leuchten im Dunkeln beruht auf der Oxidation der von ihm ständig spurenweise abgegebenen Dämpfe durch den Luftsauerstoff.

Weißer Phosphor ist äußerst giftig. Er gehört zu den Giften der Abteilung l des Giftgesetzes. Die tödliche Dosis liegt zwischen 50 – 500 mg; sie kann durch Mund, Wunden und auch intakte Haut in den Körper gelangen. Das dauernde Einatmen der Phosphordämpfe führt zu chronischen Knochenschäden.

Auf Grund seiner großen Giftigkeit und seiner leichten Entzündbarkeit werden im folgenden einige Hinweise gegeben, die beim Arbeiten mit Phosphor zu beachten sind.

Arbeiten mit weißem Phosphor

- Unter dem Abzug arbeiten.
- Weißen Phosphor nie mit bloßen Händen berühren.
- Phosphorstangen nur unter Wasser schneiden (Vorsicht vor Verspritzen von weißem Phosphor oder des giftigen Absperrwassers).
- Brennenden Phosphor nicht mit Wasser, sondern mit Sand löschen (bereit halten!).
- Lösungen von weißem Phosphor in Schwefelkohlenstoff jeweils frisch zubereiten und unter keinen Umständen aufbewahren.

- Reste von weißem Phosphor und Phosphorlösungen unmittelbar nach dem Gebrauch durch Abbrennen unter dem Abzug unschädlich machen.
- Mit weißem Phosphor in Berührung gekommene Metallgeräte sind nach Gebrauch auszuglühen.
- Mit weißem Phosphor in Berührung gekommene Glasgeräte sind nach Gebrauch mehrmals mit konzentrierte Salpetersäure zu spülen und dann mit einer Kupfersulfat- oder Kaliumpermanganat-Lösung (w = 5 %) nachzuspülen.
- Phosphorbrandwunden sofort mit reichlich Wasser und einer Natriumhydrogencarbonat-Lösung (w = 5 %) oder einer Natriumcarbonat-Lösung (w = 2 %) oder einer Kupfersulfat-Lösung (w = 1 %) spülen.
- Nach dem Arbeiten sind die Hände gründlich zu reinigen.

Umgang mit Quecksilber

T N

Da Quecksilberdampf sehr giftig ist, können in einem schlecht gelüfteten Labor schon einige verspritzte Tropfen Quecksilber im Laufe der Zeit zu chronischer Vergiftung führen. Auch die meisten seiner Verbindungen sind äußerst giftig.
Typische Vergiftungserscheinungen: Entzündung der Mundschleimhaut und des Zahnfleisches, brennender Schmerz in Speiseröhre und Magen, blutiges Erbrechen und blutiger Durchfall, schwere Nierenschädigung, Kopfschmerzen, Gedächtnisschwund, schwere Schädigung des Nervensystems.

- Im Abzug arbeiten.
- Quecksilbergefäße niemals offen stehen lassen; mit Quecksilber nur auf glatten, mit erhöhtem Rand versehen Tischen arbeiten; nach Möglichkeit Quecksilberauffangwanne oder Fotoschale als Arbeitsunterlage benutzen; nur in Räumen mit fugenlosem Fußboden arbeiten.
- Verschüttetes Quecksilber sofort und restlos aufnehmen (große Tropfen mit der Quecksilberzange, kleine Tropfen mit einem Streifen Zinkblech oder mit Zinkstaub unter Amalgambildung aufnehmen).
- Reste von Quecksilber und Quecksilberverbindungen nicht in Abfallgefäße oder Ausguss geben; sie sind zu sammeln und der Sondermüllverwertung zuzuführen.
- Mit Quecksilber und Quecksilberverbindungen in Berührung gekommene Geräte sind zunächst mit einer Paste aus Zinkstaub und Wasser, dann mit konzentrierter Salzsäure und eventuell konzentrierter Salpetersäure zu behandeln.
- Nach dem Experimentieren sind die Hände gründlich mit warmem Wasser, Seife und Bürste zu reinigen.

Umgang mit Schwefelkohlenstoff (Kohlenstoffdisulfid)

T F

Vorsicht beim Arbeiten mit Schwefelkohlenstoff! Bereits bei gewöhnlicher Zimmertemperatur verdunstet es außerordentlich stark (Sdt. 46 °C. Da seine Dämpfe ca. zweieinhalbmal so schwer wie Luft sind, sinken sie zu Boden und können dort weiterkriechen. Der Dampf ist sehr leicht entzündbar (ein heißer Glasstab über Schwefelkohlenstoff gehalten führt schon zur Entzündung). Schwefelkohlenstoff gehört zu den Giften der Abteilung 3 des Giftgesetzes. Es ist ein Atem- und Hautgift und ruft akute und chronische Vergiftungen hervor, in deren Gefolge Sehstörungen bis zur Erblindungen beobachtet werden.

- Unter dem Abzug arbeiten.
- Alle Flammen löschen.
- Kleinste Mengen benutzen.
- Reste auf Grund der Brand- und Explosionsgefahr mit saugfähigem Brennmaterial unter dem Abzug verbrennen.

4. Empfehlungen für eine gelungene Präsentation

CAM	Fernsehkamera
DUN	Raum verdunkeln
MIK	Mikroskop (gegebenenfalls mit Projektor)
OHP	Overhead-Projektor
SPr	Schattenprojektion
SV	Als Schülerversuch geeignet
(SV)	Unter bestimmten Voraussetzungen als Schülerversuch geeignet

Variante 1 T+

OHP

Variante 1 5

Variante 2 2

1.1 Das Quecksilberherz

Themen für den Unterricht

Elektrochemische Spannungsreihe, Redox-Reaktionen, Metalle (Quecksilber, Eisen, Gallium)

Geräte und Chemikalien

Uhrglas (Ø 6 – 10 cm), evtl. Stativmaterial, Overheadprojektor und Leinwand
Variante 1: Quecksilber **T**, Schwefelsäure (w = ca. 14 %) **C**, stark verdünnte Kaliumpermanganatlösung, Eisennagel oder -draht
Variante 2: Gallium, Kaliumdichromat **T+**, **N**, Heizplatte oder andere geeignete Wärmequelle

Hinweise zur Sicherheit

Beachten Sie unbedingt die Empfehlungen zum Umgang mit Quecksilber im Kapitel *Hinweise zu den Versuchen.*
Diesem problematischen Stoff kann man durch Variante 2 aus dem Weg gehen. Das Metall Gallium ist zwar bei Zimmertemperatur nicht flüssig, schmilzt aber bereits bei 29,78 °C. Im flüssigen Zustand eignet es sich als ungiftige Alternative zum Quecksilber.

Vorbereitende Arbeiten

Variante 1: Auf ein Uhrglas bringt man einen Quecksilbertropfen von ca. 2 cm Durchmesser, übergießt ihn mit verdünnter Schwefelsäure und fügt dann noch etwa 1 mL stark verdünnte Kaliumpermanganat-Lösung hinzu, so dass die Lösung hellrot gefärbt ist.
Variante 2: Etwa 10 bis 15 g Gallium werden zusammen mit etwa 50 mL Schwefelsäure (19 mL konzentrierte Säure in 50 mL destilliertem Wasser lösen) auf einer Heizplatte zum Schmelzen gebracht. Hinzu tropft man 3 bis 4 mL Kaliumdichromat-Lösung (0,1 mol/L). Nun berührt man den Metalltropfen mit der Spitze eines Eisennagels.

Durchführung und Beobachtung

Beide Varianten: In beiden Fällen führt man einen Eisenstift mit feiner Spitze vorsichtig an den Metalltropfen heran, bis die Spitze das Metall leicht berührt.
Der Quecksilber- bzw. Galliumtropfen gerät in zuckende Bewegung. Die beim Gallium zu beobachtenden »Pulsschläge« sind allerdings geringer.

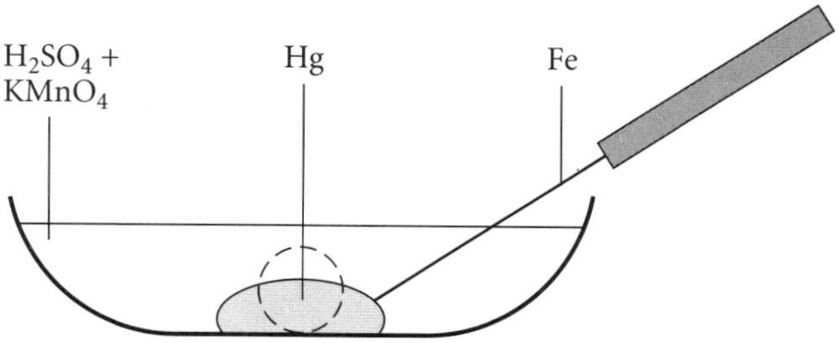

Abb. 1: Zuckender Tropfen

Erläuterung

Variante 1: »In dem Augenblick, in dem die Nadel das Quecksilber berührt, entsteht ein galvanisches Element aus Quecksilber, Eisen und Schwefelsäure. Eisen als das unedlere Metall löst sich auf, bildet also die Anode; Quecksilber ist die Kathode. Kaliumpermanganat ist das

Oxidationsmittel, das reduziert wird. Die auf dem Quecksilber adsorbierten Elektronen vermehren die Ladungsdichte auf der Oberfläche, die Oberflächenspannung wächst. Infolgedessen krümmt sich die Oberfläche stärker (Abb. 1, gestrichelt), die Verbindung mit dem Eisen wird unterbrochen. Nun werden die Elektronen vom Oxidationsmittel übernommen. Damit sinkt erneut die Oberflächenspannung. Der Tropfen flacht sich ab und berührt wiederum die Nadel, der Vorgang beginnt von neuem.«
Variante 2: Die Deutung ist bis auf auf Details identisch mit Variante 1.

Hinweise zur Präsentation

• Um diesen Versuch einem größerem Zuschauerkreis zugänglich zu machen, kann man ihn auf dem Overheadprojektor durchführen. Der Metalltropfen erscheint auf der Projektionsfläche als schwarze, zuckende Scheibe.
• Da beim Zuschauer der Eindruck entstehen könnte, die zuckende Bewegung käme durch geschicktes Anstoßen des Tropfens zustande, hält man den Eisenstift nicht mit der Hand fest, sondern spannt ihn in ein Stativ ein und überlässt dann den Versuch sich selbst.

1.2 Der Tanz der Mottenkugeln

(Xn)

CAM

SV

Themen für den Unterricht

Chemische Reaktionen, Dichte, Kohlenstoffdioxid, Unterschied zwischen Reinstoff und Gemisch

Geräte und Chemikalien

Standzylinder, Mottenkugeln (u. U. Naphthalin **Xn** enthaltend) oder andere geeignete Gegenstände (siehe Hinweise zur Sicherheit)
Natriumhydrogencarbonat und eine schwach saure Lösung (Essig, Citronen- ,Wein- oder Essigsäure) oder ein kohlensäurehaltiges Getränk, z. B. Mineralwasser

Hinweise zur Sicherheit

Mottenkugeln enthalten das mindergiftige Naphthalin. Dieses Problem lässt sich leicht umgehen, wenn man andere geeignete Gegenstände einsetzt, zum Beispiel in Knetmasse eingebettete Styroporkugeln (siehe *Vorbereitende Arbeiten)* oder »rundliche« Früchte wie Erdbeeren, Rosinen, Aprikosen oder Weintrauben.

Vorbereitende Arbeiten

Herstellung der mit Knetmasse überzogenen Styroporkugeln: Der Anteil der Knete muss so bemessen sein, dass die Kugeln in Wasser gerade untergehen. Aufgrund der günstigen Oberflächenbeschaffenheit der Knete und des optimalen Gewichtes der selbsthergestellten Kugeln gelingt der Versuch recht gut.

Durchführung und Beobachtung

Der Standzylinder wird mit einer sauren Lösung (siehe unter »Chemikalien«) gefüllt. Dazu gibt man allmählich Natriumhydrogencarbonat. In diese schäumende Flüssigkeit werden nun einige Mottenkugeln oder andere geeignete Gegenstände (s. o.) gelegt.
Sind die Kugeln zu glatt, können sich keine Gasbläschen festsetzen. Deshalb muss man sie eventuell vorher etwas aufrauen. Sind die Kugeln allerdings zu rau, so lösen sich an der Wasseroberfläche die Bläschen nicht von den Kugeln ab und sie sinken nicht mehr nach unten.
Der Versuch funktioniert mit allen kohlensäurehaltigen Getränken.
Die Gegenstände sinken zunächst. Nach kurzer Zeit erhebt sich eine Kugel nach der anderen, steigt bis zur Wasseroberfläche und sinkt dann wieder. Auf den Boden des Gefäßes angelangt steigt die Kugel erneut nach oben.

Erläuterung

Das bei der Reaktion zwischen Essigsäure und Natriumhydrogencarbonat entstehende Kohlenstoffdioxid setzt sich in kleinen Bläschen auf den Kugeln ab und bewirkt so einem Auftrieb. An der Wasseroberfläche entweichen die Bläschen in die Luft und die Kugeln sinken wieder.

C

SPr

CAM

1

1.3 Ein pH-„Muskel“

Themen für den Unterricht

Energieumwandlung, Kunststoffe, Makromoleküle, pH-Wert, Polyacrylsäure (PAS), Polyvinylalkohol PVAL, Strukturen, Modellversuch

Geräte und Chemikalien

Standzylinder (Ø 4 cm, Höhe 40 cm)
pH-Muskel, konzentrierte Salzsäure C, konzentrierte Natronlauge C, destilliertes Wasser
Der pH-Muskel ist eventuell noch bei folgender Bezugsquelle gebrauchsfertig mit angeklebtem Holzstäbchen und Gewicht (Ring) zu bekommen: Firma *Robert Kind* (Laborbedarf), 96215 Lichtenfels, Sachsenstr. 2, Telefon (0 95 71) 25 28, Fax (0 95 71) 34 86

Vorbereitende Arbeiten

Man füllt einen Standzylinder mit destilliertem Wasser und hängt den blau gefärbten Folienstreifen (Länge mit Gewicht: 12 cm) hinein. Der Streifen dehnt sich aus und hat nach kurzer Zeit etwa die doppelte Länge angenommen.

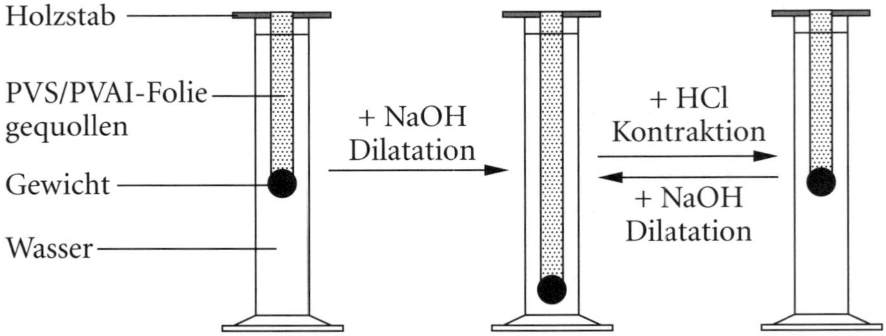

Abb. 2: pH-Muskel

Durchführung und Beobachtung

Zuerst gibt man in den Standzylinder einige Milliliter konzentrierte Natronlauge. Der pH-Muskel dehnt sich um ca. 10 cm aus.
Anschließend gibt man in den Standzylinder einige Milliliter konzentrierte Salzsäure. Der pH-Muskel verkürzt sich um fast die Hälfte seiner Länge.
Kontraktion und Dilatation des Muskels lässt sich durch abwechselnde Lauge-und Säurezugabe mehrmals wiederholen. Allerdings sind die Gestaltsänderungen dabei nicht mehr so ausgeprägt wie zu Beginn des Versuchs. Vermutlich wirkt die zunehmende Salzkonzentration (NaCl) hemmend. Bei Vorführung vor größerem Publikum bietet sich entweder die Schattenprojektion oder der Einsatz einer Fernsehkamera an.

Erläuterung

Der pH-Muskel besteht aus einem Hydrogel, hier einer quellbaren, jedoch in Wasser nicht löslichen Polyvinylalkohol-Folie (PVAl-Folie), die Polyacrylsäure (PAS) enthält. Der Effekt des Versuches beruht auf speziellen Eigenschaften der PAS:

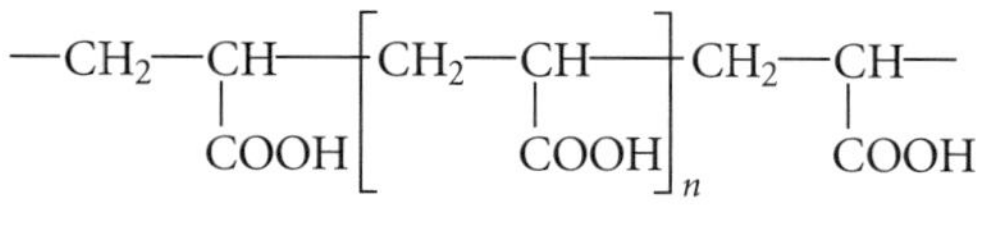

In wässriger Lösung ist die als Molekülknäuel vorliegende Säure verhältnismäßig schwach dissoziiert. Erst im alkalischen Bereich liegen praktisch alle Carboxylgruppen als $—COO^-$ vor, die sich gegenseitig abstoßen und das Knäuel dadurch in eine gestreckte Form überführen.

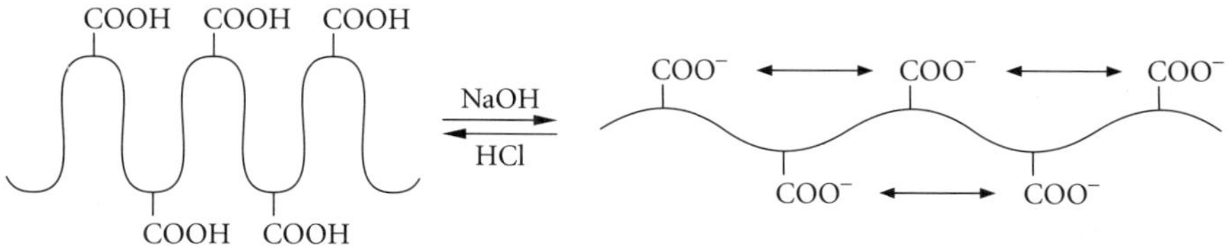

Die lediglich als Stützsubstanz dienende PVAl-Folie folgt den Bewegungen der PAS (bzw. deren ionisierter Form).

Weitere passende Versuche

Versuch 1.4, Versuch 1.5

Xn

SPr

CAM

1.4 Kollagen-„Muskel“

Themen für den Unterricht

Energieumwandlung (Wärmekraftmaschinen), Kollagen, Makromoleküle, Strukturen

Geräte und Chemikalien

großes Becherglas, 2 Tropftrichter, Abzweigstück (z. B. Stromschlüssel), Korkstopfen, schwarze Pappe, Stativmaterial

Kollagenfaden, destilliertes Wasser, Lithiumchlorid **Xn** bzw. Lithiumbromid **Xn**

Der Kollagenfaden für diesen Versuch wurde von der Firma *Carl Freudenberg*, Weinheim/Bergstr. bezogen. Diese Firma stellt allerdings seit einiger Zeit diese Fäden nicht mehr her. Da chirurgisches Nahtmaterial (»Catgut«) meistens auch aus Kollagen (Tierdarm) besteht, lässt sich der vorliegende Versuch eventuell mit derartigen Fäden durchführen.

Hinweise zur Sicherheit

Beim Auflösen von Lithiumchlorid in Wasser muss man mit starker Erwärmung rechnen.

Vorbereitende Arbeiten

- Man legt den Kollagenfaden für ca. 1 Stunde in destilliertes Wasser.
- 45 g LiCl werden in 100 mL Wasser gelöst.
- Der Versuchsaufbau erfolgt nach Abb. 3. Den Kollagenfaden befestigt man mit Hilfe eines kurzen Schlauches an dem Abzweigungsstück; als Gewicht nimmt man einen Korkstopfen (ca. 3 g). Ein Hintergrund aus schwarzer Pappe macht den Faden (Länge 1,20 m) besser sichtbar.
- Der eine Tropfrichter wird mit der Lithiumchlorid-Lösung gefüllt, der andere mit destilliertem Wasser.

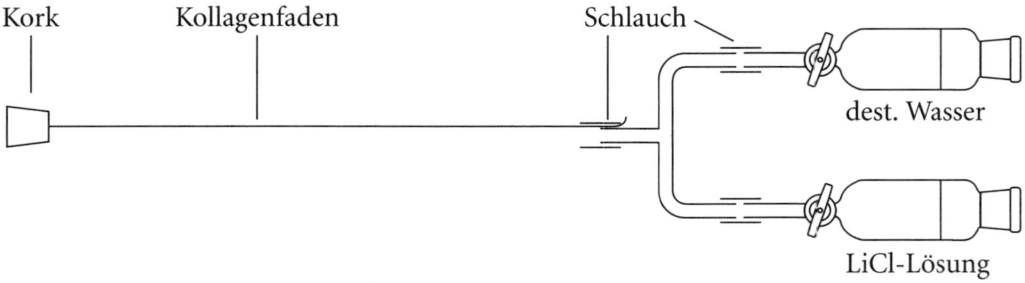

Abb. 3: Muskel (die Abbildung musste aus Platzgründen um 90° gedreht werden)

Durchführung und Beobachtung

Man lässt die Lithiumchlorid-Lösung an dem Kollagenfaden herabfließen. Der 1,20 m lange Faden verkürzt sich um ca. 50–60 cm.

Anschließend lässt man Wasser an dem Faden herabfließen. Der Faden wird wieder län-

ger. Allerdings erreicht er nur noch eine Länge von etwa 1 m. Die Kontraktion und Entspannung des Fadens lässt sich beliebig oft wiederholen.
Will man den Versuch mehrmals wiederholen, so benutzt man aus Ersparnisgründen zwei Auffanggefäße und zwar eines für das Wasser und das andere für die LiCl-Lösung, die sich mehrmals verwenden lässt.

Erläuterung

Der Kollagenfaden besteht aus schraubenförmigen, parallel zur Längsachse angeordneten Molekülen (Helixstruktur). Taucht man einen solchen Faden in heißes Wasser, so zieht er sich zusammen, da sich die relativ gestreckte Schraubenstruktur in ein ungeordnetes Knäuel zusammenballt. Das Material ist von einem quasi kristallinen Zustand in den amorphen übergegangen, ein Prozess, der dem Schmelzvorgang entspricht. Bekanntlich wird die Schmelztemperatur von Eis durch Salzzugabe erniedrigt.
Ganz ähnlich verhält sich der Kollagenfaden gegenüber einer hinreichend konzentrierten Salzlösung: er zieht sich schon bei Zimmertemperatur zusammen.
Die Bewegungen »wirklicher« Muskeln basieren allerdings auf wesentlich komplexeren Vorgängen.

Weitere passende Versuche

Versuch 1.3, Versuch 1.5

SPr OHP SV

1.5 Materie mit »Gedächtnis«

Themen für den Unterricht

Energieumwandlung (Wärmekraftmaschinen), Kristalle, Legierungen, Memory-Materialien, Nitinol, Strukturen

Geräte und Chemikalien

Versuch 1: Backofen oder Trockenschrank, Backblech, ggf. Backpapier, ggf. zylindrischer Spiegel (Ø ca. 3 cm)
leerer, gereinigter Joghurtbecher
Versuch 2: Glasschale mit heißem Wasser oder Fön bzw. Heißluftgebläse
Objekte aus Gedächtnisdraht (Nitinol-Legierung; Bezugsquelle: G. Rau GmbH & Co, Kaiser-Friedrich-Straße 7, 75172 Pforzheim, Tel. (0 72 31) 20 82 10
http://www.nitinol-europe.com/php/index.php3)

Durchführung und Beobachtung

Versuch 1: Ein Joghurtbecher mit »Gedächtnis«
Ein oder mehrere leere Joghurtbecher werden in einem Backofen oder Trockenschrank mit der Öffnung nach unten auf ein mit Backpapier bedecktes Backblech gestellt. Der Thermostat ist auf etwa 180 °C eingestellt. Nun wartet man, bis die Temperatur erreicht ist und die Becher die gewünschte (s. u.) Verformung erreicht haben.
Der Becher schrumpft in Längsrichtung, bis er die Form einer Scheibe annimmt. Nach dem Abkühlen kann man diese leicht vom Backpapier abheben und genauer in Augenschein nehmen. Falls der ehemalige Becher bedruckt war, erscheint die Beschriftung nun nach Art einer Anamorphose verzerrt. Mit einem zentral aufgestellten Zylinderspiegel lässt sich das Bild wieder in den gewohnten Proportionen betrachten.

Versuch 2: Gedächtnislegierungen
Etliche Objekte aus der sogenannten Gedächtnislegierung Nitinol sind im ambitionierten Spielzeug- oder Experimentierhandel zu bekommen, z. B. einfache Drahtspiralen oder auch

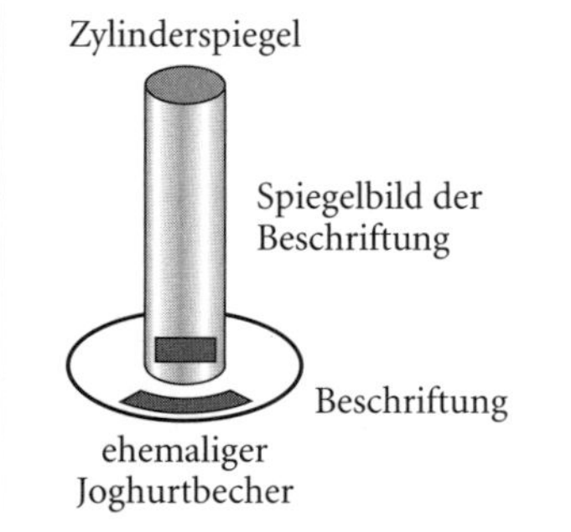

„Gebackener" Joghurtbecher

Objekt aus Nitinol

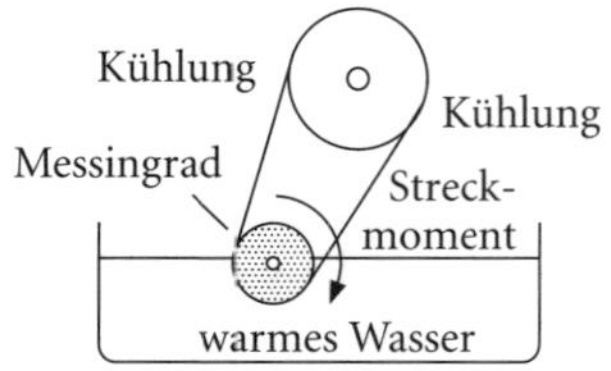

Thermomobile

kompliziertere Gebilde. Allen Varianten ist gemeinsam, dass man sie bei Zimmertemperatur beliebig verformen kann; Knoten sind zu vermeiden. Anschließend nehmen sie in einer Schale mit heißem Wasser (ca. 70 °C) oder in einem etwa gleich warmen Luftstrom wieder die während des Herstellungsprozess aufgezwungene Form an.
Beim Thermomobile (»Wang-Maschine«) ist ein Nitinol-Draht als »Treibriemen« um zwei unterschiedlich große Rollen angebracht. Taucht man das kleine Rad samt Draht bis etwa zur Hälfte in etwa 60 °C warmes Wasser, läuft nach eventuellen Anfangsschwierigkeiten der »Motor« an. Dabei können bis zu 200 Umdrehungen pro Minute erreicht werden.

Erläuterung

Versuch 1: Kunststoffbecher werden aus Scheiben (»plates«) im Tiefziehverfahren hergestellt. Der Kunststoff besteht aus miteinander vernetzten Molekülketten, die auch nach der im Herstellungsprozess erfolgten Verformung bestehen bleiben. Bei abermaligem Erwärmen nimmt das Objekt deshalb wieder seine ursprüngliche Form an.
Versuch 2: Seit etwa 1960 gibt es die »Gedächtnislegierung« Nitinol. Der Begriff ist aus den Anfangsbuchstaben der Bestandteile (Nickel, Titan) und dem Erzeuger (Naval Ordnance Laboratories) kombiniert. 55 % Nickel und 45 % Titan werden im Induktionsofen unter Vakuum zusammengeschmolzen.

Erklärung der Funktionsweise in vier Schritten

Der Nitinol-Draht wird bei etwa 70 °C in eine bestimmte Form gebracht.
Beim Abkühlen ändert sich zwar das Kristallgitter, die Form des Drahtes bleibt aber erhalten.
Verformt man den Draht bei Zimmertemperatur, verändert sich das dennoch Kristallgitter nicht.
Beim Erwärmen kehrt der Draht zu seiner ursprünglichen Form zurück.
Anwendungen finden das Material z. B. in Drahtform bei Brillengestellen, die, falls versehentlich verbogen, bei ca. 70 °C wieder ihre während des Herstellungsprozesses aufgezwungene Form einnehmen.
Eine ausführliche Beschreibung der Funktionsweise steht im Internet auf der Seite
www.ifm.maschinenbau.uni-kassel.de/~helm/shape-memory-alloys.html
und in folgendem Artikel.
H.-D. Barke: Memorymetall: Programmierbare Drähte als Spielzeug. In: PdN-ChiS 5/50 Jg. 2001

Hinweise zur Präsentation

Versuch 1: Bestimmt möchten alle Zuschauer eine dieser Kunststoffscheiben mit nach Hause nehmen. Deshalb und auch wegen des effizienten Umgangs mit dem Ofen empfiehlt es sich, gleich mehrere Becher zu »backen«.

Weitere passende Versuche

Versuch 1.3, Versuch 1.4

T

Xn

N

OHP

(SV)

2

1.6 Chemischer Garten

Themen für den Unterricht

Löslichkeit, Membran, Natriumsilikat, Osmose

Geräte und Chemikalien

Küvette (500 mL) oder anderes Glasgefäß (Becherglas), Präparateglas o. ä., verschließbare Flasche

Kristalle von Kupfer(II)-sulfat **Xn** oder -chlorid **Xn**, Nickel(II)-nitrat **Xn**, **O** oder Nickel(II)-chlorid **T**, Cobalt(II)-nitrat **Xn** oder -chlorid **T**, Eisen(II)-sulfat **Xn**, Eisen(II)-chlorid, Eisen(III)-chlorid **C**, Mangan(II)-chlorid, Calciumnitrat, Magnesiumchlorid, Aluminiumsulfat, Bleinitrat **T**, **O**, **N** und anderen Erdalkali- und Schwermetallsalzen; Natronwasserglas (Wasserglaslösung) **Xn**, destilliertes Wasser

Hinweise zur Sicherheit und Entsorgung

Natronwasserglas darf man auf keinen Fall verschlucken. Vermischt man einige Tropfen der Lösung mit verdünnter Salzsäure, entsteht eine hartes, scharfkantiges Produkt eines Polysilicats. Magensäure bewirkt einen ähnlichen Vorgang. Natronwasserglas kann durch Schädigung der Magen- oder Darmwände tödliche Folgen haben!

Einige der empfohlenen Salze sind mindergiftig oder sogar giftig; der Umgang mit Nickelsalzen erfordert besondere Umsicht. Der Einsatz von Bleisalzen in Schülerversuchen ist verboten.

Überschüssige Wasserglaslösung kann man, von saugfähigem Material aufgenommen, trocknen lassen und anschließend über den Hausmüll entsorgen.

Vorbereitende Arbeiten

Man mischt Natronwasserglas mit der doppelten Menge destilliertem Wasser und füllt 500 mL davon in eine verschließbare Flasche. In ein Präparateglas gibt man einige erbsengroße Kristalle der oben angegebenen Salze.

Durchführung und Beobachtung

In den mit Wasserglas-Lösung gefüllten Behälter schüttet man den Inhalt des Präparateglases, so dass der Boden gleichmäßig mit den Kristallen bedeckt ist.

Nach kurzer Zeit wachsen aus den Kristallen moos-, algen-, tang- und pilzähnliche Gebilde. Die »Pflanzen« werden unterschiedlich lang und erreichen gelegentlich die Oberfläche der Lösung. Eisen(III)-chlorid-Kristalle bilden dicke, braune, oft verzweigte und eingeschnürte Äste, die sehr rasch wachsen und innerhalb von wenigen Minuten die restlichen Kristalle überwuchern können. Sehr schnell ist auch das Wachstum von Mangan(II)-chlorid-Kristallen, die weiße, eiszapfenähnliche Gebilde hervorbringen.

Erläuterung

Das sich in der Wasserglas-Lösung auflösende Metallsalz bildet mit dem Lösungsmittel augenblicklich einen unlöslichen Niederschlag des entsprechenden Metasilikates (Me^{2+} + $SiO_3^{2-} \rightarrow MeSiO_3$), der den Kristall in Form eines dünnen Häutchens umgibt. Diese Membran ist semipermeabel. Wegen dieser Eigenschaft diffundiert Wasser in den Zwischenraum zwischen Kristall und Membran und löst dort ein wenig von dem Metallsalz. Da diese Metallsalz-Lösung das Bestreben hat, sich zu verdünnen, zieht sie weiteres Wasser zu sich hinein. Dadurch steigt der osmotische Druck und die Membran platzt schließlich. Die ausfließende Salzlösung bildet an der Berührungsfläche mit dem Wasserglas sofort eine neue Haut, die das Loch verschließt. Entsprechend dem Ausmaß der Eruption der Metallsalz-Lösung ist das Gebilde gewachsen.

Die Salzkonzentration innerhalb des Häutchens ist auf Grund der Schwerkraft am höchsten Punkt der Hülle am niedrigsten. Die hier entstehende Membran ist daher sehr dünn und platzt bevorzugt. Deshalb wachsen die Pflanzen nach oben. Eventuell spielt auch die Dichte der Salzlösung eine Rolle.

Hinweise zur Präsentation

Das schnelle Wachstum der Eisen(III)-chlorid-Kristalle lässt sich folgendermaßen auf einer Leinwand verfolgen: Man füllt eine große Kristallisierschale mit Wasserglas-Lösung und fügt einige Eisen(III)-chlorid-Kristalle hinzu. Dann lässt man auf der Wasserglas-Lösung eine leichte Glas- oder eine durchsichtige Kunststoffplatte, eventuell auch eine etwas kleinere Kristallisierschale schwimmen. Dadurch werden die Kristalle in ihrem Wachstum waagerecht abgelenkt. Dieser Vorgang lässt sich mit einem Overheadprojektor gut auf eine Leinwand projizieren.

Varianten

1. Man kann die »Pflanzen« auch trocken gewinnen, wenn man die Lösung vorsichtig aus dem Gefäß saugt. Einen herausnehmbaren »Garten« erhält man, wenn man auf den Boden der Küvette vor der Zugabe der Salzkristalle ein Metallblech legt, an dem ein hinreichend langer Stab montiert ist.

2. Sich pilzartig nach oben verbreitende »Gewächse« entstehen, wenn man Wasserglaslösungen unterschiedlicher Mischungsverhältnisse und damit unterschiedlicher Dichte übereinander schichtet. Man beginnt mit dem Verhältnis 1:2 in der unteren Schicht; die mittlere Zone weist eine Konzentra-tion von 1 : 6 – 8 und die obere Zone 1 : 20 – 50 auf (jeweils $V_{Wasserglas} : V_{Wasser}$)

Weitere passende Versuche

Versuch 1.7

Variante 1 Xn

OHP

SV

1.7 Harmlose Seeschlangen

Themen für den Unterricht

Löslichkeit, Membran, Osmose

Geräte und Chemikalien

Becherglas (100 mL)
1. Traubesche Zellen: Destilliertes Wasser, Kaliumhexacyanoferrat(II) (gelbes Blutlaugensalz), Kupfer(II)-chlorid **Xn**
2. Leducsche Zellen: Destilliertes Wasser, Kaliumhexacyanoferrat(II) (gelbes Blutlaugensalz), Natriumchlorid, Gelatine

Vorbereitende Arbeiten

1. Traubesche Zellen: 3 g Kaliumhexacyanoferrat(II) werden in 100 mL destilliertem Wasser gelöst. Eventuell muss man auch noch einen Kupfer(II)-chlorid-Kristall züchten, denn das handelsübliche Pulver ist zu feinkörnig.
2. Leducsche Zellen: Als Lösung vermischt man 100 mL destilliertes Wasser mit 2 – 4 g Kaliumhexacyanoferrat(II), 1 – 2 g Natriumchlorid und 1 – 4 g Gelatine.
Im Mörser zerreibt man 2 Teile Kupfersulfat und 1 Teil Zucker. Das Gemisch wird leicht angefeuchtet, zu etwa getreidekorngroßem Granulat geformt und trocknen gelassen.

Durchführung und Beobachtung

Die hier beschriebenen Leducsche und Traubesche Zellen gehören zu den Klassikern der Jahrmarktschemie.
1. Traubesche Zellen: Man wirft einen etwa erbsengroßen Kristall von Kupfer(II)-chlorid in die vorbereitete Lösung.
Aus der Kristalloberfläche wächst innerhalb kurzer Zeit ein heller, fast durchsichtiger, bräunlicher Schlauch in die Höhe.
2. Leducsche Zellen: Man gebe ein Stück des Granulats in die Lösung. Bald entstehen schlangenförmige, sich teilweise verzweigende Gebilde.
Stellt man eine heiße Lichtquelle neben das Gefäß, »wachsen« diesem die »Pflanzen« entgegen. Hierfür sind keinesfalls deren »phototrope« Eigenschaften verantwortlich, sondern die Wärmeströmungen in der Lösung.

Erläuterung

An der Oberfläche der Kristalle entsteht eine halbdurchlässige (semipermeable) Haut des Komplexes Kupferhexacyanoferrat(II).

$$K_4[Fe(CN)_6] + 2\ CuCl_2 \rightarrow Cu_2[Fe(CN)_6] + 4\ KCl$$

Die relativ kleinen Wassermoleküle können hinein, die im Vergleich dazu großen Salzmoleküle nicht. Die eindringenden Wassermoleküle lösen immer mehr Salz, so dass die Membran nach einer Weile reißt. Eine neue Haut entsteht. Dieser Vorgang wiederholt sich immer wieder. Allmählich entsteht ein Schlauch.

Hinweise zur Präsentation

Ein OH-Projektor als Lichtbühne steigert den optischen Eindruck der Versuche. Der Versuch lässt sich auch projizieren, wenn er in einer Petrischale (auf OH-Projektor) oder Küvette (im Diaprojektor) durchgeführt wird.

Weitere passende Versuche

Versuch 1.6

Xi

1.8 Schaumstoffpilze

Themen für den Unterricht

Kunststoffe, Polyurethan (PU)

Geräte und Chemikalien

Becherglas (1 L), passender Polyethylenbeutel, Holzstab; anstelle des Becherglases kann auch ein Trinkbecher aus Kunststoff (Polystyrol) ohne Polyethylenbeutel oder ein paraffinierter Pappbecher benutzt werden.
Desmophen-Aktivatorgemisch **Xi**, Desmodur 44 V **Xi**

Hinweise zur Sicherheit

Sollte Desmodur bzw. Desmophen auf die Haut gelangen, ist die entsprechende Hautstelle sofort unter fließendem Wasser intensiv zu spülen.

Durchführung und Beobachtung

Die Durchführung des Versuches in einem Glasgefäß ist nicht ratsam, da nach Herausdrehen des erkalteten Pilzes Schaumstoffreste an den Wandungen des Gefäßes kleben, die sehr schwer zu entfernen sind. Auf Grund dessen schützt man das Becherglas mit einem passenden Polyethylenbeutel. Ideal für den Versuch sind mit Paraffin beschichtete Pappbecher.
Die beiden Chemikalien sind sirupartig. Daher ist es nicht sinnvoll, sie vor dem Zusammengießen in zwei getrennten Gefäßen abzuwiegen. Beim Zusammengießen bleibt nämlich sehr viel von den beiden Substanzen an den Gefäßwänden haften, so dass man die angegebene Menge nicht einhalten kann. Abgesehen davon entsteht ein unnötiger Verbrauch an Chemikalien. Man behilft sich folgendermaßen: Man stellt das Reaktionsgefäß auf eine geeignete Waage und gießt aus den Vorratsflaschen nacheinander die vorgeschriebenen Mengen ein. Wenn man auf diese Weise eine Vorstellung gewonnen hat, welches Volumen die jeweils benötigte Chemikalienmenge einnimmt, so lässt sich auch durch Abschätzen das richtige Mischungsverhältnis finden.
In das mit einem Polyethylenbeutel geschützte Becherglas gibt man zuerst 33 g Desmophen-Aktivatorgemisch, anschließend 50 g Desmodur 44 V. Mit einem Holzstab rührt man die Mischung so lange, bis Gasentwicklung feststellbar ist. Die nun anlaufende Reaktion überlässt man sich selbst.
Aus dem Gemisch wächst langsam eine gelbe, das Gefäß auffüllende, schaumartige Substanz nach oben, die nach einiger Zeit so fest wird, dass man sie herausnehmen kann.
Man kann den Versuch auch mit kleineren Mengen durchführen. Dabei ist darauf zu achten, dass man das Volumen des Reaktionsgefäßes klein genug wählt, so dass ein Teil des entstehenden Schaumstoffes über den Rand des Gefäßes fließen kann. Dadurch bekommt das Reaktionsprodukt ein pilzförmiges Aussehen.

Erläuterung

Der entstandene Stoff gehört zu der großen Gruppe der Polyurethan-Kunststoffe. Diese Kunststoffe entstehen durch Polyaddition von Di- oder Polyhydroxyverbindungen an Di- oder Polyisocyanate. Ein Polyaddition ist dadurch gekennzeichnet, dass zwei funktionelle Gruppen ohne Abspaltung eines Nebenproduktes, allerdings unter Wanderung von Wasserstoffatomen, miteinander reagieren. Die Polyurethan-Reaktion verläuft folgendermaßen:

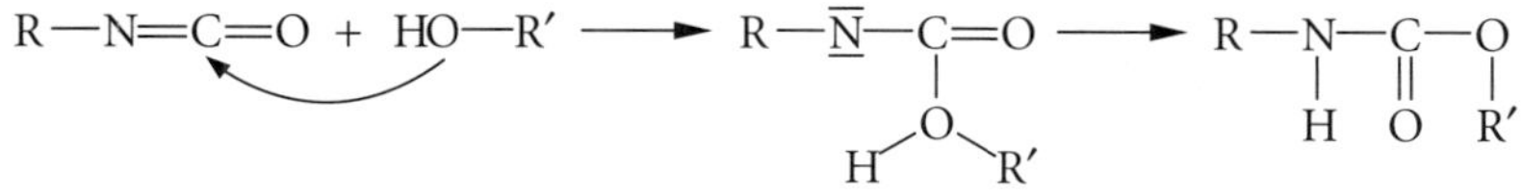

Je nachdem, welche Ausgangsstoffe man wählt, erhält man lineare oder vernetzte Polyurethane. Die Schaumbildung wird durch Entwicklung von Kohlenstoffdioxid bewirkt. Dieses entsteht infolge einer Reaktion des Isocyanates mit dem im Desmophen-Aktivatorgemisch vorhandenen Wasser:

C

BRI

1

1.9 Kohle aus der Retorte

Themen für den Unterricht

Kohlenhydrate, Oxidation, Saccharose, Schwefelsäure

Geräte und Chemikalien

Schmales, hohes Becherglas (500 mL), große Kristallisierschale
Saccharose, konzentrierte Schwefelsäure C

Hinweise zur Sicherheit und Entsorgung

Wegen der starken Gasentwicklung wird dieser Versuch unter dem Abzug durchgeführt. Das Reaktionsgemisch erwärmt sich stark.
Die »Zuckerwurst« wird längere Zeit in reichlich Wasser eingeweicht. Die entstehende saure Lösung wird mit verdünnter Natronlauge neutralisiert und anschließend in den Sammelbehälter 1 gegeben. Der feste Rest kann über den Hausmüll entsorgt werden.

Vorbereitende Aufgaben

Das Becherglas wird zu einem Viertel mit Saccharose gefüllt, die dann mit etwa 100 mL Wasser zu einem Brei verrührt wird. Das Becherglas stellt man vorsichtshalber in eine große Kristallisierschale.

Durchführung und Beobachtung

100 mL konzentrierte Schwefelsäure wird in den Zuckerbrei gegossen.
Die Mischung färbt sich zunächst schwarz und bläht sich dann unter starker Gasentwicklung derart auf, dass sie zylinderförmig in dem Becherglas nach oben wächst. Es entsteht ein schwarzes, recht stabiles Gebilde (»Zuckerwurst«).
Auch bei wesentlich bescheidenerem Materialeinsatz verfehlt der Versuch seine Wirkung nicht. Ein kleines Becherglas (150 – 250 mL) oder ein großes Reagenzglas und entsprechend verringerte Säure-, Wasser- und Zuckermengen reichen vollkommen aus.

Erläuterung

Konzentrierte Schwefelsäure zerstört Saccharose durch Wasserentzug.
$C_{12}H_{22}O_{11} \rightarrow 12\ C + 11\ H_2O$
Gleichzeitig wirkt die Säure auf Teile der organischen Substanz oxidierend, wobei sie selbst zu Schwefliger Säure reduziert wird, die dann in SO_2 T und H_2O zerfällt.

1.10 Pharao-Schlange

Themen für den Unterricht

Gase, Schaum, Volumen

Geräge und Chemikalien

Variante 1: Glasstab, Klebstoff

Quecksilber(II)-rhodanid (Quecksilberthiocyanat) **T N**, Salpeterpapier **F**

Variante 2: Flache Abdampfschale

Emser Pastillen, Zigarettenasche, Ethanol oder Brennspiritus **F**

Variante 3: Flache Abdampfschale

Saccharose, Natriumhydrogencarbonat, Natriumnitrat **O**, Gummiarabicum

Hinweise zur Sicherheit

Variante 1: Da beim Entzünden der Schlange giftiger Quecksilberdampf entstehen, muss dieser Versuch unter dem Abzug oder im Freien stattfinden. Auch die entstandene Asche kann noch giftiges Quecksilber enthalten. Hinweise zum Arbeiten mit Quecksilber und Quecksilberverbindungen stehen im Kapitel »Hinweise zu den Versuchen«. Aufgrund der besonderen Problematik des Quecksilbers sei auf die Varianten 2 und 3 hingewiesen.

Vorbereitende Arbeiten

Variante 1: Herstellung von Salpeterpapier: 15 g Kaliumnitrat **O** werden in 100 mL Wasser gelöst. Mit dieser Lösung tränkt man Filterpapier, welches man anschließend gut trocknen lässt.

Variante 3: Lembke [2] schlägt eine Rezeptur für selbst hergestellte Stäbchen vor. Man vermischt gründlich 75 g Saccharose mit 10 g Natriumhydrogencarbonat, 10 g Natriumnitrat **O** und 5 g Gummiarabicum. Aus diesem Teig formt man kleine Stäbchen, die man trocknen lässt.

Durchführung und Beobachtung

Variante 1: Aus Salpeterpapier wird ein einseitig geschlossenes Röhrchen hergestellt, (Ø 1 cm, Länge ca. 8 cm), welches mit Quecksilber(II)-rhodanid gefüllt wird. Mit einem Glasstab presst man das weiße Pulver in dem Röhrchen etwas zusammen. Das Röhrchen wird am offenen Ende angezündet. Aus dem langsam verglimmenden Röhrchen kriecht unter Zischen eine lange, gelbe Schlange hervor.

Variante 2: Zwei oder drei der bei Lehrkräften und anderen Angehörigen stimmlich geforderter Berufsgruppen beliebten Emser Pastillen werden in mit Alkohol getränkte Zigarettenasche gesteckt. Nach dem Anzünden entquillt eine »Schlange« aus den Pastillen. [1]

Variante 3: Die selbst hergestellten Säbchen werden mit Alkohol übergossen und entzündet.

Erläuterung

Variante 1: Quecksilber(II)-rhodanid zerfällt beim Erhitzen. Dabei entsteht ein zusammenhaltendes, volumenreiches Asche-Gas-Gebilde aus Stickstoff, Kohlenstoff

Variante 1 T
N
Variante 1 u. 2 F
Variante 3 O
Variante 1 !!!
CAM
Variante 1 5

und Schwefel. Diese Asche nimmt etwa das 25- bis 50-fache Volumen der ursprünglichen Substanz ein.

Variante 2: 100 g Emser Pastillen enthalten im Salzanteil folgende Ionen: 30 g Na^+, 0,8 g K^+, 50 g HCO_3^-, 18 g Cl^- und 1,2 g SO_4^{2-}. Durch die Alkoholflamme schmilzt die ebenfalls enthaltene Saccharose und wird durch das aus dem Natriumhydrogencarbonat frei werdende Kohlenstoffdioxid aufgeschäumt. Die extrem leichte »Schlange« besteht aus dem bei der Zersetzung der Saccharose übrig bleibenden Kohlenstoff und beim Aufquellen mitgeführten Salzen. Die Zigarettenasche dient als Katalysator. Mit Fe(III)-Salzen kann sie ersetzt werden.

Variante 3: Der Vorgang ähnelt dem von Variante 2 beschriebenen Prozess.

1.11 Viel Schaum

C

Xn

Themen für den Unterricht

Katalysator, Schaum, Wasserstoffperoxid

Geräte und Chemikalien

Becherglas (1000 – 3000 mL), Auffanggefäß (Glasschale, Tablett o. ä.), Glasstab
Kaliumiodid (zur Not Mangan(IV)-oxid **Xn**), Perhydrol (Wasserstoffperoxid-Lösung; w = 30 %) **C**, schaumbildende Lösung (Spülmittel, Seifenblasenflüssigkeit o. ä.)

Vorbereitende Arbeiten

Man stellt das Becherglas auf das Auffanggefäß und gibt 5 – 10 mL des Schaumbildners hinein. Eine Lösung von Kaliumiodid (10 g KI in 10 mL Wasser) wird erst unmittelbar vor dem Versuch hergestellt; das feste Kaliumiodid kann auch direkt in das Reaktionsgemisch gegeben werden.

Durchführung und Beobachtung

In das Becherglas mit dem Schaumbildner gibt man etwa 50 mL Perhydrol und 10 mL Kaliumiodid-Lösung (oder eine Spatelspitze festes Kaliumiodid) und rührt kräftig um. Die Lösung färbt sich schnell braun. Spektakulärer ist die parallel einsetzende starke Schaumentwicklung. Der relativ steife Schaum quillt im Gefäß zylinderförmig hoch und fällt erst ab einer gewissen Höhe zur Seite.

Erläuterung

Die Reaktion basiert auf der katalytischen Freisetzung von Sauerstoff aus Wasserstoffperoxid. Kaliumiodid ist ein besonders wirksamer Katalysator; Mangan(IV)-oxid ist nicht ganz so gut geeignet.

Hauptreaktion (vereinfacht): $2\ H_2O_2 \xrightarrow{\textit{Katalysator}} 2\ H_2O + O_2$

Die Braunfärbung erfolgt aufgrund einer Nebenreaktion, in der die Iodid-Ionen zu elementarem Iod oxidiert werden.

Weitere passsende Versuche

Versuch 1.12, Versuch 7.12

1.12 Transsylvanischer Eisbecher

Themen für den Unterricht
Katalysator (Enzyme), Schaum. Wasserstoffperoxid

Geräte und Chemikalien
Becherglas (hohe Bauform, je nach Größe des Publikums 400 bis 5000 mL) oder Kelchglas, Glasstab
Blut (z. B. Rinderblut aus einer Schlachterei), Perhydrol (Wasserstoffperoxid-Lösung; w = 30 %) C

Vorbereitende Arbeiten
Eine je nach Größe des Publikums variierende Menge (> 10 mL) frischen Rinderblutes wird im Becherglas bereitgestellt.

Durchführung und Beobachtung
Das Blut wird im Verhältnis 4:1 mit Wasserstoffperoxid-Lösung unter Rühren vermischt. Das Blut schäumt unmittelbar auf. Die unteren Schichten werden durch das Wasserstoffperoxid teilweise entfärbt. Wenn ein Kelchglas verwendet wurde, kann man das Produkt als »Erdbeerbecher für Dracula« präsentieren.

Erläuterung
Die im Blut enthaltenen Enzyme (Hydrolasen, Katalase und Desmodasen) wirken auf das Wasserstoffperoxid als Katalysator. In einer heftigen Reaktion wird dieser in Wasser und Sauerstoff gespalten.

$$2\,H_2O_2 \xrightarrow{\textit{Katalysator}} 2\,H_2O + O_2$$

Weitere passende Versuche
Versuch 1.11, Versuch 7.12

1.13 Riesen-Gummibärchen

Themen für den Unterricht

Gel, Osmose

Geräte und Chemikalien

Becherglas
Gummibärchen, Wasser

Durchführung und Beobachtung

Ein Gummibärchen wird in ein Becherglas mit Wasser gelegt. Ein Referenz-Bärchen lagert parallel trocken. Etwa alle 30 Minuten wird nachgesehen.
Das Volumen des badenden Gummibärchens nimmt um ein Mehrfaches zu. Intensität der Färbung und Geschmack lassen allerdings erheblich nach.

Erläuterung

Die Volumenzunahme erfolgt durch osmotischen Druck aufgrund des extremen Unterschieds zwischen der Zuckerkonzentration im Gummibärchen und im umgebenden Wasser. Aus dem gleichen Grund platzen süße, reife Kirschen bei Regen. Außerdem quillt Gel im Wasser auf.

Hinweis zur Präsentation

Da der Vorgang sehr lange dauert, empfiehlt es sich, das Gummibärchen gleich zu Beginn des Vortrags ins Wasser zu legen. Nach einer Stunde wird bereits ein erheblicher Effekt sichtbar.

F

Xi

1.14 Turboschnelles Schrumpfen

Themen für den Unterricht
Volumen, Kunststoffe, Klebstoffe, Lösungsmittel

Geräte und Chemikalien
Becherglas (2000 mL) oder durchsichtiger Einweg-Kunststoffbecher, Rührstab
Kunststoff-Hartschaum (z. B. Styropor), Aceton (Propanon) **F Xi** oder Essigsäureethylester (Ethylacetat) **F Xi**

Hinweise zur Sicherheit
Raum gut lüften oder den Versuch unter dem Abzug durchführen

Vorbereitende Arbeiten
Der Kunststoff wird entweder in kleine Stücke zerbröckelt (»Schnee«) oder als passender Block in das Gefäß gestellt.

Durchführung und Beobachtung
Nun übergießt man den Kunststoff mit einer großzügig bemessenen Menge (je nach Kunststoffmenge mehrere 100 mL) des Lösungsmittels (Aceton, Essigsäureethylester). Der Kunststoff löst sich rasch unter beeindruckender Verringerung des Volumens auf. Die Lösung hat Konsistenz und Eigenschaften bekannter Klebstoffe (»Alleskleber«).
Man kann umgekehrt auch untersuchen, wie viel Polystyrol-Hartschaum sich in einer bestimmten Menge Aceton (z. B. 100 mL) gerade noch löst. Dieser Versuch ist besonders eindrucksvoll.

Erläuterung
Kunststoffschäume bestehen aus vielen kleinen Blasen. Beim Auflösen wird die Struktur aufgrund des extremen Verhältnisses zwischen Masse und Oberfläche sehr schnell zerstört. Alleskleber sind, wie auch Haarsprays, im Wesentlichen aufgelöste Kunststoffe.

2.1 Feuer ohne Streichholz

Themen für den Unterricht
Feuer (Selbstentzündung), Redox

Geräte und Chemikalien
Variante 1: Feuerfeste Unterlage, Porzellanschale, Pipette, Schutzbrille
Chrom(VI)-oxid **T O N**, Ethanol **F**
Variante 2: Feuerfeste Unterlage, große Glasschale, 2 Porzellanschalen
Kaliumpermanganat **O Xn**, konzentrierte Schwefelsäure **C**

Hinweise zur Sicherheit
Beide Varianten: Unter dem Abzug oder im Freien arbeiten
Variante 1: Schutzbrille und Schutzscheibe verwenden; nur mit kleinen Mengen arbeiten! Das ätzend wirkende Chrom(VI)-oxid ist giftig, 2 g können eingenommen tödlich wirken.

Vorbereitende Arbeiten
Variante 1: Man gibt eine Spatelspitze trockenes Chrom(VI)-oxid auf die feuerfeste Unterlage. Die Pipette wird mit etwas Ethanol gefüllt.
Variante 2: Die in der großen Glasschale stehende Porzellanschale wird mit etwa 3 mL konzentrierter Schwefelsäure gefüllt. In einer weiteren Porzellanschale befinden sich einige mL Ethanol oder Brennspiritus.

Durchführung und Beobachtung
Variante 1: Man tropft vorsichtig 12 Tropfen Ethanol auf die roten Kristalle. Es entsteht sofort eine Stichflamme.
Variante 2: Man gibt zur Schwefelsäure etwa eine halbe Spatelspitze Kaliumpermanganat und rührt vorsichtig mit dem Glasstab um. Anschließend hält man die Spitze des Glasstabs, an dem etwas von dem Gemisch haften muss, dicht über das Ethanol. Die Ethanoldämpfe entflammen augenblicklich.

Erläuterung
Variante 1: Chrom(VI)-oxid ist ein äußerst kräftiges Oxidationsmittel. Seine Oxidationswirkung reicht aus, um den leicht brennbaren Ethylalkohol zu entzünden.
$4CrO_3 + C_2H_5OH \rightarrow 2\ Cr_2O_3 + 2\ CO_2 + 3\ H_2O$
Variante 2: Kaliumpermanganat reagiert mit der Schwefelsäure zu Mangan(VII)-oxid, das zu Mangan(IV)-oxid und Sauerstoff bzw. ab 95 °C zu Mangan(IV)-oxid und Ozon zerfällt.

1. $2\ KMnO_4 + H_2SO_4 \rightarrow Mn_2O_7 + K_2SO_4 + H_2O$
2. $2\ Mn_2O_7 \rightarrow 4\ MnO_2 + 2\ O_3$ bzw. $2\ Mn_2O_7 \rightarrow 4\ MnO_2 + 3\ O_2$

Weitere passende Versuche
Versuch 2.2, Versuch 2.6, Versuch 2.7, Versuch 2.13

E
F
O
Variante 3 C
Variante 3 Xn

2.2 Selbstenzündung durch Wasser

Themen für den Unterricht

Exotherme Reaktion, Feuer, Lösungswärme, Redox

Geräte und Chemikalien

Variante 1: 2 Präparategläser, feuerfeste Unterlage
Zinkstaub **F**, Ammoniumnitrat **O**, Ammoniumchlorid, Wasser oder Eisblock
Variante 2: Porzellanschale
Kaliumpermanganat **O Xn**, pulverisierte Saccharose
Variante 3: Prozellanschale
Natriumperoxid **O C**, Sägemehl

Hinweise zur Sicherheit

Alle Varianten: Die Versuche sind unter dem Abzug durchzuführen. Schutzbrille tragen!
Variante 1: »Feuchte Aussprache« während der Herstellung des Gemischs vermeiden! Auf die oft empfohlene Zugabe von Bariumnitrat **Xn O** kann man ohne weiteres verzichten.

Vorbereitende Arbeiten

Variante 1: In die beiden trockenen Präparategläser gibt man jeweils folgende Substanzen:
Glas A: 4 g Zinkstaub
Glas B: 4 g Ammoniumnitrat, 1 g Ammoniumchlorid und eventuell 0,5 g Bariumnitrat
Unter Beibehaltung der Mischungsverhältnisse kann der Versuch auch mit größeren Mengen stattfinden. Auch ohne Bariumnitrat funktioniert der Versuch zuverlässig; man verzichtet lediglich auf die grüne Flammenfärbung.

Durchführung und Beobachtung

Variante 1: Der Inhalt der beiden Gläser wird vereinigt und durch Schütteln gut vermischt. Die Mischung schüttet man auf die feuerfeste Unterlage und bespritzt sie (z. B. durch Schütteln der nassen Hand) mit einigen Tropfen Wasser.
Aus der Mischung schießt eine Flamme empor.
Variante 2: Ein Gemisch aus pulverisiertem Kaliumpermanganat (1 g) **O Xn** und pulverisierter Saccharose (1 g) lässt sich durch einige Tropfen Wasser zur Entzündung bringen.
Variante 3: Ein Gemisch aus ca. 20 g Natriumperoxid **O C** und etwa dem halben Volumen trockenem Sägemehl verbrennt lebhaft, wenn man mit der Pipette einige Tropfen Wasser

zufügt (Abzug, Schutzbrille). Diese Mischung darf aber auf keinen Fall vorbereitet und aufgehoben werden, da sie sich an feuchter Luft nach einiger Zeit von selbst entzündet.

Erläuterung

Variante 1: Die Zündung des Gemisches wird durch die bei der Oxidation des feuchten Zinkstaubs entstehende Wärme hervorgerufen. Oxidationsmittel ist das Ammoniumnitrat, das Ammoniumchlorid beschleunigt den Vorgang. Als Reaktionsprodukte entstehen u. a. Zinkoxid und Ammoniak. Das Bariumsalz färbt die Flamme grün.
Variante 2: Kaliumpermanganat ist ein starkes Oxidationsmittel. Hinweis: die Selbstentzündung eines Gemisches aus Kaliumpermanganat und Glycerol (Glycerin) wird in Versuch 2.7 beschrieben,
Variante 3: Natriumperoxid ist ein stark hygroskopisches Pulver, das sich in Wasser unter lebhafter Sauerstoffentwicklung löst:

$2\ Na_2O_2 + 2\ H_2O \rightarrow 4\ NaOH + O_2$

Hinweise zur Präsentation

Variante 1: Eine zusätzliche Überraschung beschert man dem Publikum, wenn man das Gemisch auf einen Eisblock gibt. Das Schmelzwasser bewirkt den Zündvorgang.
Eine eindrucksvolle Flammenfront entsteht, wenn man das Pulver in einer Blechrinne auf eine Strecke von etwa 30 bis 50 cm verteilt.

Weitere passende Versuche

Versuch 2.6, Versuch 2.7

F

C

Xn

2.3 Feuer ausschütten

Themen für den Unterricht
Alkalimetalle, Benzin, Feuer (Selbstentzündung), Redox

Geräte und Chemikalien
Reagenzglas, Reagenzglasklammer, Glaswanne, Messer
(Petroleum-)Benzin oder ein kurzkettiges Alkan (Pentan, Hexan, Heptan) **F Xn**, Kalium **F C**, Wasser

Vorbereitende Arbeiten
Eine Glaswanne mit Wasser steht unter dem Abzug bereit.

Durchführung und Beobachtung
In ein Reagenzglas gibt man etwa 15 mL Benzin und ein oder zwei kleine, sorgfältig entrindete Stückchen Kalium. Anschließend gießt man die Substanzen in die Glaswanne auf die Wasseroberfläche. Das Reagenzglas wird dabei mit einer Klammer gehalten. Kalium und Benzin reagieren nicht miteinander. Sobald die beiden Substanzen auf das Wasser treffen, entsteht eine recht große Flamme.

Erläuterung
Das Benzin schwimmt auf der Oberfläche. Das Kalium reagiert heftig unter Feuererscheinung mit dem Wasser. Die Flamme zündet die Benzindämpfe.

2.4 Aluminiumbromid auf die Schnelle

T+
F
C
N
CAM

Themen für den Unterricht

Aluminium, Halogene (Brom), Feuer (Selbstentzündung), exotherme Reaktion, Salzbildung

Geräte und Chemikalien

Becherglas (600 mL), Sand, Reagenzglas, feines Schleifpapier
Aluminiumfolie, Brom **T+ C N**

Hinweise zur Sicherheit und zur Entsorgung

Versuch unter dem Abzug durchführen und Schutzbrille aufsetzen.
Eventuell verbliebenes Brom wird mit einer Natriumthiosulfat-Lösung versetzt. Das Gemisch kann über die Kanalisation entsorgt werden.

Vorbereitende Arbeiten

Das Becherglas wird zur Hälfte mit Sand gefüllt. In die Mitte steckt man das Reagenzglas. Unmittelbar vor dem Versuch wird ein Streifen Aluminiumfolie (ca. 5 cm • 10 cm) mit Schleifpapier aufgeraut, um die Oxidhaut zu verletzen. Notfalls genügt es auch, die Folie mehrmals zu zerknüllen und wieder zu entfalten.

Durchführung und Beobachtung

Das Reagenzglas wird unter dem Abzug etwa 1 cm hoch mit Brom gefüllt. Anschließend lässt man die passend zurechtgebogene Aluminiumfolie hineinfallen.
Nach einer Weile kann man im Reagenzglas Feuererscheinungen und starke Entwicklung von Dämpfen beobachten. Die Reaktion verläuft zunehmend heftig unter Funkensprühen. Am Rand der Reagenzglasöffnung bildet sich eine weiße Kruste von Aluminiumbromid.

Erläuterung

In einer stark exothermen Reaktion entsteht aus Aluminium und Brom das weiße Salz Aluminiumbromid, das teilweise direkt am Reagenzglasrand zu sehen ist.

$2\ Al + 3\ Br_2 \rightarrow 2\ AlBr_3 \qquad \Delta H = -495\ kJ/mol$

Variante1
Xn

2.5 Funkengarbe

Themen für den Unterricht

Exotherme Reaktion, Feuer (Zerteilungsgrad), Oxalate, pyrophore Stoffe

Geräte und Chemikalien

Versuch 1: Trichter mit Filter, Reagenzgläser, Reagenzglasständer, Brenner, Reagenzglashalter, Spatel, Watte Ammoniumeisen(III)-sulfat, wässrige Diammoniumoxalat-Lösung (w = 10 %) **Xn**
Versuch 2: Gasbrenner
»Zündsteine« von Feuerzeugen (Cereisen)

Vorbereitende Arbeiten

Versuch 1: Man löst einen Spatel Ammoniumeisen (III)-sulfat in 10 mL Wasser, versetzt mit der Ammoniumoxalat-Lösung und erwärmt etwas. Es bildet sich ein schwachgelber Niederschlag von Eisen(ll)-oxalat. Der Niederschlag wird abfiltriert und an der Luft bei Raumtemperatur getrocknet. Frühestens am nächsten Tag wird das Eisenoxalat in ein trockenes Reagenzglas gegeben, mit einem Wattebausch verschlossen und für die Vorführung bereit gehalten.

Durchführung und Beobachtung

Versuch 1: Das mit einem Wattebausch verschlossene Reagenzglas wird erhitzt. Nach beendeter Zersetzung des Eisen(II)-oxalats entfernt man den Wattebausch und schleudert das schwarze Glühprodukt, das noch heiß sein muss, heraus. Nicht gegen Personen oder brennbare Gegenstände richten!
Es entsteht eine Funkengarbe.
Versuch 2: Zündsteine bestehen aus Cereisen, das pyrophore Eigenschaften hat. Cereisen ist ein Gemisch aus 30 % Eisen und 70 % Cer-Mischmetall (Legierung aus aus etwa 50 % Cer, 40 % Lanthan, 3 % andere Lanthanide und 7 % Eisen). Wenn man einen Zündstein mit einer Gasflamme kräftig erhitzt, glüht er anschließend weiter. Auf eine harte Unterlage geworfen zerspringt er unter Funkensprühen in mehrere Stücke. [1]

Erläuterung

Versuch 1: Aus Eisen(II)-sulfat und Ammoniumoxalat entsteht Eisen(II)-oxalat:

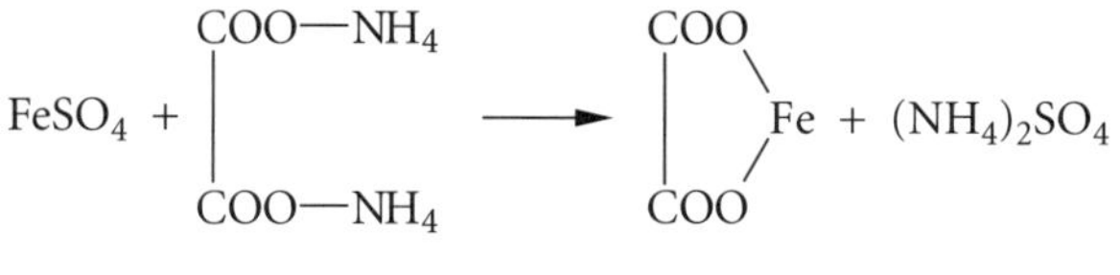

Beim Erhitzen zerfällt das Eisen(II)-oxalat, wobei sich pyrophores Eisenpulver bildet.

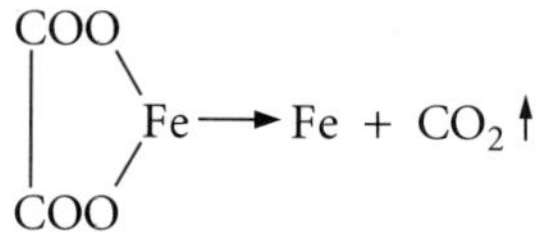

Bei Berührung mit dem Sauerstoff der Luft bildet das pyrophore Eisen unter Aufglühen Eisen(III)-oxid:

$4\ Fe + 3\ O_2 \rightarrow 2\ Fe_2O_3$

2.6 Violette Flammenerscheinung

Themen für den Unterricht
Alkohole, exotherme Reaktionen, Redox

Geräte und Chemikalien
Porzellanschale, Pipette
Glycerol (= Glycerin), Kaliumpermanganat **O Xn**

Hinweise zur Sicherheit
Da die Reaktion mitunter etwas verzögert, dann aber explosionsartig einsetzt, ist eine Schutzbrille zu tragen.

Vorbereitende Arbeiten
Drei Spatel fein pulverisiertes Kaliumpermanganat werden in einer Porzellanschale zu einem Kegel aufgehäuft, dessen Spitze etwas eingedellt wird.

Durchführung und Beobachtung
Mit einer Pipette lässt man einige Tropfen Glycerin in die Vertiefung der Kegelspitze tropfen. Nach wenigen Sekunden entzündet sich das Gemisch; die Flamme zeigt violette Färbung.

Erläuterung
Kaliumpermanganat oxidiert bestimmte organische Stoffe schon bei Zimmertemperatur. Propantriol (Glycerin) mit seinen drei Hydroxylgruppen ist hierfür besonders gut geeignet. Die Reaktion verläuft stark exotherm, so dass sich das Gemisch schon nach kurzer Zeit selbst entzündet. Die Flamme weist die für Kalium typische violette Färbung auf. Die Oxidationsprodukte können nicht genau definiert werden, so dass sich eine genaue Reaktionsgleichung nicht angeben lässt. [1]

Weitere passende Versuche
Versuch 2.1, Versuch 2.2, Versuch 2.7, Versuch 2.13

2.7 Eis – ideal zum Feuermachen

F

Variante 3
O

Variante 2
C

Themen für den Unterricht

Alkalimetalle, Feuer (Entzündungstemperatur, Selbstentzündung), Redox-Reaktionen

Geräte und Chemikalien

Versuch 1 : Feuerfeste Unterlage
„Sammellinse" aus Eis, leicht brennbares Material (zur Not Thermo-Papier)
Versuch 2: Feuerfeste Unterlage
Eiswürfel, Kalium **F C**
Versuch 3: Feuerfeste Unterlage, Porzellanschale, Glasstab
Eiswürfel, Zinkstaub **F**, Ammoniumnitrat **O**, Ammoniumchlorid

Hinweise zur Sicherheit

Versuch 2 und 3 erfordern einen Abzug, zumindest eine Schutzscheibe.

Vorbereitende Arbeiten

Versuch 1: Abgekochtes Wasser wird möglichst ohne Luftblasen zwischen zwei gleich große Uhrgläser gebracht, die zunächst zusammengedrückt, dann mit Klebeband abgedichtet werden. Das Objekt kommt in das Tiefkühlfach.
Versuch 3: Erst unmittelbar vor oder besser erst während des Versuchs in einer trockenen Porzellanschale Zinkpulver, pulverisiertes Ammoniumnitrat und pulverisiertes Ammoniumchlorid im Verhältnis 4:4:1 (z. B. 8 g + 8 g + 2 g) vorsichtig vermischen. Schon ein kleiner Wassertropfen kann das aus Versuch 2.2 bekannte Gemisch zum Reagieren bringen!

Durchführung und Beobachtung

Versuch 1: Die Sammellinse aus Eis wird aus ihrem Gehäuse befreit; falls die Uhrgläser festgefroren sind, kann man sie mit heißem Wasser o. ä. leicht erwärmen. Anschließend hält man die Linse derart zwischen eine geeignete Lichtquelle (Sonnenlicht, Halogenleuchte) und einen leicht entflammbaren Gegenstand (schwarz bedrucktes Zeitungspapier), dass ein möglichst kleiner Lichtfleck sichtbar ist. Das Material verhält sich wie bei dem bekannten Versuch mit einer herkömmlichen Sammellinse aus Glas (»Brennglas«).
Ein Tipp: Bei ungünstigen Verhältnissen erreicht man zumindest, dass sich Thermopapier (z. B. Kassenbons oder Faxpapier von der Rolle) an den beleuchteten Stellen schwarz färbt.
Versuch 2: Auf einer feuerfesten Unterlage liegt ein Quader aus Eis. Darauf platziert man ein gut entrindetes, kleines Stück Kalium. Falls das Eis bereits angeschmolzen ist, setzt sofort die bekannte heftige Reaktion zwischen Kalium und Wasser ein; dabei entsteht eine rötlichviolette Flamme.
Versuch 3: Das Gemisch aus Zinkstaub, Ammoniumcarbonat und Ammoniumchlorid wird auf den unter dem Abzug bereitliegenden Eisklotz geschüttet. Je nach dem, wie stark das Eis bereits angeschmolzen ist, setzt die Reaktion sehr schnell oder, bei noch trockenem Eis, mit Verzögerung ein.

Erläuterung

Versuch 1: Wie Glas hat Eis einen höheren Brechungindex als Luft. Aus diesem Grund ist eine konvex geformte Linse als Sammellinse bzw. Brennglas geeignet.
Versuch 2: Kalium reagiert stark exotherm mit Wasser unter Bildung von Kaliumhydroxid und Wasserstoff.
Versuch 3: Siehe 2.2

Weitere passende Versuche

Versuch 2.2, Versuch 3.3

2.8 Gefährliches Filterpapier

Themen für den Unterricht

Feuer (Selbstentzündung), Phosphor, Redox

Geräte und Chemikalien

Reagenzglas, Halter, Filterpapier, Feuerfeste Unterlage, Stativmaterial
Weißer Phosphor **F T+**, Schwefelkohlenstoff (Kohlenstoffdisulfid) **F+ T+**

Hinweise zur Sicherheit

Hinweise zum Umgang mit weißem Phosphor und Schwefelkohlenstoff befinden sich im Kapitel *Hinweise zu den Versuchen*.

Vorbereitende Arbeiten

Die Chemikalien und Geräte werden bereitgestellt

Durchführung und Beobachtung

Ein linsengroßes Stück weißer Phosphor wird in etwas Schwefelkohlenstoff gelöst. Mit einem Teil dieser Lösung tränkt man ein Filterpapier, das dann über einer feuerfesten Unterlage aufgehängt wird.
Nach einiger Zeit fängt das Filterpapier an zu brennen. Führt man diesen Versuch im Dunkeln durch, so leuchtet das Filterpapier zunächst, bevor es sich entzündet.

Erläuterung

Weißer Phosphor ist in Schwefelkohlenstoff gut löslich. Ein mit einer derartigen Phosphor-Lösung getränktes Stück Papier enthält nach dem Verdunsten des Schwefelkohlenstoffs Phosphor in fein verteilter Form. In diesem Zustand neigt der Phosphor sehr leicht zur Selbstentzündung.
Auf diesem Prinzip beruhen auch Phosphor-Brandbomben, bei denen z. B. Phosphor in einer leichtflüchtigen Erdölfraktion gelöst ist.

F

2.9 Wachs brennt ohne Docht

Themen für den Unterricht

Bindungsarten (polare und unpolare Atombindung), Feuer (Brandvoraussetzungen), Redox, Stoffeigenschaften (Siedetemperaturen)

Geräte und Chemikalien

Vorversuch: Gasbrenner, Dreifuß, Drahtnetz, Teelicht mit Aluminium-Hülle, Tiegelzange
Versuche 1 und 2: Glaswanne, Reagenzglas, lange Stativstange, Stativklemme, Muffe, Gasbrenner
Kerzenwachs (Stearin; ideal sind Weihnachtskerzen)

Hinweise zur Sicherheit

Großer Sicherheitsabstand, ggf. Schutzscheibe, Schutzbrille. In das siedende Wachs darf auf keinen Fall Wasser geraten! Das Publikum muss vor dem Nachahmen der Versuche ausdrücklich gewarnt werden.

Vorbereitende Arbeiten

Auf dem Experimentiertisch steht eine zur Hälfte mit Wasser gefüllte Glaswanne.

Durchführung und Beobachtung

Vorversuch: Warnung! In das heiße Wachs darf auf keinen Fall Wasser geraten!
Ein Teelicht mit Aluminium-Hülle steht auf einem Dreifuß mit Drahtnetz und wird von unten erhitzt. Sobald das Wachs geschmolzen ist, wird der Docht mit einer Tiegelzange entfernt. Wenn das Wachs siedet, werden die Dämpfe angezündet – so kann die Kerze auch ohne Docht brennen. Man löscht die Kerze, indem man die Flamme mit einem Brettchen o. ä. erstickt.
Versuch 1: In das an einer mindestens 1 m langen Stativstange montierte Reagenzglas wird eine Kerze (z. B. Weihnachtskerze) gegeben. Anschließend bringt man das »Wachs« (Paraffin oder Stearin) über einer Gasflamme zum Schmelzen. Um zu unterstreichen, dass der Docht keine Rolle mehr spielen wird, kann man ihn demonstrativ mit einer Pinzette entfernen. Anschließend wird das Wachs weiter erhitzt. Dabei hält man die Stativstange mit dem Glas durch ausgestreckte Arme möglichst weit vom Körper entfernt.
Sobald die Flüssigkeit stark siedet, lässt man sie zügig aus etwa 1 m Höhe auf die Wasseroberfläche fließen.
Das Wachs entzündet sich schon während des Fallens. Dabei entsteht ein Feuerball mit auch in größerer Entfernung deutlich spürbaren Wärmeentwicklung. Auf der Wasseroberfläche hat sich eine dünne Scheibe aus erstarrtem »Wachs« gebildet, das interessante Eigenschaften zeigt: Die dem Wasser zugewandte Seite lässt sich relativ gut mit Wasser benetzen, während an der anderen Seite die Flüssigkeit abperlt.
Versuch 2: Dieses Experiment unterscheidet sich von Versuch 2 zunächst nur unwesentlich. Der Unterschied: Das Reagenzglas mit dem siedenden Wachs wird mit seiner unteren Hälfte in das Wasser getaucht, wobei die Öffnung nicht auf den Experimentator oder

das Publikum gerichtet sein darf. Der nun eintretende Effekt ist mit »Flammenwerfer« zutreffend beschrieben.

Erläuterung

Versuch 1: Bei diesem Vorgang sind die wesentlichen Voraussetzungen der Entflammbarkeit erfüllt. Brennbares Material und Luft sind vorhanden, die Entzündungstemperatur ist erreicht, und ein hoher Zerteilungsgrad sorgt zusätzlich für eine rasch verlaufende Reaktion. Stearin ist ein Gemisch aus Stearinsäure und Palmitinsäure. Stearinsäure-Moleküle haben jeweils ein polares (hydrophiles) und ein unpolares (lipophiles) Ende; Stearinsäure eignet sich deshalb als Emulgator. Beim Auftreffen des flüssigen Stearins orientieren sich die hydrophilen »Köpfe« zum Wasser hin, während die lipophilen Bereiche in die Luft ragen. Dieser Zustand wird durch das Erstarren des Stearins konserviert. [1]

Versuch 2: Beim Eintauchen geraten vermutlich durch Haarrisse geringe Mengen in das Reagenzglas; der Versuch funktioniert nämlich auch dann, wenn das Glas nicht zerstört wird. Da die Temperatur des Wachses wesentlich über der Siedetemperatur des Wassers liegt, verdampft dieses augenblicklich und reißt feine Wachströpfchen mit sich, die aus den gleichen Gründen wie in Versuch 1 unmittelbar mit dem Sauerstoff der Luft reagieren. [2]

Weitere passende Versuche

Versuch 2.10, Versuch 8.3

2.10 Löschen eines Fettbrandes

Themen für den Unterricht
Fette, Feuer (Brandvoraussetzungen), Redox, Stoffeigenschaften (Siedetemperaturen)

Geräte und Chemikalien
Eisenschale, Spritzflasche oder leistungsfähige Wasserpistole bzw. Wasserschlauch
Speiseöl, Wasser

Hinweise zur Sicherheit
Der besonderen Brandgefahr muss durch großen Sicherheitsabstand und Durchführung im Freien Rechnung getragen werden. Das Publikum ist ausdrücklich vor Nachahmung zu warnen.

Vorbereitende Arbeiten
Ggf. Montage des Wasserschlauches

Durchführung und Beobachtung
In einer Eisenschale werden etwa 50 mL Speiseöl zum Sieden gebracht. Die Dämpfe entzündet man mit einem brennenden Span. Anschließend spritzt man aus der Ferne mit einer Spritzflasche oder einer leistungsfähigen Wasserpistole mehrmals Wasser in die Schale.
Eine aufwendigere, aber elegante Lösung: Man befestigt über einen passenden Adapter an einen Wasserhahn einen 5 – 10 m langen durchsichtigen PVC-Schlauch (Innendurchmesser ca. 5 mm). Das freie Ende wird etwa 1 m über der Stelle montiert, an der später das Öl erhitzt wird. Sobald das Öl brennt, wird der Hahn relativ schwach aufgedreht, so dass das Wasser nicht allzu schnell zur Brandstelle fließt; das steigert den dramatischen Effekt. Sobald die ersten Wassertropfen in das Öl fallen, dreht man etwas stärker auf.
Es entsteht unter Prasseln eine hohe Stichflamme.

Erläuterung
Das siedende Fett hat eine recht hohe Temperatur. Das hereintropfende Wasser verdampft deshalb augenblicklich und reißt viele kleine Fetttröpfchen mit sich, so dass ein hoher Zerteilungsgrad eintritt. Der hohe Zerteilungsgrad fördert das Verdampfen des Öls, dieses verbrennt dann. Auch bei der Zündung im Dieselmotor liegt der Treibstoff fein vor.

Weitere passende Versuche
Versuch 2.9

2.11 Feuererscheinungen unter Wasser

Themen für den Unterricht

Chlor, Ethin, Feuer (Sauerstoff, Selbstentzündung), Magnesium, Redox

Geräte und Chemikalien

Versuch 1: Zwei Kohleelektroden (Graphitstäbe), Stromversorgungsgerät
Wasser
Versuch 2 : Kleine Glasschale oder Becherglas (2.1) oder zwei Einwegspritzen (2.2)
Calciumcarbid **F**, Mangan(IV)-oxid **Xn**, Salzsäure (konzentriert) **C**
Versuch 3: Aquarium o. ä.
Magnesiumfackel (z. B. Seenot-Fackel aus dem Schiffszubehörhandel) **F**

Hinweise zur Sicherheit

Versuch 1: Da ein Anteil an UV-Strahlung nicht auszuschließen ist, darf allenfalls sehr kurz in die Funken geschaut werden (ggf. UV-Brille verwenden).
Versuch 2 und 3: Abzug oder im Freien arbeiten, Schutzbrille

Durchführung und Beobachtung

Versuch 1: Feuererscheinungen unter Wasser faszinieren, weil hier die beiden scheinbar unvereinbaren »Elemente« gemeinsam auftreten. Auf einfache Weise lassen sich kräftige Funken unter Wasser erzeugen, indem man die Spitzen zweier an ein Stromversorgungsgerät (15 – 24 Volt ~) angeschlossene Kohleelektroden (Graphitstäbe) gerade eben zusammenführt.
Versuch 2.1: In ein Becherglas gibt man einige Spatelspitzen Mangan(IV)-oxid und gießt darauf etwa 1 cm hoch konzentrierte Salzsäure. Anschließend fügt man einige Stückchen Calciumcarbid hinzu. Nach kurzer Zeit kommt es zu schnell aufeinander folgenden Flammenerscheinungen zusammen mit leichten Verpuffungen; außerdem steigen attraktive Rußringe aus dem Glas.
Versuch 2.2: In einer Apparatur im Mikroformat lässt man durch Kanülen kleiner Einwegspritzen Chlorgas **T N** und Ethin **F**$^{+}$ unter Wasser zusammenströmen. Die beiden Gase reagieren heftig unter Funkenbildung miteinander. [2]
Versuch 3: Eine Magnesiumfackel wird gestartet und anschließend unter Wasser gehalten. Die Flamme – je nach Modell in einer typischen Farbe leuchtend – erlischt auch dann nicht, wenn man die Fackel in das Wasser des Aquariums taucht. Zusätzlich entsteht sehr viel Rauch.

Erläuterung

Versuch 1: Die unter Einwirkung des elektrischen Stroms entstehenden sehr heißen Funken werden durch das Wasser kaum beeinträchtigt.
Versuch 2: Mangan(IV)oxid reagiert mit Salzsäure zu Chlor **T N**, das sich mit Calciumcarbid in einer exothermen Reaktion unter Feuererscheinungen umsetzt:
$C_2H_2 + Cl_2 \rightarrow 2\ HCl + 2\ C$

Selbstverständlich kann bei diesem Versuch von »Feuer unter Wasser« nur aufgrund des optischen Eindrucks die Rede sein. Es gibt aber eine attraktive Variante, die diesem Anspruch wirklich gerecht wird:

Versuch 3: Voreilige (!) Deutung: In Brand gesetztes Magnesium brennt auch unter Wasser weiter, indem es den Wassermolekülen den Sauerstoff entreißt:

$Mg + H_2O \rightarrow MgO + H_2$

Diese plausibel klingende Erklärung gilt nur für kleine Wassermengen (siehe Versuch 2.12). Für das gleichmäßige Abbrennen des Magnesiumpulvers ist das ebenfalls in der Fackel enthaltene Nitrat verantwortlich, das außerdem die Flammenfärbung bewirkt. [1]

2.12 Der brandgefährliche Bleistiftspitzer

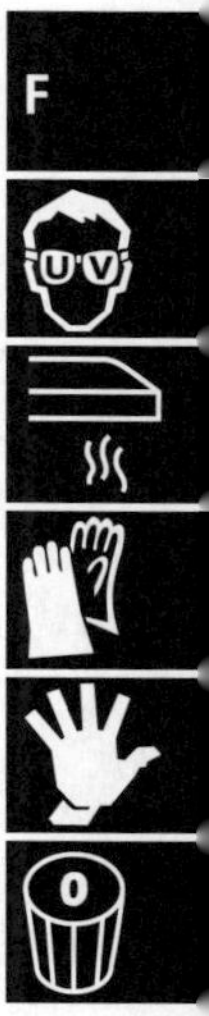

Themen für den Unterricht

Feuer (löschen), Magnesium, Redox

Geräte und Chemikalien

Feuerfeste Unterlage, ggf. Eisensäge, Tiegelzange, Gasbrenner
Magnesium (Griffstück eines geeigneten Metallbleistiftspitzers; in Norddeutschland: »Anspitzer«), Wasser

Hinweise zur Sicherheit

Nicht direkt in die Flamme schauen (UV-Brille verwenden). Das Publikum ist ausdrücklich vor Nachahmung zu warnen.

Durchführung und Beobachtung

Chemische Laien bringen Bleistiftspitzer aus Metall kaum in Zusammenhang mit Feuer, weil diese schwer entflammbar sind.
Moderate Variante: Mit einer Metallsäge sägt man von dem Spitzer, dessen Klinge man vorher abgeschraubt hat, eine dünne Scheibe ab. Diese hält man mit einer Tiegelzange in die Flamme eines Gasbrenners. Nach einer Weile beginnt sie mit gleißend hellem Licht zu brennen.
Gefährlichere Variante: Hiervor wird zwar gewarnt (*Peter Pfeifer* in NiU-Chemie 31), der Versuch ist aber persönlich erprobt (*Kratz*) und für vertretbar befunden: Der Spitzer liegt auf einer feuerfesten Unterlage und wird mit der Flamme eines Gasbrenners angezündet. Der Spitzer glimmt mit relativ kleiner und ruhiger, aber hellleuchtender Flamme. Sobald man mit der Spritzflasche einige Tropfen Wasser»pulsierend« darauf spritzt, werden die Feuererscheinungen wesentlich deutlicher. Erst nach ergiebigen Wasserstößen erlischt die Flamme. Weiße, zum Teil bizarr geformte Rückstände bleiben zurück. Die Klinge aus Stahl bleibt unversehrt.

Erläuterung

Metallbrände zählen zu den bei Feuerwehrleuten gefürchteten Ereignissen, weil hier weder Wasser noch Kohlenstoffdioxid geeignete Löschmittel sind.
Die Griffstücke von Metallbleistiftspitzern bestehen aus einer Legierung, die überwiegend Magnesium enthält. Brennendes Magnesium entreißt Wassermolekülen den Sauerstoff, so dass es bei geringen Wassermengen zu vom frei werdenden Wasserstoff geförderten Feuererscheinungen kommt:
$Mg + H_2O \rightarrow MgO + H_2$

Weitere passende Versuche

8.8

2.13 Blitze unter »Wasser«

F

O

C

Xn

DUN

Themen für den Unterricht

Feuer (Selbstentzündung), Ozon, Redox

Geräte und Chemikalien

Reagenzglas, Becherglas oder Rundkolben (500–1000 mL), Pipette, Stativmaterial
Brennspiritus bzw. Ethanol **F**, konzentrierte Schwefelsäure **C**, Kaliumpermanganat **O Xn**, Wasser

Hinweise zur Sicherheit und Entsorgung

Da sich Brennspiritus und Schwefelsäure gut mischen, muss der Spiritus mit der Pipette vorsichtig über die Säure geschichtet werden. Eine Vermischung der beiden Flüssigkeiten kann zu gefährlichem Erhitzen führen, eventuell wird dann der Reagenzglasinhalt herausschleudert. Da konzentrierte Schwefelsäure eine Dichte von ca. 1,8 g/cm^3 und Brennspiritus eine Dichte von ca. 0,8 g/cm^3 hat, bleiben die beiden Flüssigkeiten längere Zeit voneinander getrennt.
Verwendet man große Kaliumpermanganat-Kristalle, kann die Reaktion zu heftig werden und Flüssigkeit herausspritzen.
Beim Entsorgen muss man vorsichtig sein, weil es beim Ausgießen zur Entflammung des Alkohols und zu Verpuffungen kommen kann. Man zieht Schutzhandschuhe an und legt das Reagenzglas samt Inhalt in eine mit Wasser gefüllte Glaswanne und neutralisiert anschließend mit Natronlauge (ggf. aus Abfallbeständen). Anschließend kann man das Gemisch über die Kanalisation entsorgen.

Vorbereitende Arbeiten

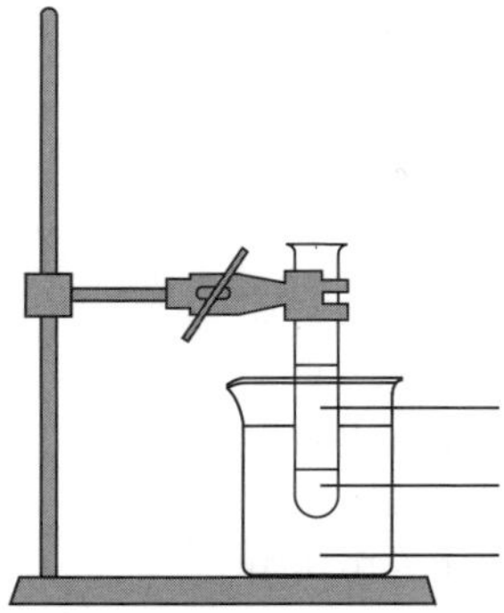

Abb. 4: Blitze unter Wasser

Das trockene Reagenzglas wird 2 cm hoch mit konzentrierter Schwefelsäure gefüllt. Man achte darauf, dass die obere Glaswand von der Säure nicht benetzt wird. Dann lässt man aus einer Pipette vorsichtig eine 4 cm hohe Schicht Brennspiritus auf die Schwefelsäure fließen.

Durchführung und Beobachtung

Ein kleiner Kristall Kaliumpermanganat (Höchstgewicht 0,05 g) wird in das Reagenzglas geworfen. Der Kristall sinkt durch das Ethanol hindurch in die Schwefelsäure.
Lässt das blitzartige Leuchten nach, so kann man es durch erneut hineingeworfene Kristalle erneut hervorrufen.
Nach kurzer Zeit lassen sich an der Grenzfläche zwischen Schwefelsäure und Brennspiritus blitzende Funken beobachten. Die Funkenerscheinung unter der Flüssigkeit dauert einige Zeit an.

Erläuterung

Lässt man konzentrierte Schwefelsäure auf Kaliumpermanganatkristalle einwirken, entsteht Manganheptoxid:

$$2\ MnO_4^- \xrightarrow{+2\ H^+} 2\ HMnO_4 \xrightarrow{-H_2O} Mn_2O_7$$

Dieses Oxid ist allerdings sehr unbeständig, es zerfällt in Mangandioxid (dieses bewirkt die Braunfärbung der Grenzzone) und Sauerstoff:

$2\ Mn_2O_7 \rightarrow 4\ MnO_2 + 3\ O_2$

Der Sauerstoff oxidiert an der Grenzfläche der beiden Flüssigkeiten den Brennspiritus unter leichter Feuererscheinung zu CO_2 und H_2O:

$C_2H_5OH + 3\ O_2 \rightarrow 2\ CO_2 + 3\ H_2O$

Hinweise zur Präsentation

Wenn man das Reagenzglas mit dem Reaktionsgemisch in die Mitte eines mit Wasser gefüllten Rundkolben (500–1000 mL) stellt, nutzt man gleichzeitig die kühlende Wirkung des Wassers und die vergrößernde Wirkung des gewölbten Wasservolumens.

Weitere passende Versuche

2.11

2.14 Feuer durch Ausblasen

Themen für den Unterricht
Feuer, Reaktionskinetik (Teilchen-Kollisions-Theorie), Redox, Sauerstoff

Geräte und Chemikalien
Rohr mit Düse
Sauerstoff (aus Gasflasche) **O**, Holz

Hinweise zur Sicherheit
Der an der Gasflasche angeschlossene Schlauch darf nicht in Brand geraten.

Vorbereitende Arbeiten
In einen Klotz aus gut entflammbarem Holz (Kiefer, Fichte) wird eine etwa 1 cm tiefe Vertiefung gebohrt (Ø ca. 8 mm). Das Experiment funktioniert nicht immer zuverlässig, man muss also vor der Demonstration probieren.

Durchführung und Beobachtung
Aus einer Gasflasche lässt man durch eine Düse für einige Zeit unter sehr hohem Druck Sauerstoff in die Vertiefung des in einen Schraubstock eingespannten Klotzes strömen. Mit etwas Glück und hohem Druck gelingt es schließlich, das Holz zum Glimmen zu bringen.

Erläuterung
Dieser Versuchs verblüfft, weil sein Effekt paradox erscheint. Gewöhnlich wird eine Kerzenflamme durch Ausblasen gelöscht, hier entfacht ein auf den ersten Blick vergleichbarer Vorgang das Feuer. Die Teilchenkollisionstheorie wird eindrucksvoll bestätigt: Durch das hier geschilderte Verfahren ist gewährleistet, dass die Moleküle geeigneter Reaktionspartner in ausreichender Anzahl mit ausreichender kinetischer Energie kollidieren.

2.15 Fliegendes Feuer

Themen für den Unterricht
Feuer (Zerteilungsgrad), Redox

Geräte und Chemikalien
Bunsenbrenner, Glasrohr
Bärlappsporen (Lycopodium)

Zusätzliche Hinweise zur Sicherheit
In der Nähe des Versuches dürfen sich keine leichtentzündlichen Stoffe befinden. Auch sollte das Glasrohr nicht allzu kurz sein, damit der Experimentator nicht gefährdet wird.

Vorbereitende Arbeiten
Ein Glasrohr wird spitz ausgezogen und ca. 2 cm hoch locker mit Bärlappsporen gefüllt. Der Versuch sollte vorher ausprobiert werden. Denn die günstigste Form des Blasrohres und die nötige Menge der Sporen hängt von der Lungenkraft des Experimentators ab. Man achte darauf, dass die Sporen hinreichend trocken sind. Eventuell müssen sie im Exsikkator getrocknet werden.

Durchführung und Beobachtung
Man hält die Spitze des Glasrohres horizontal nahe an die Flamme eines Bunsenbrenners und bläst die Bärlappsporen durch die Flamme.
Die Bärlappsporen entzünden sich und es entsteht ein fliegendes Feuer, das manchmal 1 bis 1,5 m lang ist, aber bald wieder verschwindet.

Erläuterung
Dicht gepackte Bärlappsporen brennen verhältnismäßig schlecht. Nur im Gemisch mit Luftsauerstoff können die gut brennbaren etherischen Öle der Bärlappsporen blitzartig verbrennen.

Weitere passende Versuche
Ähnliche Versuche sind mit Eisen-, Magnesium- oder Aluminiumpulver möglich. Ausdrücklich gewarnt sei an dieser Stelle vor den gesundheitliche Risiken der auf Festen gerne geübten Kunst des Feuerspuckens.

F

Xn

O

Xi

(SV)

0

4

2.16 Wunderkerzen

Themen für den Unterricht

Feuer, Redox

Geräte und Chemikalien

Becherglas, Glasstab, steifer Draht (z. B. Schweißdraht)
Rezept 1: 55 g Bariumnitrat **O Xn**, 5 g Aluminiumpulver **F**, 25 g Eisenpulver, 15 g Stärke (später kommt siedendes Wasser hinzu)
Rezept 2: 44 g pulverisiertes Strontiumnitrat **O Xi**, 4 g feines Aluminiumpulver **F**, 20 g grobes Eisenpulver, 12 g Stärke (später kommt siedendes Wasser hinzu)
Rezept 3: 50 g Kaliumnitrat **O**, 20 g Holzkohlepulver, 10 g Schwefel, 20 g grobes Eisenpulver, 3 g feines Aluminiumpulver **F** (später kommt flüssiges Gummi arabicum hinzu)

Vorbereitende Arbeiten

Herstellung der Wunderkerzen
Man vermischt die oben angegebenen Stoffe und fügt so lange siedendes Wasser (Rezept 1 und 2) bzw. flüssiges Gummi arabicum (Rezept 3) hinzu, bis ein steifer Brei entsteht. Mit diesem überzieht man die oberen zwei Drittel von 10 bis 29 cm langen Drähten, die man dann im Trockenschrank gut trocknet. Das Überziehen funktioniert recht gut, wenn man den Brei in den Knick eines gefalzten Kartons gießt und den Draht (ggf. mehrmals hintereinander) langsam um seine Längsachse in der Masse dreht.

Durchführung und Beobachtung

Die Wunderkerzen werden entzündet.
Während des Brennens schleudern die Kerzen viele sternartige Funken ab.

Erläuterung

Die Eisen- und Aluminiumkörnchen werden durch den von den Nitraten in konzentrierter Form gelieferten Sauerstoff blitzartig verbrannt. Die Stärke dient lediglich als Bindemittel für die pulverförmigen Bestandteile.

2.17 Vulkan

Themen für den Unterricht

Chemische Reaktion (Einführung), Exotherme Reaktion, Feuer, Redox

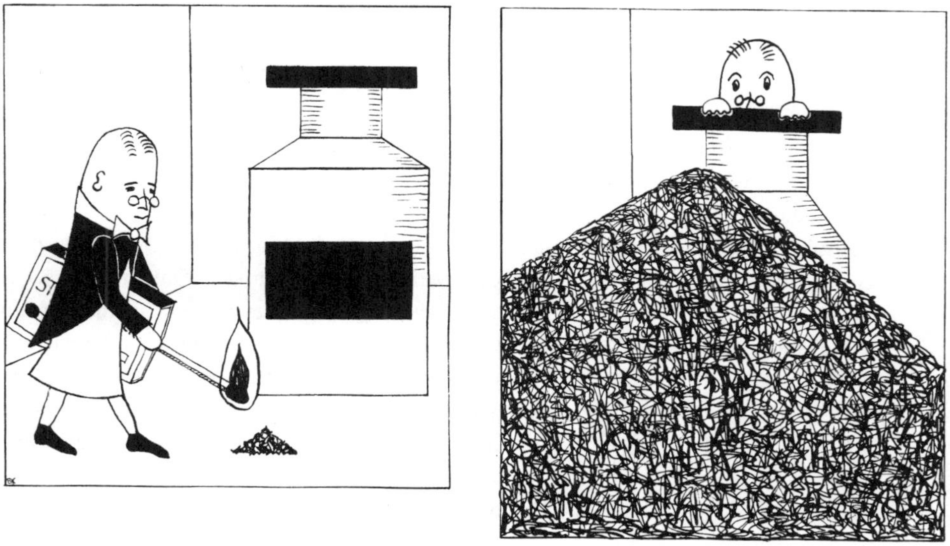

Geräte und Chemikalien

Variante 1: Becherglas (100 mL), feuerfeste Unterlage
Granuliertes Ammoniumdichromat **E T+ Xi N**
Variante 2: Rundkolben mit NS 29 (2 – 4 Liter), Anschützaufsatzes (NS 29) mit Gasableitungsrohr, Schweißdraht (Ø = 3 mm), Stofftrichter, Gasbrenner, Watte
Granuliertes Ammoniumdichromat **E T+ Xi N**, evtl. etwas Aceton **F**

Hinweise zur Sicherheit und zur Entsorgung

Da schädliche Gase entstehen, ist dieser Versuch im Abzug durchzuführen. Das Reaktionsprodukt (Cr_2O_3) gehört zu den Giften der Abteilung 3 des Giftgesetzes. Dichromate und chromhaltiger Staub werden außerdem karzinogenen Stoffen zugeordnet. Schutzbrille und Schutzhandschuhe sind unerlässlich.
Aus diesen Gründen zählt der seit vielen Jahren beliebte Ammoniumdichromat-Vulkan zu den in der Schule unerwünschten Versuchen.
Im weiter unten genannten Artikel schlagen die Autoren eine Wiederverwendung des Chrom(III)-oxids durch aluminothermische Reduktion nach Chrom vor.
Andernfalls müssen die Reste in einem speziellen Sondermüll-Behälter gesammelt werden.

Vorbereitende Arbeiten

Das mit granuliertem Ammoniumdichromat gefüllte Becherglas wird so auf die feuerfeste Unterlage ausgeschüttet, dass die Substanz die Form eines Kegels bekommt.

Durchführung und Beobachtung

Variante 1 (klassisch, problematisch)

Die Spitze des Kegels wird angezündet. Befeuchtet man die Kegelspitze mit etwas Aceton, dann lässt sich das Ammoniumdichromat leichter anzünden.

Neue Variante 2 (eventuell vertretbar)

Die Autoren Manfred Adelheim und Ernst-Gerhard Höhn beschreiben in ihrem Artikel *Zur Demonstration der thermischen Zersetzung von* $(NH_4)_2Cr_2O_7$ [1] ein Verfahren, bei der die Freisetzung von chromoxidhaltigen Stäuben unterbleibt. Als Reaktionsgefäß dient ein Rundkolben mit NS 29 (4 Liter Inhalt mit 20 g gepulvertem und getrocknetem Ammoniumdichromat oder 2 Liter Inhalt mit 10 g Pulver).

Der Kolben wird bei 120 °C im Trockenschrank getrocknet und im noch heißen Zustand über einen Pulvertrichter, der auf einem bis auf den Boden des Gefäßes reichendem Fallrohr (Ø ca. 2 cm) steckt, mit dem Ammoniumdichromat befüllt. Danach wird das Rohr entfernt, dabei formt sich das Pulver zu einem kegelförmigen Haufen (Abb. 5.1).

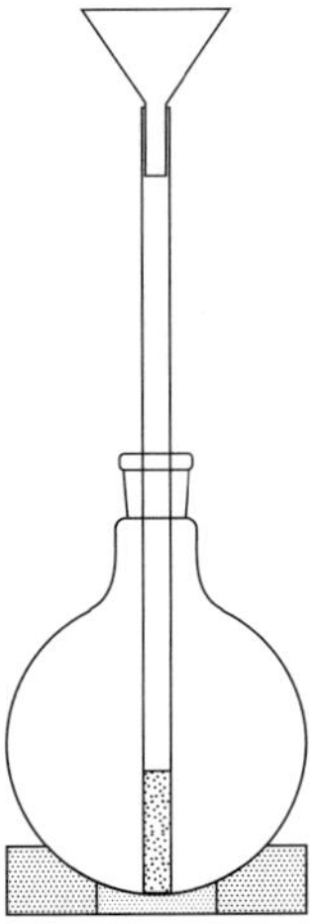
Abb. 5.1

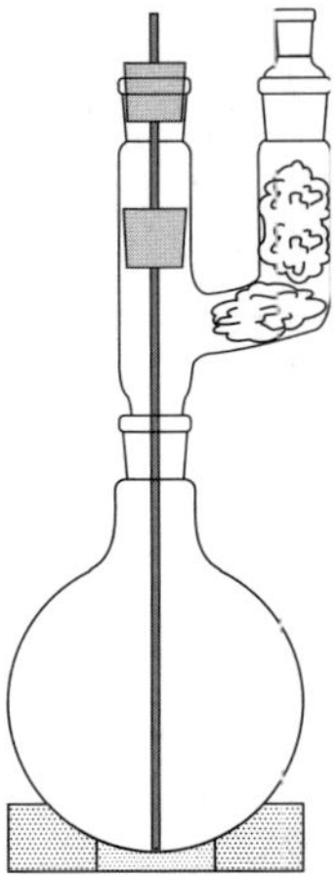
Abb. 5.2

In der Hauptöffnung eines passenden Anschützaufsatzes (NS 29) mit Gasableitungsrohr halten zwei durchbohrte Gummistopfen (einer verschließt oben das Hauptrohr, einer ist knapp über dem Gasableitungsrohr positioniert) einen Schweißdraht (Ø = 3 mm). Das Gasableitungsrohr ist mit Watte verschlossen, so dass zwar Gase, jedoch keine Stäube nach außen gelangen können. Der Draht ist so lang, dass beim Verschließen des Kolbens sein in der Gasflamme zum Glühen gebrachtes Ende in das Ammoniumdichromat taucht (Abb. 5.1).

Ergänzung: Das Ammoniumdichromat lässt sich auch mit einer aus Konstantandraht selbst gefertigten Glühwendel elektrisch zünden.

Unter lebhaftem Glühen und Rauschen bildet sich aus der orangefarbenen Substanz ein lockeres, dunkelgrünes Pulver, welches ein größeres Volumen einnimmt als die Ausgangssubstanz.

Erläuterung

Ammoniumdichromat zerfällt beim Erhitzen: $(NH_4)_2Cr_2O_7$- $\rightarrow$ 2 NH_3 + 2 CrO_3 + H_2O.

Das im ersten Reaktionsschritt entstehende Chrom(VI)-oxid **C O Xi** ist ein äußerst starkes Oxidationsmittel, das den Ammoniak unter Feuererscheinung und Rauschen (Stickstoffentwicklung) zu Stickstoff oxidiert:

$2\,NH_3 + 2\,CrO_3^- \rightarrow N_2 + Cr_2O_3 + 3\,H_2O \qquad \Delta H = 734{,}8\ kJ$

Das grüne Reaktionsprodukt besteht aus Chrom(III)-oxid **T**.

Dieses sicherlich problematische Experiment zeigt jedoch alle für eine chemische Reaktion typischen Eigenschaften: deutliche Stoffumwandlung mit energetischen Erscheinungen.

2.18 Feuer essen

Themen für den Unterricht

Feuer

Geräte und Chemikalien

Messer, Korkbohrer
Marzipan (bzw. Apfel, weiße Rübe), Mandelkern

Hinweise zur Sicherheit

Damit man sich nicht Zunge und Mund verbrennt, muss dieser Versuch geübt werden. Entweder lässt man die brennende »Kerze« in den hochgehaltenen Mund fallen, wobei man sie ausbläst oder man umschließt die »Kerze« mit dem Mund derart, dass die Flamme aus Sauerstoffmangel gleich ausgeht. Der ölhaltige Mandeldocht wird durch das Brennen sehr heiß. Daher sollte man nach dem Abbeißen versuchen, den heißen Mandelkern möglichst rasch mit Marzipanmasse zu umgeben.

Vorbereitende Arbeiten

Aus dem Marzipan (oder dem Apfel bzw. der weißen Rübe) formt man eventuell mit Hilfe eines dicken Korkbohrers eine «Kerze«. Als »Docht« steckt an einem Ende der entsprechend zugeschnittene Mandelkern.

Durchführung und Beobachtung

Die Kerze wird entzündet, dann schiebt man sie brennend in den Mund und isst sie auf.

Xn

F

2.19 Brennender Schneeball

Themen für den Unterricht

Feuer

Geräte und Chemikalien

Campher **Xn F**, Schnee

Hinweise zur Sicherheit

Der aromatische Geruch von Campher kann zu sorglosem Umgang verleiten. In geringer Menge ist Campher anregend, in größerer Menge wirkt es allerdings lähmend auf Atmung, Herztätigkeit und Zentralnervensystem. Für ein Kind ist die Aufnahme von 1 g Campher über die Verdauungswege bereits tödlich.

Vorbereitende Arbeiten

Man steckt ein Stück Campher in einen Schneeball.

Durchführung und Beobachtung

Der »Schneeball« wird angezündet. Er brennt mit leuchtender, leicht rußender Flamme.

Hinweise zur Präsentation

Der spektakuläre Effekt wird unterstützt, wenn man vorher reine Schneebälle ins Publikum wirft. Hat man keinen Schnee zur Verfügung kann man sich mit Eis behelfen. Allerdings muss es möglichst fein zerstoßen oder zermahlen sein, damit es so weiß wie Campher aussieht.

2.20 Der Diamant, ein nicht ganz billiger Brennstoff

Themen für den Unterricht

Feuer (Entzündungstemperatur), Kohlenstoff (Diamant), Redox

Geräte und Chemikalien

Quarzrohr (Innendurchmesser ca. 1 cm), Gasbrenner, Schläuche, Stativmaterial, Gaswaschflasche

Diamantsplitter, Sauerstoff **O** aus der Gasflasche, Bariumhydroxid- bzw. Calciumhydroxid-Lösung

Vorbereitende Arbeiten

Das Quarzrohr ist waagerecht eingespannt. Ein Ende ist über einen Schlauch mit der Sauerstoffflasche verbunden.

Die Gaswaschflasche wird mit der Bariumhydroxid- bzw. Calciumhydroxidlösung gefüllt und mit einem an das Quarzrohr passenden Schlauch versehen.

Durchführung und Beobachtung

Einige Diamantsplitter sind in der Mitte des Quarzrohres platziert. Dann erhitzt man kräftig längere Zeit mit der Gasflamme. Nach einer Weile öffnet man das Ventil der Sauerstoffflasche.

Die Diamanten verbrennen mit heller Lichterscheinung, ohne einen sichtbaren Rückstand zu hinterlassen. Die Bariumhydroxid- bzw. Calciumhydroxidlösung wird bald von einem weißen Niederschlag getrübt.

Erläuterung

Diamanten sind eine von zur Zeit vier bekannten Formen des Kohlenstoffs; wesentlich verbreiteter ist die Modifikation Graphit, Ende des 20. Jh. kamen noch die Fullerene und die sogenannten Nanoröhrchen hinzu. Kohlenstoff reagiert mit Sauerstoff zu Kohlenstoffdioxid.

Lavoisier beeindruckte 1773 die Öffentlichkeit, indem er Diamanten verbrannte. Er nutzte dazu einen aus zwei hintereinander montierten, sehr großen Sammellinsen bestehenden Apparat, der das hindurchscheinende Sonnenlicht auf die Diamanten konzentrierte.

T+

F

!!!

5

2.21 Weiterschießen einer Kerzenflamme

Themen für den Unterricht

Feuer (Entzündungstemperatur, Feuerlöschen durch gezielte Explosion), weißer Phosphor

Geräte und Chemikalien

Schreckschusspistole, 2 Kerzenhalter

2 Kerzen

Weißer Phosphor **F**, T+, Schwefelkohlenstoff (Kohlenstoffdisulfid) F+ T+

Hinweise zur Sicherheit

Hinweise zum Arbeiten mit weißem Phosphor befinden sich im Kapitel *Sicherheit und Entsorgung.*

Nie mit der Schreckschusspistole auf Nahesitzende zielen, sondern immer vom Publikum weg schießen.

Vorbereitende Arbeiten

Bei der zu präparierenden Kerze wird der Docht auf eine Länge von etwa 2 cm freigelegt. Damit er saugfähig wird, brennt man ihn kurz an und löscht mit strömendem Stickstoff. Erst etwa 10 Minuten vor der Vorführung wird der Docht in eine Lösung von weißem Phosphor in Schwefelkohlenstoff getaucht. Anschließend lässt man für einige Minuten auf einer feuerfesten Unterlage trocknen.

Die beiden Kerzen werden in einem Abstand von etwa 50 bis 30 cm hintereinander aufgestellt oder in Stative eingespannt. Die vordere, nicht präparierte Kerze wird entzündet.

Durchführung und Beobachtung

Aus einem Abstand von 0,5 bis 1 m zielt man mit der Schreckschusspistole durch die Flamme der ersten Kerze auf den mit Phosphor präparierten Docht der zweiten Kerze und drückt ab.

Die erste Kerze erlischt, die zweite entzündet sich.

Erläuterung

Die heißen Verbrennungsgase der Schreckschusspistole entzünden den weißen Phosphor.

Variante

Der vorliegende Versuch lässt sich folgendermaßen verändern: Mit Phosphor präparierte Kerzen werden auf den Experimentiertisch gestellt. Nach einiger Zeit entzünden sich die Kerzen von selbst.

2.22 Schnell Rauchen, effektiv Lüften

Themen für den Unterricht

Feuer (Brandvoraussetzung Sauerstoff), Verpuffung, Redox

Geräte und Chemikalien

Versuch 1 und 2: Je ein Erlenmeyerkolben (2000 mL), Tiegelzange
Versuch 1: Zigarette **Xn**, Sauerstoff **O** aus der Gasflasche
Versuch 2: Zigarette **Xn**, Brennspiritus **F Xn**

Hinweise zur Sicherheit

Versuch 2: Das Publikum ist vor Nachahmung eindringlich zu warnen.

Durchführung und Beobachtung

Versuch 1: Der Erlenmeyerkolben wird mit Sauerstoff aus der Gasflasche gefüllt. Anschließend zündet man eine Zigarette an und führt sie mit dem glimmenden Ende nach unten in das Gefäß ein. Sie verbrennt augenblicklich; nur ein Gerüst aus Asche bleibt zurück.
Versuch 2 kann man leider nicht unmittelbar anschließend im selben Gefäß durchführen, weil es bei der Durchführung auf die Reihenfolge ankommt.
Zuerst gibt man in den Kolben einige Tropfen Brennspiritus und verteilt die Flüssigkeit durch mehrmaliges Umherschwenken auf eine möglichst große Fläche der Innenwand. Erst dann bläst man mit einem Schlauch Zigarettenrauch hinein. Anschließend wirft man mit einer Tiegelzange einen brennenden Holzspan in das Glas. Dabei darf man sich weder mit der Hand noch mit dem Gesicht über der Öffnung befinden.
Es kommt sofort zu einer Verpuffung. Aus der Öffnung schießt für sehr kurze Zeit eine Stichflamme; der Rauch ist vollständig verschwunden.
Nochmals der Hinweis: Bei umgekehrter Reihenfolge (zuerst Rauch, dann Spiritus) misslingt das Experiment.

Erläuterung

Versuch 1 dient warnend der gesundheitlichen Fürsorge: Auch in reiner Sauerstoffatmosphäre ist Rauchen gefährlich!
Bei Versuch 2 kommt es aufgrund eines reaktionsfähigen Ethanoldampf-Luftgemisches zu einer Verpuffung, die durch den verschwindenden Rauch optisch eindrucksvoll unterstrichen wird.

2.23 Badet der Herr lau? Oder lieber heiß?

F

O

Xn

Variante 1
(T+)

Themen für den Unterricht

Redox-Reaktionen, Feuer (Brandvoraussetzung Sauerstoff; hier chemisch gebunden)

Geräte und Chemikalien

Hitzefestes Reagenzglas, Stativmaterial, Tiegelzange, feuerfeste Unterlage
Variante 1: Gummibärchen, Kaliumnitrat **O**
Variante 2: Gummibärchen, Kaliumchlorat **O Xn**

Hinweise zur Sicherheit

Da bei Variante 1 Stickstoffdioxid T+ entstehen kann, sollte das Experiment auf alle Fälle unter dem Abzug stattfinden.

Durchführung und Beobachtung

Versuch 1.13 zeigte das Gummibärchen bereits im »kühlen Bad«: Es quoll dort aufgrund osmotischer Vorgänge auf. Nun folgen die heißeren Varianten.
Variante 1: In das senkrecht eingespannte Reagenzglas kommt etwa 2 cm hoch Kaliumnitrat. Mit einer Gasflamme bringt man das Salz zum Schmelzen. Sobald kleine Gasblasen sichtbar werden, lässt man mit der Tiegelzange ein trockenes Gummibärchen in die Schmelze fallen.
Die Reaktion setzt augenblicklich ein. Für recht lange Zeit brodelt es im Glas; dabei entstehen in ständiger Aufeinanderfolge Funken und es bildet sich viel Ruß. [1]
Variante 2 wird bis auf den Unterschied, dass Kaliumchlorat zum Einsatz kommt, analog durchgeführt.
Diesmal verbrennt das Gummibärchen mit wesentlich hellerem, fast weißem Licht. Ruß bildet sich kaum bis gar nicht. [2]

Erläuterung

Der Versuchstitel orientiert sich an einem berühmten Zitat des verstorbenen Politikers Herbert Wehner.
Die wesentlichen Komponenten des beliebten Naschwerks sind Glucose, Saccharose und Gelatine. In beiden Versuchen reagieren sie mit dem in den Oxidationsmitteln Kaliumnitrat bzw. Kaliumchlorat enthaltenen Sauerstoff. Die Reaktion mit Kaliumchlorat verläuft wesentlich heftiger.

Weitere passende Versuche

1.13

C

Xi

O

2.24 Überraschungswatte

Themen für den Unterricht

Explosionen, Cellulosenitrat (Nitrocellulose, Schießbaumwolle)

Geräte und Chemikalien

Herstellung der Schießbaumwolle und des Schwarzpulvers: 3 Bechergläser, Glasstäbe, Messzylinder (50 mL), Trichter (Ø = 10 cm), Porzellanschalen, Waage, Gasbrenner
Konzentrierte Salpetersäure (w = 65 %) **C O**, konzentrierte Schwefelsäure (w = 96 %) **C**, Watte, Indikatorpapier, Filterpapier, Kaliumnitrat **O**, Schwefelpulver, Holzkohlepulver
Anschließende Versuche: Filterpapier, Hammer, Amboss

Hinweise zur Sicherheit

Bei dem Arbeiten sollte man hier besonders vorsichtig sein. Das Tragen einer Schutzbrille ist unerlässlich.
Schießbaumwolle unterliegt bei längerem Aufbewahren (vor allem wenn sie noch Spuren von Säure enthält) der Selbstzersetzung, die durch die dabei entstehenden nitrosen Gase explosionsartig verlaufen kann (auto-katalytische Reaktion). Die selbsthergestellte Nitrocellulose soll daher im Labor nur feucht und niemals im Exsikkator aufbewahrt werden.

Vorbereitende Arbeiten

Herstellung der nitirierten Cellulose: Unter dem Abzug steht ein 250 mL-Becherglas in einer Schale mit kaltem Wasser. Zu 20 mL konzentrierter Salpetersäure gibt man langsam unter Umrühren 40 mL konzentrierte Schwefelsäure.
Nach Abkühlen auf Zimmertemperatur gibt man 2 g Watte in das Gemisch und rührt mit einem Glasstab ständig um. So werden alle Fasern benetzt.
Nach 15 Minuten gießt man die Säure ab; dabei hält man die Watte mit dem Glasstab zurück und drückt sie dabei aus.
In einem mit Leitungswasser gefüllten Becherglas (1 L) wäscht man die Watte gründlich aus. Das Wasser wird mindestens zweimal gewechselt. Das letzte Waschwasser prüft man mit Indikatorpapier auf Säurefreiheit. Anschließend lässt man es durch einen Trichter abfließen. Nun schiebt man die Watte in den Trichter und spült sie etwa 5 Minuten unter fließendem Wasser aus.
Die Watte presst man zuerst zwischen zwei dicken Glasplatten, danach zwischen Filterpapier aus. Fein zerrupft kommt sie für 2 bis 3 Std. bei 40 °C in den Trockenschrank.
Aus 2 g Watte erhält man etwa 3,3 g nitrierte Cellulose.
Statt Watte kann man auch Papier nitrieren. Am besten eignet sich dazu Seidenpapier. Man entzündet das Papier mit einem Streichholz..
Das Papier wird beim Entzünden mit der Zange gehalten. Nachdem es entflammt ist, lässt man es fallen. Das Papier ist verbrannt, ehe es den Boden erreicht.
Herstellung des Schwarzpulvers: 14 g Kaliumnitrat, 2 g Schwefel und 4 g Holzkohle werden jeweils einzeln fein zerrieben und dann sorgfältig miteinander in einer Porzellan-

schale vermischt. Um eine unerwünschte Entzündung auszuschließen, rührt man mit einem Holzspan, einem Plastiklöffel oder einer Federfahne.

Durchführung und Beobachtung

Versuch 1: Man legt einen kleinen Bausch Schießbaumwolle (nitrierte Watte) in eine Porzellanschale und berührt ihn mit der Sparflamme eines Gasbrenners.
Die Watte brennt blitzartig schnell mit heller, gelber Flamme ab ohne einen Rückstand zu hinterlassen.
Versuch 2: Man legt einen Bausch nitrierte und nicht nitrierte Watte jeweils auf ein Stück Filterpapier und entzündet beide.
Die Verbrennung der nitrierten Watte erfolgt so schnell, dass sie die brennbare Unterlage nicht angreift. Die nicht nitrierte Watte hingegen verbrennt sehr langsam und kohlt dabei das darunterliegende Papier an.
Versuch 3: Schießbaumwolle und normale Watte werden jeweils auf ein kleines Häufchen Schwarzpulver gelegt und gezündet (Abzug).
Die langsam brennende Watte bringt das Schwarzpulver zur Entzündung, die schnell brennende Schießbaumwolle nicht.
Versuch 4: Eine kleine Flocke Schießbaumwolle wird auf der Handfläche entzündet (dieser Versuch darf erst dann durchgeführt werden, wenn man sich von der hohen Verbrennungsgeschwindigkeit des selbsthergestellten Präparates überzeugt hat).
Die Schießbaumwolle brennt ab, ohne die Haut anzugreifen.
Versuch 5: Man legt eine kleine Flocke Schießbaumwolle auf einen Amboss und schlägt mit dem Hammer kräftig darauf. Es erfolgt ein schussartiger Knall (Mund etwas öffnen).

Erläuterung

Bei Einwirkung von Salpetersäure auf Cellulose bilden sich, je nach Reaktionsbedingungen, Salpetersäureester mit ein, zwei oder drei Nitratgruppen auf sechs Kohlenstoffatome. Das unter den obigen Bedingungen gewonnene Cellulosenitrat liegt mit einem Stickstoffgehalt von etwa 12,7 % zwischen dem Trinitrat (14,14 % N_2) und dem Dinitrat (11,1 % Na). Die Bildung des Cellulosenitrats verläuft folgendermaßen:
$(C_6H_{10}O_5)_x + 3\,x\,HNO_3 \rightarrow (C_6H_7O_2(O\,NO_2)_3)_x + 3\,x\,H_2O$

Strukturformel des Cellulosenitrats:

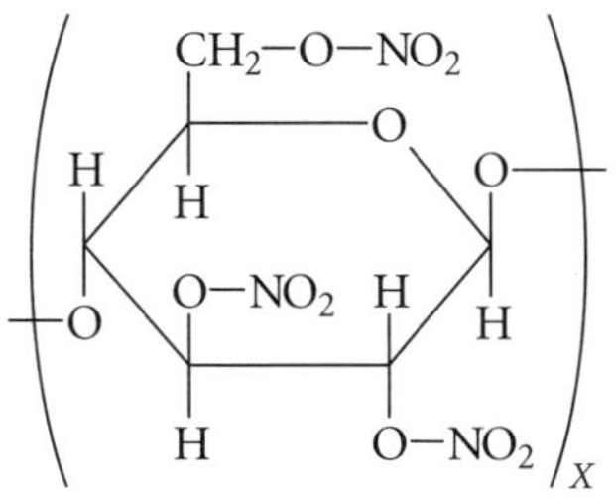

Wie aus der Strukturformel ersichtlich ist, befinden sich die für die Verbrennung notwendigen Sauerstoffatome gleichmäßig verteilt in dem langkettigen Cellulose-trinitratmolekül. Auf Grund dessen zerfällt diese Verbindung bei Energiezufuhr (Erwärmung, Schlag) blitzschnell und stark exotherm, wobei nur gasförmige (giftige) Reaktionsprodukte gebildet werden. Da aber mit der Ausdehnung dieser großen Gasmassen eine starke Abkühlung verbunden ist, wird die Entzündungstemperatur des Schwarzpulvers nicht erreicht.

Xn

O

C

DUN

2.25 Rote Stichflamme

Themen für den Unterricht

Alkalimetalle, Flammenfärbung, Feuer (Brandvoraussetzung Sauerstoff; hier chemisch gebunden), Redox-Reaktionen

Geräte und Chemikalien

2 Präparategläser, feuerfeste Unterlage, Pipette, Blatt Papier
Kaliumchlorat **O Xn**, Zucker, Strontiumnitrat **O**, konzentrierte Schwefelsäure **C**

Hinweise zur Sicherheit

Dieser Versuch muss unter dem Abzug stattfinden.
Die Hinweise zum Arbeiten mit Kaliumchlorat im Kapitel *Hinweise zu den Versuchen* sind zu beachten.

Vorbereitende Arbeiten

Die beide Präparategläser werden folgendermaßen gefüllt:
Glas A: 5 g Kaliumchlorat
Glas B: 5 g Zucker und 5 g Strontiumnitrat

Durchführung und Beobachtung

Der Inhalt der beiden Gläser wird auf einem Blatt Papier vorsichtig (!) durch Ineinanderschütten, nicht durch Verreiben, vermischt und dann auf einer feuerfesten Unterlage zu einem Kegel gehäuft. Mit der Pipette lässt man auf die Spitze des Kegels einen Tropfen konzentrierte Schwefelsäure fallen.
Es entsteht eine rote Stichflamme.

Vorbereitende Arbeiten

Schwefelsäure setzt aus dem Kaliumchlorat Chlorsäure frei:
$KClO_3 + H_2SO_4 \rightarrow HClO_3 + KHSO_4$.
Unter Einwirkung der konzentrierten Schwefelsäure disproportioniert die Chlorsäure:
$3\ HClO_3 \rightarrow HClO_4 + H_2O + 2\ ClO_2$.
Das dabei entstehende Chloroxid ist eine sehr unbeständige Verbindung, die bei Erwärmung oder Berührung mit brennbaren Substanzen in Sauerstoff und Chlor zerfällt.
Die Zündung der vorliegenden Mischung wird durch Chloroxid verursacht. Die dabei entstehende Verbrennungswärme sorgt für die Fortsetzung der Reaktion. Das beigemischte Strontiumsalz verleiht der Flamme die karminrote Farbe.

Weitere passende Versuche

2.26

2.26 Bengalisches Feuer

Themen für den Unterricht

Spektralanalyse (Flammenfärbung), Redox-Reaktionen, Feuer (Brandvoraussetzung Sauerstoff; hier chemisch gebunden)

Geräte und Chemikalien

Variante 1: 2 Präparategläser, Porzellanscherbe, Salpeterpapier, Schutzbrille
Holzkohlepulver, Schwefelblume, Strontiumnitrat **O** oder Bariumnitrat **Xn**, Kaliumchlorat **O Xn**
Variante 2: Mehrere Porzellanschalen oder feuerfeste Glasschalen (je nach Anzahl der Variationen)
Methanol **F T**, Indiumchlorid, Lithiumchlorid **Xn**, Borsäure, Natriumchlorid, Zinkchlorid **C N** und weitere Flammenfärbung verursachende Substanzen
Variante 3: Luftballons, deren Farbe eventuell in etwa der zu erwartenden Flammenfärbung entspricht.
Wasserstoffgas aus der Flasche **F+**; die bei Variante 2 genannten Salze

Hinweise zur Sicherheit

Variante 1: Schon bei der Herstellung des Gemisches ist eine Schutzbrille zu tragen.
Das Gemisch nicht direkt mit dem Bunsenbrenner zünden. Es besteht Explosions- und Verbrennungsgefahr!
Die Hinweise zum Arbeiten mit Kaliumchlorat im Kapitel *Hinweise zu den Versuchen* sind zu beachten.

Vorbereitende Arbeiten

Variante 1: Herstellung des Salpeterpapiers: siehe Versuch 1.10
Die Präparategläser werden folgendermaßen gefüllt:
Glas A: 3,5 g Kaliumchlorat
Glas B: eine Mischung aus 1 g Holzkohlepulver, 11 g Schwefelblume und 32 g Strontiumnitrat
Variante 3: Man füllt mehrere Luftballons mit jeweils einer Prise einer Salzart der bei Variante 2 genannten Salze und mit Wasserstoffgas.

Durchführung und Beobachtung

Variante 1: Der Inhalt der beiden Gläser wird vorsichtig (!) auf einem glatten Papier miteinander vermischt und dann kegelförmig auf das Ende eines ca. 10 cm langen Salpeterpapierstreifens ausgeschüttet. Man löscht das Licht und entzündet den Salpeterpapierstreifen.
Die Mischung brennt mit einer intensiv roten Flamme ab. Brenndauer: ca. 45 Sekunden
Mischt man statt Strontiumnitrat 50 g Bariumnitrat **Xn** unter das Gemenge, so zeigt die Flamme eine fahlgrüne Färbung.
Variante 2: Farbige Flammen kann man auf wesentlich weniger gefährlichere Weise er-

O
Variante 1
Variante 2
Xn
F+
T
Variante 2
C
Variante 2
N
Variante 1
DUN

zeugen, indem man jeweils eine kleine Menge Methanol **F T** zusammen mit einer winzigen Menge eines der folgenden Salze in eine Porzellanschale gibt und die Alkolholdämpfe mit einem brennenden Holzspan anzündet. Dabei ergeben sich folgende Färbungen:
Indiumchlorid: blau
Lithiumchlorid: rot
Borsäure: grün
Natriumchlorid: gelb
Zinkchlorid: weiß
Gelegentliches leichtes Rütteln der Gefäße unter Verwendung einer Tiegelzange erhöht die Intensität der Flammen.
Variante 3: Aus einer Folge der Fernsehsendung *Kopfball* stammt folgendes Experiment: »Ein roter, ein gelber und ein grüner Luftballon sind mit Wasserstoff gefüllt und nebeneinander an einer Stange befestigt. Wenn man nun einen der Ballons entzündet, verpuffen augenblicklich auch die beiden anderen: Es bilden sich drei Feuerbälle; erstaunlicherweise in den Farben der Ballons.
Die Brennerflamme lässt die Luftballons platzen. Der darin eingeschlossene Wasserstoff wird frei und bildet zusammen mit dem Sauerstoff der Luft ein Gasgemisch, welches sich an der Flamme entzündet und verpufft.« [1]
Für die Färbung der Flammen sind selbstverständlich nicht die Luftballon-Farben, sondern die mit eingefüllten Salze verantwortlich.

Erläuterung

Da das Gemisch aus kräftigen Oxidationsmitteln (Chlorate, Nitrate) und Reduktionsmitteln (Schwefel, Kohlenstoff) besteht, brennt es nach dem Entzünden heftig ab. Die rote Flammenfärbung wird durch das Strontiumsalz verursacht.

Weitere passende Versuche

2.25, 4.11

2.27 Der unverbrannte Faden

Themen für den Unterricht
Feuer (brennbarer Stoff)

Geräte und Chemikalien
2 kleine Messingringe, Stativ
Natriumchlorid (oder Natronwasserglas-Lösung), Wasser, Garn

Vorbereitende Arbeiten
Etwa 1 m Garn wird in eine gesättigte Kochsalz-Lösung gelegt. Nach etwa 24 Stunden nimmt man den Faden heraus und lässt ihn trocknen. Er hat sich äußerlich kaum verändert. Dieser präparierte Faden wird zusammen mit einem normalen Faden sichtbar aufgehängt. An den Enden der beiden Fäden befestigt man jeweils noch einen kleinen Messingring.
Auch Natronwasserglas-Lösung eignet sich als Feuerschutz.

Durchführung und Beobachtung
Beide Fäden werden entzündet.
Der normale Faden verbrennt zu Asche; dabei fällt der Ring herunter. Der präparierte Faden brennt auch, allerdings zerfällt die Asche nicht und der Ring bleibt hängen.

Erläuterung
Die Salzkristalle halten den Aschefaden so zusammen, dass er den Ring noch tragen kann.

Weitere passende Versuche
2.28

DUN

SV

0

2.28 Feuerfestes Taschentuch

Themen für den Unterricht
Feuer (brennbare Dämpfe), Ethanol

Geräte und Chemikalien
Taschentuch (oder Geldschein), Tiegelzange, 2 Bechergläser
Ethanol (Brennspiritus) **F**, Wasser, Citronensäure **Xi**, Natriumhydrogencarbonat

Hinweise zur Sicherheit
Da brennendes Ethanol vom Taschentuch heruntertropfen kann, ist es ratsam, eine feuerfeste Unterlage zu benutzen.

Vorbereitende Arbeiten
Man bedeckt den Boden eines großen Becherglases mit einem Gemisch aus Citronensäure und Natriumhydrogencarbonat und stellt eine Flasche mit Wasser bereit.
In einem Becherglas wird ein Gemisch aus 30 mL Ethanol und 30 mL Wasser hergestellt.

Durchführung und Beobachtung
Ein Taschentuch wird gründlich mit dem Ethanol-Wasser-Gemisch getränkt und angezündet. Nach ca. 30 Sekunden löscht man die Flammen mit folgender Anordnung:
Man schüttet einige Milliliter Salzsäure in die konzentrierte Natriumcarbonat-Lösung und taucht dann das brennende Taschentuch in das entstehende Kohlenstoffdioxid. Erfahrungsgemäß erlischt das Feuer aber auch ohne diese Maßnahme.
Das Taschentuch bleibt unversehrt.

Erläuterung
Das Taschentuch wird nicht zerstört, da nur das Ethanol brennt:
$C_2H_5OH + 3\ O_2 \rightarrow 2\ CO_2 + 3\ H_2O$

Hinweise zur Präsentation
Noch spektakulärer gelingt die Vorführung bei Verwendung eines Geldscheins. Die Landeszentralbanken tauschen allerdings nur dann einen angebrannten Geldschein, wenn mehr als die Hälfte unversehrt ist.

Weitere passende Versuche
2.27

3.1 Allerlei Rauch

Themen für den Unterricht

Stoffgemische (Aerosole: Dampf, Nebel, Rauch)

Geräte und Chemikalien

1. Violetter Rauch: Abdampfschale, Pipette, Glasstab
Iodpulver **Xn N**, Magnesiumpulver **F**, Wasser
2. Schwarzer Rauch: Eisentiegel
Benzol (Benzen) **F T**
3. Weißer Rauch: Abdampfschale, Spatel, Waage, Messzylinder, feuerfeste Unterlage
Zinkpulver **F**, Tetrachlormethan **T+ N**, Zinkoxid, Schwefel, Kaliumnitrat **O**, Salpeterpapier
4. Rauchpilz: Reagenzglas, Reagenzglasständer
Anilin **T N**, Dibenzoylperoxid **E Xi**
5. «Synthetischer Nebel»: Herkömmliche Variante: Rundkolben und Spatel oder Variante nach [1]: Leere Sektflasche, Sektstopfen aus Kunststoff, Nagel (1 – 2 cm länger als der Stopfen)
Kaliumpermanganat **Xn O N**, Wasserstoffperoxid (30 %) **C O**.

Hinweise zur Sicherheit

Nur Versuch 1 und 5 sind für die Schule akzeptabel; die Eignung der übrigen Experimente für Unterrichtszwecke ist wegen der verwendeten Stoffe fragwürdig, zumindest umstritten. Eventuell sollte man auf Produkte für Bühnen- bzw. Zaubereibedarf zurückgreifen.

1. Violetter Rauch

Die Durchführung muss unter dem Abzug erfolgenden. Iod **Xn N** ist bei gewöhnlicher Temperatur ein festes Element, das erst bei 184 °C siedet. Aber schon bei Zimmertemperatur ist es merklich flüchtig. Seine Dämpfe sind giftig und führen zu Entzündungen der Nasen- und Augenschleimhäute. Eingenommen wirkt es stark giftig.

2. Schwarzer Rauch

Wegen der sehr starken Rußentwicklung und der Giftigkeit des Benzols ist dieser Versuch im Abzug durchzuführen. Benzol ist ein Nerven-und Blutgift und darf nicht eingeatmet werden. Giftwirkung kann aber auch nach Resorption durch die Haut auftreten.

3. Weißer Rauch

Wegen der gewaltigen Rauchentwicklung und der Giftigkeit des Tetrachlormethans wird der Versuch unter dem Abzug durchgeführt. Als Alternativen bieten sich die Versuche 3.2 (Rauchringe) oder 3.3 (Trockeneis-Nebel) an.

4. Rauchpilz

Dieser Versuch muss unter dem Abzug durchgeführt werden. Anilin ist ein starkes Blutgift und gehört zu den Giften der Klasse 3.

5. Synthetischer Nebel

Nur die angegebenen Mengen verwenden! Der Experimentator muss auf jeden Fall eine Schutzbrille tragen und die Zuschauer durch eine Schutzscheibe sichern.

Vorbereitende Arbeiten

3. Weißer Rauch

In einer Abdampfschale verrührt man 10 g Zink-Pulver mit 15 mL Tetrachlormethan und gibt dann so viel Zinkoxid oder Kieselgur (dient als Saugmaterial) zu, bis eine teigige Masse entsteht. Zur Entzündung dieses Gemischs benötigt man einen Streifen Salpeterpapier (Herstellung siehe 1.10) und einige Gramm einer Mischung aus Kaliumnitrat und Schwefel.

4. Rauchpilz

Man füllt ein 25 mL Reagenzglas 0,5 bis 1 cm mit Benzoylperoxid und stellt das Reagenzglas in ein Gestell.

Durchführung und Beobachtung

1. Violetter Rauch

Magnesium- und Iodpulver werden in eine Abdampfschale gegeben und mit einem Glasstab gut miteinander vermischt. Zu der Mischung gibt man ein paar Tropfen Wasser. Es erfolgt eine heftige Reaktion, bei der rotvioletter Rauch (Ioddampf) entsteht.

2. Schwarzer Rauch

Man gibt einige Milliliter Benzol in den Eisentiegel und entzündet dann die Flüssigkeit. Die Flüssigkeit brennt mit leuchtender, stark rußender Flamme.

3. Weißer Rauch

Man gibt auf ein Ende des Salpeterpapierstreifens zunächst das Zündgemisch (KNO_3/S) und dann die Zinkpaste. Der Salpeterpapierstreifen wird entzündet.
Das Gemenge reagiert unter heftiger Rauchentwicklung

4. Rauchpilz

Ein Tropfen Anilin wird zu dem Benzoylperoxid gegeben.
Nach etwa 15 Sekunden steigt ein Rauchpilz bis an die Decke.

5. »Synthetischer Nebel« [1]

Starke Nebelentwicklung ergibt sich aus der Reaktion von festem Kaliumpermanganat **Xn O N** und Wasserstoffperoxid (30 %) **C O**. Da diese Reaktion sehr heftig abläuft, sollte man nur mit sehr kleinen Mengen arbeiten und als Reaktionsgefäß einen Rundkolben nehmen, der das Herausspritzen der Chemikalien erschwert.

In **Chemagie** beschreiben die Autoren das Experiment in besonderer Weise. Als Reaktionsgefäß dient eine leere Sektflasche, in der sich 50 ml des o. g. Wasserstoffperoxids befinden. Ein hohler Sektstopfen aus Kunststoff wird folgendermaßen als »Starter« präpariert:

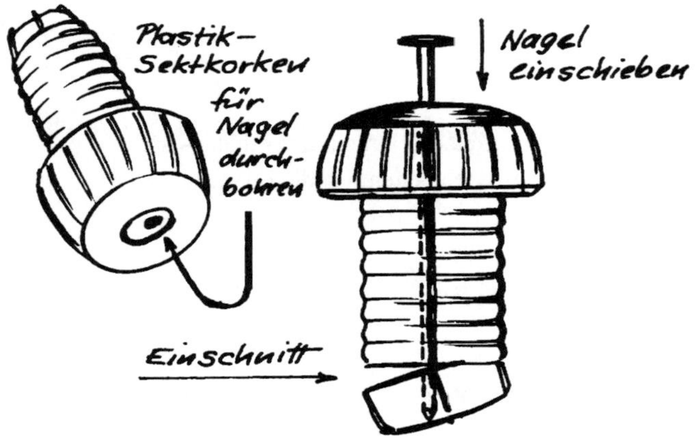

Abb. 6

»Am unteren Ende [des Stopfens den Kunststoff] so weit einschneiden, dass eine bewegliche Klappe entsteht. Dann den Deckel [Verschlusskappe] herausnehmen und passend für den Nagel [mit abgestumpfter Spitze] durchbohren.« [1]
In den Hohlraum des Stopfens gebe man 30 Kristalle Kaliumpermanganat und setze den Deckel auf. Den Nagel vorsichtig durch die Bohrung bis zur Klappe einstecken, so dass diese vorerst geschlossen bleibt. In die Flasche [leere, möglichst dunkle Sektflasche] gebe man 50 mL Wasserstoffperoxid (30 %) und verschließe sie durch Aufsetzen des präparierten Stopfens. Zur Demonstration des Effekts drücke man auf den Nagel des Stopfens, damit sich die Klappe öffnet und die Kaliumpermanganat-Kristalle in das Wasserstoffperoxid fallen.
Es kommt zu einer spontanen Entwicklung von Wasserdampf, der nach einiger Zeit den Stopfen aus dem Flaschenhals treibt. Dadurch steigt eine Dampfwolke senkrecht aus der Flasche nach oben.

Erläuterung

1. Violetter Rauch

Die heftige Reaktion beruht auf Salzbildung: $Mg + I_2 \rightarrow MgI_2 \quad \Delta H < O$
Die bei dieser Reaktion frei werdende Energie verdampft einen Teil des Iods.

2. Schwarzer Rauch

Die starke Rußentwicklung ist auf den hohen Kohlenstoffgehalt des Benzols zurückzuführen.

3. Weißer Rauch

Ein Gemisch aus Zinkstaub und Tetrachlormethan reagiert beim Entzünden zu Kohlenstoff und Zinkchlorid.
$2\,Zn + CCl_4 \rightarrow 2\,ZnCl_2 + C$
Da das Zinkchlorid stark hygroskopisch ist, bildet es mit der Luftfeuchtigkeit weißen Nebel, der durch den fein verteilten Kohlenstoff leicht grau gefärbt ist.

4. Rauchpilz

Dibenzoylperoxid ist ein starkes Oxidationsmittel.

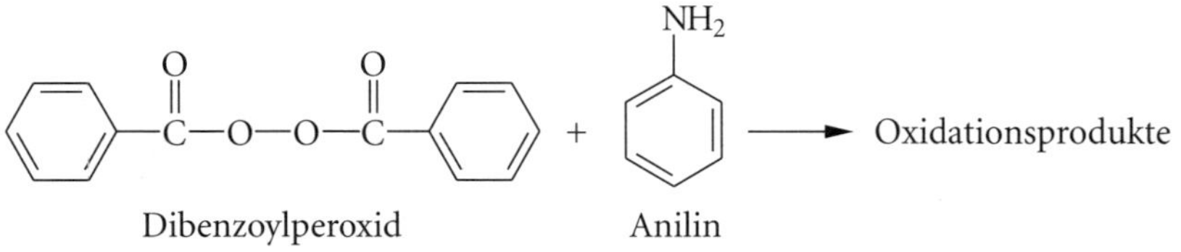

5. „Synthetischer Nebel“

Kaliumpermanganat und Wasserstoffperoxid reagieren unter starker Wärmeentwicklung miteinander.
Es sei noch erwähnt, dass heute »Nebelmaschinen« vor allem im Theater eingesetzt werden, die mit Wasser und bestimmten Zusätzen Nebel produzieren.

Weitere passende Versuche

3.2, 3.3

Variante 1 C

Variante 1 Xi

Variante 1

Variante 1

3.2 Rauchringe

Themen für den Unterricht

Feuer (Feuerlöschen), Stoffgemische (Aerosole: Dampf, Nebel, Rauch)

Geräte und Chemikalien

Variante 1: 2 Waschflaschen, Handgebläse, Schlauch, Pappschachtel, Kunststofffolie, Klebstoff
Salzsäure (w = 25 %) **C Xi**, Ammoniak-Lösung (w = 35 %) **C Xi**
Variante 2: Zigarettenschachtel mit Cellophanhülle, Zigarette

Vorbereitende Aufgaben

Versuchsaufbau nach Abb. 7.
Man schneidet aus dem Boden einer Pappschachtel eine Kreisscheibe von etwa 3 cm Durchmesser. Der Deckel der Schachtel wird durch ein Stück Kunststofffolie ersetzt (mit Klebstoff befestigen). Man sollte vor der Präsentation ausprobieren, ob die Konzentration der beiden Reaktionspartner ausreicht.

Durchführung und Beobachtung

Variante 1: Man drückt mit Hilfe des Handgebläses Luft durch die beiden Waschflaschen, erzeugt dadurch Ammoniumchlorid-Rauch, den man durch die kreisrunde Öffnung in die Pappschachtel leitet. Anschließend klopft man gegen deren Rückwand.
Aus der Öffnung schießen weiße Rauchringe hervor. Stellt man vor die Öffnung eine brennende Kerze, so erlischt sie, wenn ein Rauchring den Docht berührt. Die Kerze wird auch dann zum Erlöschen gebracht, wenn die Schachtel leer ist und nur noch unsichtbare Wirbelringe der Luft die Kerzenflamme erreichen.
Variante 2: Als »Kneipenversuch« ist folgende pädagogisch fragwürdige Methode der Rauchringmethode bekannt: Man streift die Zellophanhülle einer Zigarettenschachtel so weit herab, bis ein fast ebenso großer Hohlraum entstanden ist. Mit der glühenden

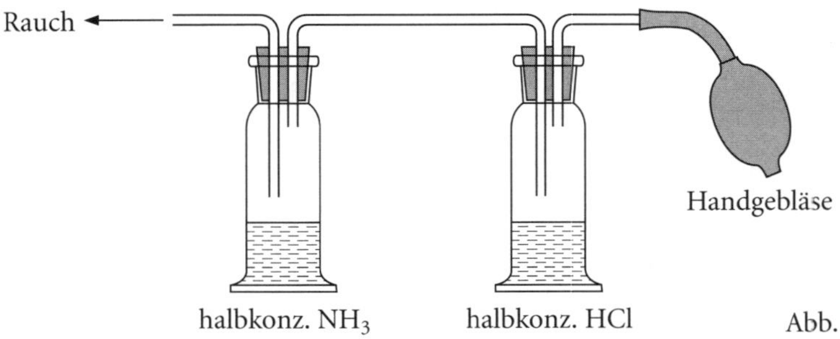

Abb. 7: Rauchherstellung

Zigarettenspitze erzeugt man in der Mitte einer der beiden größten Zellophanflächen ein Loch (Ø ca. 8 – 10 mm). Nun füllt man den Hohlraum mit Zigarettenrauch. Durch leichtes Klopfen auf die unversehrte Rückseite der Hülle lassen sich Rauchringe erzeugen. [1]

Erläuterung

Salzsäure- und Ammoniakgas reagieren zu Ammoniumchlorid (Salmiak), das fein verteilt als Nebel erscheint.

$HCl + NH_3 \rightarrow NH_4Cl$

Hinweise zur Präsentation

Ein dunkler Hintergrund und gezielte Beleuchtung unterstützen den optischen Eindruck.

Variante 4
F

3.3 Wie im Film! Trockeneis-Nebel

Themen für den Unterricht

Versuche 1, 2 und 3: Aggregatzustände (Sublimation), Verdampfungswärme
Versuch 4: Redox-Reaktionen

Geräte und Chemikalien

Wärmeisolierende Schutzhandschuhe, Schutzbrille
Versuch 1: Luftballon, ggf. Pulvertrichter
Festes Kohlenstoffdioxid (Trockeneis)
Versuch 2: Glaswanne oder großes Becherglas (>1000 mL), heißes Wasser
Festes Kohlenstoffdioxid (Trockeneis)
Versuch 3: Glaswanne oder großes Becherglas (>1000 mL), heißes Wasser
Festes Kohlenstoffdioxid (Trockeneis), beliebige Indikatoren-Lösungen (Phenolphthalein, Universalindikator), verdünnte Natronlauge (2 %) **Xi**
Versuch 4: Gasbrenner
Zwei größere Blöcke festes Kohlenstoffdioxid (Trockeneis)mit einer Kantenlänge von 20–30 cm und jeweils wenigstens einer ebenen Fläche, grobe Magnesiumspäne **F**
Festes Kohlenstoffdioxid (Trockeneis) erhält man in Läden für Diskothekenbedarf oder im Kühlmittelhandel. Kleinere Mengen kann man auch selbst herstellen, wenn man über eine Kohlenstoffdioxidflasche mit Spezialzubehör verfügt.

Hinweise zur Sicherheit

Längerer Hautkontakt mit Trockeneis kann zu »Verbrennungen« führen. Isolierende Schutzhandschuhe, Schutzbrille. Falls viel Trockeneis im geschlossenen Raum zum Einsatz kommt, muss man die Erstickungsgefahr durch das entstehende gasförmige Kohlenstoffdioxid berücksichtigen.

Vorbereitende Arbeiten

Versuch 1, 2 und 3: Trockeneis in einen Stoffbeutel geben und mit einem Hammer in bedarfsgerechte Stücke zerschlagen.
Versuch 2 und 3: Man stellt eine Glaswanne mit heißen Wasser bereit.

Durchführung und Beobachtung

Da Trockeneis nicht ganz einfach zu besorgen ist, sollte man es nutzen, wenn es schon einmal vorrätig ist, und für eine Versuchsreihe einsetzen.
Versuch 1: Man gibt in einen Luftballon einige kleine Stückchen Trockeneis. Das Befüllen gelingt mit einem Stofftrichter recht leicht. Anschließend wird der Ballon verschlossen. Das Volumen des Ballons nimmt allmählich zu. Die Geschwindigkeit des Vorgangs lässt sich eventuell durch Übergießen mit heißem Wasser steigern.
Versuch 2: Einige Brocken Trockeneis werden in ein Glasgefäß mit heißem Wasser gelegt. Größere Stücke sinken dort zu Boden, kleinere Exemplare bleiben auf der Oberfläche. Die untergetauchten Stücke sondern große Gasblasen ab, von der Wasseroberfläche

steigt ein dichter Nebel auf, der oberhalb des Gefäßrandes nach unten „quillt".

Versuch 3: Wenn in humorigen Filmen Chemielabors vorkommen, stehen meist Kolben mit farbigen, »blubbernden« und viel Nebel absondernden Flüssigkeiten im Mittelpunkt. Beim Experimentalvortrag kann man diesen Effekt noch mit veränderlichen Farben steigern.

Man verfährt wie in Versuch 2, stellt aber ein oder mehrere neutrale oder leicht alkalische Lösungen mit geeigneten Indikatoren bereit. Je nach Kombination ändert sich deren Farbe mit der Zeit von grün nach gelb oder orange; eine leicht alkalische Lösung mit Phenolphthalein wird entfärbt.

Versuch 4: In einen Trockeneisblock schlägt man mit Hammer und Meißel eine Mulde (Ø ca. 6 cm, Tiefe ca. 3 cm). In die Mulde kommen einige Spatelspitzen grobe Magnesiumspäne, die man mit der Gasflamme zum Brennen bringt. Dann deckt man die Vertiefung mit dem zweiten Trockeneisblock ab. Das Magnesium brennt weiter. Die Feuerscheinung lässt den gesamten Trockeneisblock hell leuchten.

Erläuterung

Versuch 1: Das Trockeneis sublimiert mit der Zeit zu gasförmigem Kohlenstoffdioxid, das ein etwa 1100 mal so großes Volumen einnimmt.

Versuch 2: In warmem Wasser sublimiert das Trockeneis sehr schnell zu gasförmigem Kohlenstoffdioxid. Der Nebel entsteht durch mitgerissenes, feinstverteiltes Wasser.

Versuch 3: Kohlenstoffdioxid löst sich in Wasser zu Kohlensäure. Eine ursprünglich neutrale Lösung wird leicht sauer. Eine schwach alkalische Lösung wird zunächst neutralisiert, später ebenfalls leicht sauer.

Versuch 4: Magnesium verbrennt in Kohlenstoffdioxid-Atmosphäre, wenn auch deutlich langsamer als in Luft.

$2\ Mg + CO_2 \rightarrow 2\ MgO + C$

Weitere passende Experimente

2.7, 9.1

Erscheinungen der Lumineszenz stehen im Mittelpunkt der Versuche 4.1 bis 4.10. Da die hiermit verbundenen Begriffe verbreitet falsch und z. T. auch in der Fachliteratur widersprüchlich verwendet werden, folgt nun eine kurze Übersicht.

Unter Lumineszenz fasst man Leuchterscheinungen zusammen, die ohne oder nur mit geringer Abgabe thermischer Energie erfolgen. Dieses „kalte" Licht entsteht durch verschiedene Anregungsprozesse, bei denen Elektronen kurzzeitig auf ein höheres Niveau gehoben werden und beim Zurückfallen Lichtwellen emittieren. In Abhängigkeit von der Art der Anregungsenergie unterscheidet man verschiedene Formen der Lumineszenz.

Art der Lumineszenz	Erläuterung / [Nr. des passenden Versuchs]
Biolumineszenz	Biolumineszenz ist eine bei Pflanzen und Tieren auftretende Form der Chemolumineszenz. [**4.3**]
Chemilumineszenz	Die Anregungsenergie entsteht bei einer chemischen Reaktion, meistens einer Oxidation. Mann kann die Chemilumineszenz als Umkehrung fotochemischer Reaktionen auffassen: Bei fotochemischen Vorgängen bewirken absorbierte Strahlungen chemische Reaktionen, bei der Chemilumineszenz geschieht das Umgekehrte. Eine Sonderform der Chemilumineszenz ist die von Leuchtkäfer, Glühwürmchen, Leuchtbakterien usw. hervorgerufene Biolumineszenz. Das Leuchten der von dem weißen Phosphor spurenweise abgegebenen Dämpfe beruht auf chemischen Vorgängen (Oxidation) und gehört somit zur Kategorie Chemiluminszenz und nicht, wie aufgrund des Namens oft irrtümlich angenommen wird, eine Phosphoreszenz. [**4.3 bis 4.10**]
Elektroluminszenz	Die Anregung erfolgt durch elektrische Felder.
Fotolumineszenz (Fluoreszenz und Phosphoreszenz)	Die Leuchterscheinung wird durch Lichtabsorption (meist ultraviolettes Licht) bewirkt. Da ein Teil dieser Anregungsenergie in Wärmeenergie verwandelt wird, ist das Lumineszenzlicht etwas langweiliger als das eingestrahlte Licht. Hält die Fotolumineszenz nach Aufhören der Erregung länger an, spricht man von Phosphoreszenz, klingt sie rasch ab, von Fluoreszenz. [**4.1, 4.2**]
Radiolumineszenz (Elektronen- und Kathodenlumineszenz, Röntgenlumineszenz)	Die Anregung erfolgt durch Strahlung, z. B. Röntgen-, Gammastrahlung, Radioaktive Strahlung, Kathodenstrahlen
Sonolumineszenz	Sonolumineszenz beobachtet man gelegentlich bei Einwirkung von Ultraschall auf Flüssigkeiten. Bei der dabei auftretenden Kavitation (schlagartige Entstehung von Gasbläschen in strömenden Flüssigkeiten) treten hohe Temperaturen und Drücke auf, die unter anderem Lichtemission zur Folge haben.
Thermoluminezenz	Bei Erwärmen von Mineralien (z. B. Flussspat), Isolatoren oder Halbleitern werden ab einer bestimmten Temperatur Elektronen aus höheren Energieniveaus gelöst, wobei sie die frei werdende Energie teilweise in Form von Strahlung abgeben.
Tribolumineszenz	Diese durch mechanische Vorgänge hervorgerufene Lumineszenz kann z. B. beim Zerkleinern von Kristallen oder beim Öffnen von Briefumschlägen mit Adhäsionsverschluss auftreten. Da diese Vorgänge mit einer Ladungstrennung verbunden sind, werden kurzfristig elektrische Ladungen gegensätzlichen Vorzeichens frei. [**4.10**]

4.1 Fluoreszierende Schrift

Variante 2
C
DUN
(SV)

Themen für den Unterricht

Lumineszenz (Fluoreszenz), UV-Licht

Geräte und Chemikalien

Versuch 1: UV-Lichtquelle, großer Bogen weißes, nicht fluoreszierendes Papier
Textmarker
Versuch 2: Reagenzglas, Becherglas, Gasbrenner
Zinn(II)-chlorid C, Wasser

Hinweise zur Sicherheit

Vorsicht beim Arbeiten mit UV-Licht: UV-Licht mit weniger als 300 nm Wellenlänge kann Bindehautentzündung und Sehstörung verursachen.
Harmlos sind hingegen Geldschein-Prüfgeräte oder »Schwarzlicht«-Lampen. Inzwischen gibt es auch UV-Licht emittierende Leuchtdioden; hier darf man nicht direkt in die Lichtquelle blicken.

Vorbereitende Arbeiten

Der Bogen Papier wird gut sichtbar aufgehängt; die UV-Lampe richtet man auf das Papier.

Durchführung und Beobachtung

Versuch 1: Nachdem der Raum verdunkelt worden ist, schaltet man die UV-Lampe ein und beschriftet den Bogen Papier. Die Schrift wird mit hell leuchtender Farbe sichtbar.
Versuch 2: Wenn man ein mit kaltem Wasser gefülltes Reagenzglas in eine Lösung von Zinn(II)-chlorid C eintaucht und dann das Glas in die nichtleuchtende Flamme eines Gasbrenners hält, ist blaue Fluoreszenz an der äusseren Reagenzglaswand zu beobachten.

Erläuterung

Die Leuchtstifte enthalten offensichtlich fluoreszierende Farbstoffe. Häufig trifft dies auch für Papier zu.
Weitere interessante fluoreszierende Objekte sind chininhaltige Limonaden (Tonic-Getränke), wässriger Extrakt von Rosskastanien oder Berberitzen (Sauerdorn), Fluorescein-Lösungen (4.2), »Weißmacher«-haltige Waschmittel oder damit behandelte Wäschestücke und auf fluoreszierendem Papier gedruckte Briefmarken.

C

OHP

4.2 Fluoreszierende Wolken

Themen für den Unterricht

Lumineszenz (Fluoreszenz), UV-Licht

Geräte und Chemikalien

großes Becherglas (2 L), Reagenzglas, Overheadprojektor oder UV-Lampe, Pappe
Fluorescein, Natronlauge (w = 10 %) C

Hinweise zur Sicherheit

Siehe 4.1

Vorbereitende Arbeiten

Man schneidet in ein großes Stück Pappe ein kreisrundes Loch, dessen Durchmesser etwas kleiner ist als der des Becherglases und deckt damit die Leuchtplatte des Overheadprojektors ab. Auf die Öffnung der Pappe stellt man das mit Wasser gefüllte Becherglas.
In einem Reagenzglas löst man eine kleine Spatelspitze Fluorescein in 5 mL Natronlauge (10 %).

Durchführung und Beobachtung

Nachdem der Raum abgedunkelt und der Overheadprojektor eingeschaltet worden ist, lässt man einen Teil der Fluorescein-Lösung aus großer Höhe in das Becherglas tropfen. Der Versuch ist noch effektvoller, wenn man die Lösung mit dem nicht sichtbaren UV-Licht beleuchtet.
Wenn die Tropfen in das Wasser fallen, bilden sich gelbgrüne, leuchtende Schlieren.

Erläuterung

Das Leuchten der Lösung ist auf Fluoreszenz des Fluoresceins zurückzuführen. Eine Übersicht zum Thema Lumineszenz befindet sich am Anfang des Kapitels.

Weitere passende Versuche

4.1

4.3 Schreiben mit Licht

Themen für den Unterricht
Fotochemie, Lumineszenz (Biolumineszenz)

Geräte und Chemikalien
Glasküvette, Aluminiumfolie, Lampe, Pipette
Wasser, *Euglena gracilis*

Vorbereitende Arbeiten
Bei verschiedenen mikrobiologischen Instituten kann man Zuchtansätze der Augentierchen *Euglena gracilis* bekommen.
Aus einer frischen *Euglena*-Kultur füllt man einige Pipetten voll mit Euglena in eine Glasküvette ab und verdünnt mit Leitungswasser, so dass eine leicht grüne Aufschwemmung entsteht. Für diese Küvette wird eine Alufolie-Umhüllung gefaltet. Auf der Vorderseite dieser Umhüllung stanzt man mit der Rasierklinge das Wort »MAGIE« aus.
Da es eventuell günstig sein kann Euglena längere Zeit vorrätig zu haben, wird im Folgenden die »Dauerkultur« dieses widerstandsfähigen Einzellers beschrieben:
»Nährlösung: In einen Erlenmeyerkolben von 100 bis 200 mL Inhalt gibt man 1 bis 2 cm hoch Gartenerde und fügt ein erbsen- bis höchstens kleinfingernagelgroßes Stück Hartkäse hinzu (es muss Hartkäse oder die Rinde von Hartkäse sein; mit Schmelz- oder Weichkäse gelingt die Kultur nicht gut).
Der Kolben wird zur Hälfte mit Leitungswasser gefüllt, mit einem zusammengerollten Streifen Zellstoffwatte lose verschlossen und eine halbe bis eine Stunde im siedenden Wasserbad erhitzt. Nach Erkalten impft man mit 5 bis 10 mL einer alten *Euglena*-Kultur. Die Kultur stellt man ans Fenster. Die *Euglenen* entwickeln sich sehr rasch. Meist ist schon nach einer Woche das Wasser grün gefärbt, und nach zwei bis drei Wochen schweben undurchsichtige grüne Wolken aus lauter *Euglena*-Zellen in der Lösung. Eine solche Kultur pflegt mehrere Wochen »in Blüte« zu stehen; danach geht die Zahl der Zellen zurück, doch findet man auch nach Monaten noch reichlich Zellen (neben sogenannten Palmella-Stadien, das sind unbewegliche, aber noch vermehrungsfähige Formen, aus denen auch wieder bewegliche Zellen hervorgehen können). Es genügt, im Abstand von einigen Monaten neue Kulturen anzusetzen; braucht man zu einem bestimmten Zeitpunkt eine Massenkultur, wird man zwei bis drei Wochen vorher eine Zweigkultur anlegen. Sofern eine solche Kultur von *Euglena gracilis* nicht völlig austrocknet, kann man mit einem aufgeschüttelten Rest des Kulturmediums immer noch eine neue, blühende Zucht ansetzen. Es ist kaum möglich, eine Kultur von *Euglena gracilis* durch Unachtsamkeit aussterben zu lassen. Auch bei völlig unsterilem Arbeiten entwickeln sich in der Kultur außer der *Euglena* höchstens noch einige kleine Rädertiere, Ciliaten und winzige, farblose Flagellaten – abgesehen natürlich von zahlreichen Bakterien.«

Durchführung und Beobachtung
Die gefaltete Aluminium-Folie stülpt man über die Küvette mit der grünen Flüssigkeit.

Hülle aus Alufolie
mit eingestanztem Wort „Magie“

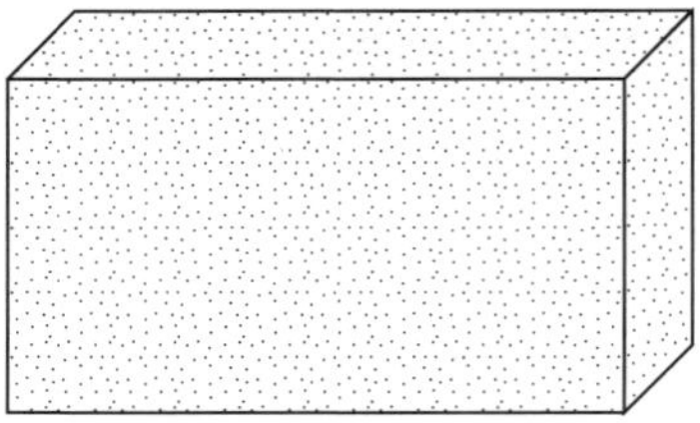

Küvette mit Euglenen

Dann lässt man die Lichtstrahlen eine Mikroskopierleuchte oder Schreibtischlampe senkrecht auf die ausgestanzten Buchstaben einfallen. Sobald die Buchstaben von außen grün erscheinen, wird die Folienumhüllung abgenommen.
In der Küvette schwebt in dunkelgrünen Buchstaben das Wort »MAGIE«. Nach einiger Zeit werden die Buchstaben blasser und verschwinden schließlich ganz.

Erläuterung

Bei *Euglena gracilis* handelt es sich um einen frei beweglichen pflanzlichen Einzeller aus der Gruppe der Algen. Mit Hilfe einer Geißel am Vorderende kann sie Bereiche mit optimaler Lichtintensität aufsuchen. Ein Fotorezeptor an der Geißelbasis sorgt zusammen mit einem »Augenfleck« oder Stigma auf eine noch unbekannte Weise für zielgerichtete Geißelschläge. Der Fotorezeptor enthält wahrscheinlich Flavoprotein, das Stigma Carotinoide, vor allem Astaxanthin.
Eine Übersicht zum Thema Lumineszenz befindet sich am Anfang des Kapitels.

4.4 Leuchtschrift mit Phosphor

Themen für den Unterricht

Fotochemie, Lumineszenz (Chemilumineszenz), weißer Phosphor

Geräte und Chemikalien

kleines Becherglas, großer Bogen schwarze Pappe, Heftzwecken, Kreide, Handschuhe
weißer Phosphor **F T+**, Kohlenstoffdisulfid (Schwefelkohlenstoff) **F+ T+**
Alternative: Faserschreiber mit ungiftiger Leuchtfarbe (Schreibwarenhandel, Spielwarengeschäfte)

Hinweise zur Sicherheit und Entsorgung

Im Kapitel Hinweise zu den Versuchen befinden sich Empfehlungen für den Umgang mit weißem Phosphor. Bei der Versuchsdurchführung sind aus Sicherheitsgründen Handschuhe zu tragen!
Die Risiken des Versuchs kann man umgehen, indem man die Pappe mit Fasermalern mit ungiftiger »nachtleuchtender« Farbe beschriftet.

Vorbereitende Arbeiten

Bereitstellen der benötigten Chemikalien und Geräte; Befestigen der Pappe an einer Wand (nach Möglichkeit unter einem Abzug!)

Durchführung und Beobachtung

a) Ein reiskorngroßes Stück Phosphor wird in ca. 5 mL Schwefelkohlenstoff gelöst.
b) Man taucht die Spitze der Kreide für einige Sekunden in diese Phosphorlösung.
c) Das Licht wird gelöscht.
d) Mit der präparierten Kreide schreibt oder malt man auf die an der Wand befestigte Pappe.
Beim Beschriften der Pappe lässt sich nicht sofort die erwartete Leuchterscheinung feststellen. Erst nach 1 – 2 Sekunden fängt die Schrift sehr intensiv an zu leuchten, wobei teilweise blitzartige Funken abgegeben werden. Nach ca. 20 Sekunden erlischt das Leuchten.

Erläuterung

Durch Schwefelkohlenstoff wird das Leuchten des weißen Phosphors geschwächt bzw. unterdrückt. Die spurenweise abgegebenen Phosphordämpfe werden durch den Luftsauerstoff zunächst zu Phosphor(III)-oxid P_2O_3 und dann unter Abgabe von Licht (Chemilumineszenz) zu Phospor(V)-oxid P_4O_{10} oxidiert. Die Temperatur kann sich hierbei langsam bis auf 60 °C steigern, wo der Phosphor dann von selbst zu brennen beginnt.

Variante

Eine länger anhaltende Leuchtschrift erhält man bei folgender, schon etwas älteren Versuchsvorschrift [1]:

T+
F+
!!!
DUN
5

»Man zeichne mit Phosphor (Stange des weißen Phosphors mit einem nassen Tuch umwickeln) Namen oder andere Figuren auf Papier, und lege dieses zwischen Platten von dünnem weißen Glase. Hier ist die Deutlichkeit der phosphorischen Züge bis auf den Deut vollkommen und beständig. Keine Veränderung in denselben; keine Verdunstung, Auseinandertreibung oder Zerstreuung. Sie sind zum Entzücken schön, und man hat hier zugleich den Vorteil, die phosphorische Zeichnung aller Orten hintragen zu können. Will sie verlöschen, – welches oft nach einer halben Stunde erst geschieht – ja, scheint sie schon ganz verloschen zu sein, so stelle man die Tafeln gegen einen warmen Ofen, und man wird mit Vergnügen die Buchstaben von neuem entstehen sehen. Jedes Stäubchen Phosphor wird zum funkelnden Sternchen, und die ganze Zeichnung scheint gleichsam zu leben. Die Glastafeln, zwischen welchen die phosphorische Zeichnung gelegt wird, trocknet man zuvor ab, auch kann man sie etwas erwärmen.«
Selbstverständlich sind auch hier sämtliche Vorsichtsmaßnahmen zum Arbeiten mit weißem Phosphor zu beachten. Die Gefahr der Selbstentzündung der Phosphorstange während des Beschriftens kann durch Umwickeln der Stange mit einem feuchten Tuch oder dergleichen herabgesetzt werden.

4.5 Schwebende Flamme

Themen für den Unterricht

Analysen (Nachweisreaktionen), Fotochemie, Lumineszenz (Chemilumineszenz), Phosphor

Geräte und Chemikalien

Rundkolben, Glasrohr (Durchmesser ca. 1 cm, Länge ca. 1 m), Stativmaterial, Bunsenbrenner, Dreifuß, Drahtnetz, ggf. Pilzheizhaube
Weißer Phosphor **F** T+, Wasser

Hinweise zur Sicherheit und Entsorgung

Der Versuch wird unter dem Abzug durchgeführt. Im Kapitel Hinweise zu den Versuchen befinden sich Empfehlungen für den Umgang und weißem Phosphor.

Vorbereitende Arbeiten

Der Versuchsaufbau erfolgt gemäß Abbildung. In den mit Wasser gefüllten Rundkolben gibt man ein halberbsengroßes Stück weißen Phosphor.

Durchführung und Beobachtung

Man verdunkelt den Raum und erhitzt den Kolbeninhalt bis zum Sieden.
Sobald die Flüssigkeit siedet, steigt im Glasrohr eine kleine, gelbgrüne Flamme langsam nach oben und erscheint schließlich über dem oberen Ende. Unterbricht man die Wärmezufuhr, fällt die Flamme in den Rundkolben zurück. Dieser Vorgang lässt sich durch entsprechende Wärmeregulierung sehr oft wiederholen.
Wird der Raum derart abgedunkelt, dass man die Versuchsapparatur nicht sieht (Pilzheizhaube benutzen), so erhält man den Eindruck, als ob die aus dem »Nichts«entstandene Flamme frei im Raum auf und ab schwebt.

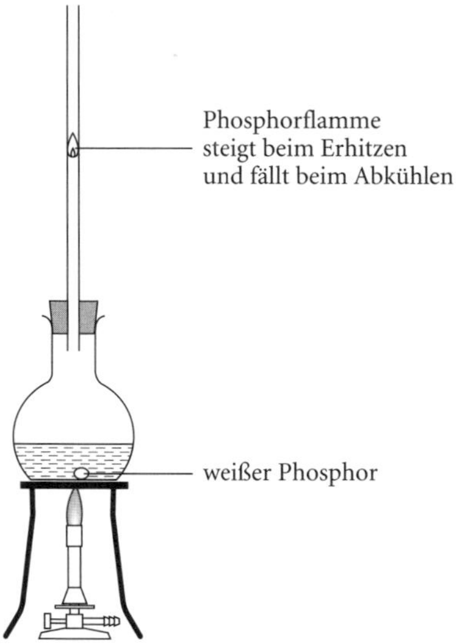

Abb. 8: Schwebende Flamme

Erläuterung

Wegen seines großen Dampfdrucks verflüchtigt sich weißer Phosphor leicht mit Wasserdampf. An der Stelle des Glasrohres, an der sich der Wasserdampf kondensiert, kommt der weiße Phosphor mit der von oben eindringenden Luft in Berührung. Die dann stattfindende Oxidation erfolgt in zwei Stufen. Zunächst entsteht

Phosphortrioxid (P_2O_3), das dann unter Lichtabgabe (Chemilumineszenz) zu Phosphorpentaoxid (P_4O_{10}) weiteroxidiert wird. Im Dunkeln lässt sich daher an dieser Stelle eine Leuchterscheinung beobachten. – Eine Übersicht zum Thema Lumineszenz befindet sich am Anfang dieses Kapitels.
Dieser Versuch wurde als Mitscherlich-Probe zum Nachweis von Phosphorvergiftungen (z. B. durch früher hergestellte Zündhölzer) eingesetzt. Der Chemiker Alexander Mitscherlich lebte von 1836 bis 1918.

T+

F

!!!

DUN

5

4.6 Kalte Flamme

Themen für den Unterricht

Feuer, Fotochemie, Lumineszenz (Chemolumineszenz), Phosphor

Geräte und Chemikalien

Glaskolben (1 L), gewinkeltes Glasrohr, Gummischlauch
Weißer Phosphor **F** T+, Kohlenstoffdioxid, Wasser

Hinweise zur Sicherheit und Entsorgung

Im Kapitel Hinweise zu den Versuchen befinden sich Empfehlungen für den Umgang mit weißem Phosphor.

Vorbereitende Arbeiten

Die benötigten Geräte und Chemikalien werden bereitgestellt. Aus praktischen Gründen benutzt man Kohlenstoffdioxid aus der Stahlflasche.

Durchführung und Beobachtung

Versuchsaufbau nach Abb. 9

In den Glaskolben gibt man ein kleines Stückchen Phosphor und soviel Wasser, dass der Phosphor nicht völlig bedeckt ist. Nachdem man den Kolben mit mäßig warmem Wasser etwas erwärmt hat, löscht man das Licht und leitet in einem langsamen Strom Kohlenstoffdioxid in das Glasgefäß.

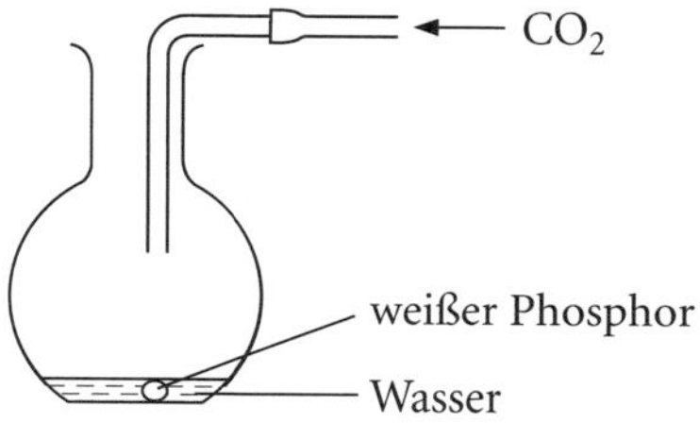

Abb. 9: Kalte Flamme

Da die Phosphorflamme aus weiter Entfernung nicht gut sichtbar ist, ist dieser Versuch nur für einen kleineren Zuschauerkreis geeignet.

Nach einigen Sekunden tritt aus der Halsöffnung des Kolbens eine fahle Flamme. Diese ist so kalt, dass man ohne Gefahr die Hand hineinhalten kann. Danach muss man aber die Hände sorgfältig waschen. Eventuell ist es besser, mit einem Papierstreifen die geringe Temperatur der Flamme zu zeigen. Stoppt man nun die CO_2-Zufuhr, so fällt die Flamme in den Kolben zurück und ruft dort ein schlierenförmiges Leuchten hervor.

Erläuterung

Bei der Lumineszenz des weißen Phosphors leuchtet nicht der feste Phosphor selbst, sondern der von ihm spurenweise abgegebene Dampf, der oxidiert wird (siehe Erläuterung zu Versuch 4.6). Leitet man nun Kohlenstoffdioxid in den Kolben, so wird die das Leuchten hervorrufende Oxidation des Phosphordampfes unterbunden und das Gefäß kann sich vollständig mit dampfförmigem Phosphor anfüllen. An der Halsöffnung des Glaskolbens kommt dieser Dampf mit dem Luftsauerstoff in Berührung und leuchtet. Eine Übersicht zum Thema Lumineszenz befindet sich am Anfang dieses Kapitels.

4.7 Phosphorlampe

Themen für den Unterricht

Feuer, Fotochemie, Lumineszenz (Chemilumineszenz), Phosphor

Geräte und Chemikalien

Wasserstrahlpumpe, Vakuumschlauch (ca. 1,5 m), Rundkolben, doppelt durchbohrter Stopfen, pneumatische Wanne, Einweghahn
Weißer Phosphor F T+, Kohlenstoffdisulfid (Schwefelkohlenstoff) F+ T+

Hinweise zur Sicherheit und Entsorgung

Im Kapitel Hinweise zu den Versuchen befinden sich Empfehlungen für den Umgang mit Kohlenstoffdisulfid und weißem Phosphor.

Durchführung und Beobachtung

1. Schritt: Ein Stück Phosphor wird in Schwefelkohlenstoff gelöst. Man schwenkt diese Lösung in dem Rundkolben, so dass über die Hälfte der Glaswand von der Lösung benetzt wird. Gleichzeitig schließt man die Wasserstrahlpumpe an, so dass in etwa 5 Minuten das Lösungsmittel verdunstet ist. Nachdem der Raum verdunkelt ist, lässt man bei geringer Saugwirkung der Pumpe langsam Luft in die »Lampe« eintreten. Ein Glashahn wird zum besseren Regulieren vorgeschaltet.
Der Rundkolben leuchtet – soweit er von dem weißgrauen Überzug des Phosphors bedeckt ist – grün auf.
2. Schritt: Der Glashahn wird geschlossen bzw. die Pumpe abgestellt und der Kolben wird in das Wasser der pneumatischen Wanne gehalten.
Man sollte mit der Lampe unter Wasser zu bleiben, damit die geringe Oxidationswärme sofort abgeleitet wird, was der Lebensdauer des Effekts zugute kommt. In diesem Fall braucht man eine geräumige pneumatische Wanne.
Der Leuchteffekt verschwindet. Man kann auf diese Weise die Lampe beliebig »an- und ausknipsen«.

Erläuterung

Siehe 4.5 und 4.6. Ausführliche Erläuterungen zum Thema Lumineszenz befinden sich am Anfang des Kapitels.

Variante 2
Xi

C

DUN

4.8 Kaltes Licht

Themen für den Unterricht

Fotochemie, Lumineszenz (Chemilumineszenz)

Geräte und Chemikalien

Variante 1: Trichter (Ø = 15 cm), Stativmaterial, Glaskolben (1000 mL), zwei Glaskolben (500 mL) Luminol (3-Aminophthalsäurehydrazid), Natronlauge (w = 5 %) **C**, Kaliumhexacyanoferrat(III), Wasserstoffperoxid (w = 3 %) **C**

Variante 2: Großes Glasgefäß (5 L), 3 Bechergläser Luminol (3-Aminophthalsäurehydrazid), Natriumcarbonat-10-Hydrat **Xi**, Wasserstoffperoxid (w = 0,5 – 5 %) **C**, verdünnte Ammoniak-Lösung **C Xi**, Hämin, Fluorescein

Variante 3: Becherglas (400 mL)
Bis-N-Methylacridiniumnitrat (Lucigenin), Natriumhydroxid-Lösung (c = 0,5 mol L^{-1}), Wasserstoffperoxid (w = 30 %) **C**

Vorbereitende Arbeiten

Variante 1: Man befestigt einen Trichter über dem 1000-mL-Kolben.

Folgende Lösungen werden in den beiden 500-mL-Kolben hergestellt:

Lsg. A: Das in 5 mL Natronlauge (w = 5 %) gelöste Luminol (ca. 0,05 g) wird mit Wasser auf 450 mL aufgefüllt und gut durchmischt.

Lsg. B: Zu einer Lösung von 0,2 g Kaliumhexacyanoferrat(III) in 450 mL Wasser werden 10 mL Wasserstoffperoxid (w = 3 %) gegeben. Die Konzentrationsangaben sind nur Richtwerte, es genügt, wenn man sie beiläufig einhält.

Variante 2: Folgende Lösungen werden hergestellt:

Lsg. A: 30 g Natriumcarbonat-10-Hydrat in ca. 5 L destilliertem Wasser und 0,1 bis 0,5 g Luminol (Aufschwemmung).

Lsg. B: 100 mL Wasserstoffperoxid (W = 0,5 – 5 %).

Lsg. C: Spatelspitze Hämin in 15 mL verdünnter Ammoniak-Lösung lösen, dann mit destilliertem Wasser bis 100 mL auffüllen.

Lsg. D: Spatelspitze Fluorescein in einigen Milliliter destilliertem Wasser aufschwemmen.

Durchführung und Beobachtung

Variante 1: Der Inhalt der beiden Kolben wird im Dunkeln gleichzeitig in den Trichter gegossen.

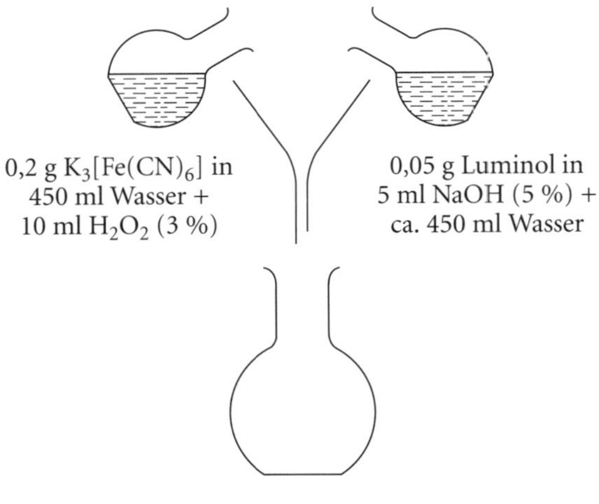

Abb. 10: Kaltes Licht des Luminols, Versuchsaufbau

Beim Zusammenkommen der beiden Lösungen tritt sofort blauviolette Chemolumineszenz ein, und ein leuchtender Flüssigkeitsstrahl fließt in den unter den Trichter gestellten Kolben, wo das Leuchten noch einige Zeit anhält. Lässt das Leuchten nach, kann man es durch Zugabe von etwas Kaliumhexacyanoferrat(III) kurzfristig wieder auffrischen. Siehe auch das folgende Experiment.

Variante 2: Man gibt im Dunkeln zunächst Lsg. B in Lsg. A, rührt um und schüttet dann Lsg. C dazu.

Die Lösung leuchtet, ohne sich zu erwärmen, mit intensiv blauvioletter Farbe. Nach ca. 1 Minute nimmt die Intensität der Leuchtkraft ab. Gibt man zu der leuchtenden Lösung unter Umrühren die Fluorescein-Aufschwemmung (Lsg. D), dann leuchtet die Lösung mit grüner Farbe.

Variante 3: Eine intensive grüne Lumineszenz lässt sich mit Bis-N-Methylacridiniumnitrat (Lucigenin) erzeugen. Man löst eine Spatelspitze davon in etwa 200 mL Natriumhydroxid-Lösung ($c = 0{,}5$ mol L^{-1}) und oxidiert mit etwa 5 mL Wasserstoffperoxid ($w = 30$ %).

Erläuterung

Luminol (3-Aminophthalsäurehydrazid) zeigt in alkalischer Wasserstoffperoxid-Lösung eine schwache, jedoch lang anhaltende Chemilumineszenz, deren Intensität durch bestimmte Katalysatoren (z. B. Hämin, Kaliumhexacyanoferrat) unter gleichzeitiger Verminderung der Abklingzeit verstärkt wird. Dabei läuft folgende Bruttoreaktion ab:

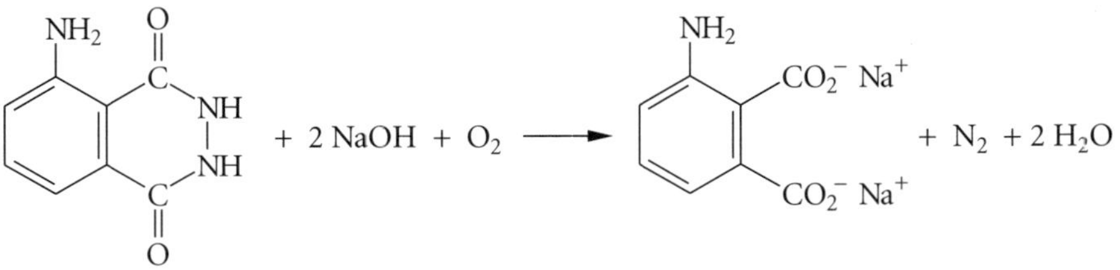

Die intensiv blaue Chemilumineszenz bei der alkalischen Oxidation des Luminols gehört zu den intensivsten Chemilumineszenz-Erscheinungen, die bis heute bekannt sind. Auf Grund dessen ist diese Reaktion bisher auch am umfassendsten untersucht worden. Allerdings ist der Mechanismus der Luminolreaktion noch nicht restlos bekannt.

Einige interessante Anwendungsmöglichkeiten der Luminolreaktion seien noch erwähnt. Mit Hilfe des Luminols als Chemilumineszenz-Indikator lassen sich Spuren von Schwermetallen, soweit sie die Luminolreaktion katalysieren, nachweisen. Auch Blutspuren lassen sich durch das in ihnen enthaltene Hämineisen nachweisen. Rettungsboote führen Luminolpräparate mit sich, die auf das Wasser geworfen das Boot mit

einer nachts weithin sichtbaren Leuchtzone umgeben.
Neuerdings kennt man auch eine intensive Chemilumineszenz von Derivaten der Oxalsäureester, die als Füllung von sogenannten »Lightsticks« im Handel angeboten werden.
Eine ausführliche Erläuterung zum Thema Lumineszenz befindet sich am Anfang dieses Kapitels.

Weitere passende Versuche
4.9

4.9 Lumineszenz mit Pyrogallol

Themen für den Unterricht
Fotochemie, Lumineszenz (Chemilumineszenz)

Geräte und Chemikalien
4 Reagenzgläser, Reagenzglasständer, schmales, hohes Becherglas, Kristallisierschale
Pyrogallol **Xn**, Kaliumcarbonat **Xn**, Wasserstoffperoxid (w = 30 %) **C**, Formaldehyd-Lösung (w = 35 %) **T**

Hinweise zur Sicherheit
Da während der Selbsterhitzung der Flüssigkeit ein Teil des unangenehm süßlich riechenden Formaldehyds und zudem auch Kohlenstoffmonooxid entsteht, muss der Versuch unter dem Abzug durchgeführt werden.
Das Becherglas und die darunter gestellte Schale müssen so gewählt sein, dass sie der plötzlichen, starken, lokalen Erhitzung standhalten.

Vorbereitende Arbeiten
Folgende Lösungen werden hergestellt:

Lsg. A:	1 g Pyrogallol in 10 mL Wasser
Lsg. B:	10 mL Formaldehyd-Lösung (35 %)
Lsg. C:	5 g Kaliumcarbonat in 10 mL Wasser
Lsg. D:	15 mL Wasserstoffperoxid (30 %)

Durchführung und Beobachtung
Man löscht das Licht und gießt nacheinander die oben angegebenen Lösungen in ein Becherglas, welches man vorsorglich in ein geeignetes Auffanggefäß (Kristallisierschale) gestellt hat. Die Stoffe müssen in der angegebenen Reihenfolge verwendet werden.
Lässt die Lumineszenz nach, so kann man sie durch nachträgliche Zugabe von etwas Kaliumcarbonat wieder kurzfristig hervorrufen.
Die Flüssigkeit leuchtet für ca. 15 Sekunden orangegelb auf. Dabei erwärmt sie sich und schäumt auf. Unter Umständen, je nach Größe des Becherglases, ergießt sich der leuchtende Schaum in das daruntergestellte Auffanggefäß.

Erläuterung
Die Reaktion wurde 1905 von Trautz entdeckt und war lange Zeit die hellste bekannte Chemolumineszenz. Die Anregungsenergie stammt aus der Oxidation des Methanals (Formaldehyd) zu Methansäure und des Pyrogallols zu Kohlenstoffmonooxid und Kohlenstoffdioxid.
Eine Übersicht zum Thema Lumineszenz befindet sich am Anfang des Kapitels.

4.10 Triboluminineszenz

Variante 1

DUN

SV

0

Themen für den Unterricht

Luminszenz (Triboluminineszenz)

Geräte und Chemikalien

Versuch 1: Feste Unterlage, Hammer, Schraubstock oder Zange; ggf. Kaffeemühle
Wahlweise Kandiszucker, Würfelzucker, Lollis, ggf. Wintergrünöl (Methylsalicylat)
Versuch 2: Briefumschläge mit Adhäsionsverschluss
Versuch 3: Glasplatte, Transparente Klebestreifen

Vorbereitende Arbeiten

Eventuell nach verbreiteter Laborvorschrift Methylsalicylat aus Methanol T, Salicylsäure **Xn** und Schwefelsäure C selbst herstellen.

Durchführung und Beobachtung

Da die Leuchteffekte nicht allzu stark sind, sollte der Raum gut verdunkelt sein und genügend Vorlaufzeit für die Adaption der Augen eingeplant werden.
Versuch 1: Bereits das kräftige Aneinanderreiben zweier Zuckerwürfel kann schwache bläuliche Lumineszenzerscheinungen hervorrufen.
Wesentlich stärker ist der Effekt, wenn harte Zuckerbrocken (Kandis, Lollis) auf einer festen Unterlage mit einem Hammer zerschlagen oder in einem Schraubstock zerquetscht werden. Brandl schlägt vor, in einer elektrischen Kaffeemühle Haushaltszucker zu pulverisieren; währenddessen könne man etwa 30 Sekunden lang ein recht helles Leuchten beobachten. Brandl verweist auch auf die Möglichkeit einer zusätzlichen Sensibilisierung des Zuckers, indem man Methylsalicylat auf einen Zuckerwürfel tropft, den man anschließend mit einem Spatel zerdrückt.
Versuch 2: Schöne blaue Funken entstehen, wenn man den aufeinander klebenden Adhäsionsverschluss eines Briefumschlages langsam auseinanderzieht. Der Effekt variiert stark in Abhängigkeit vom Fabrikat.
Versuch 3: Auch Klebestreifen unterschiedlicher Art zeigen Triboluminineszenz-Erscheinungen; vor größerem Publikum kann man dies durch Abziehen der Streifen von einer Glasplatte demonstrieren.

Erläuterung

Eine Übersicht zum Thema Lumineszenz befindet sich am Anfang des Kapitels.

Strom-schlag!

DUN

4.11 Grüne Gurken leuchten gelb

Themen für den Unterricht

Elektrochemie (Leitfähigkeit von Elektrolyten), Spektralanalyse

Geräte und Chemikalien

Experimentier-Steckdose mit Sicherheitsschalter, 2 Isolatoren mit Tonnenfüßen, 2 große Nägel, 2 Kabel
2 Salzgurken

Hinweise zur Sicherheit

Vorsicht beim Umgang mit Netzstrom (230 Volt ~). Um versehentliches Berühren stromführender Teile zu vermeiden empfiehlt es sich, die Apparatur über einen mindestens 2 m entfernten Schalter oder eine Sicherung zu steuern.
Das Publikum ist eindringlich vor der Nachahmung des Versuchs zu warnen.

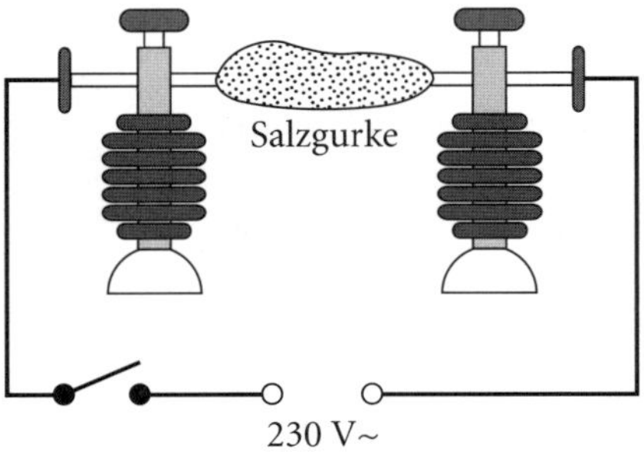

Vorbereitende Arbeiten

In die Anschlüsse der beiden auf Tonnenfüßen stehenden Isolatoren wird auf gleicher Höhe je ein großer Nagel geschraubt, die Kabel werden samt Schalter angeschlossen und mit dem Stromnetz verbunden.

Durchführung und Beobachtung

Die Gurke wird mit den beiden Nägeln aufgespießt. In ihrem Inneren haben die Nagelspitzen einen Abstand von etwa 2 bis 4 cm. Nun wird der Strom eingeschaltet.
Die Gurke erwärmt sich, »brutzelt«, dampft und leuchtet intensiv gelb. Das Leuchten ist stets an einer der Elektroden besonders stark.

Erläuterung

Die Anregung zu diesem spektakulären Versuch ist schon seit ca. 1990 als »Geheimtipp« in diversen Mailboxen zu finden, gehört aber wegen des interessanten fachwissenschaftlichen Hintergrunds durchaus zum seriösen Repertoire.
Eine Salzgurke ist im Prinzip ein salzhaltiges Gel. Das gelöste Natriumchlorid leitet den elektrischen Strom. Bei einem Ohmschen Widerstand von etwa 1000 bis 2000 Ohm ist die Wärmewirkung des Stroms beträchtlich. Diese ist auch für das Leuchten verantwortlich. Das zur Überraschung eines laienhaften Publikums nicht grüne, sondern gelbe Leuchten (Wellenlänge 589 nm) der Gurke bewirken die angeregten Natrium-Ionen.
Für die Beobachtung, dass nur an einer der beiden Elektroden besonders starke Leuchterscheinungen auftreten, liegt dem Autor zur Zeit keine wirklich befriedigende Erklärung vor. Das Vertauschen der Kabelanschlüsse (Phase, Erdanschluss) bewirkt jedenfalls keine Veränderung. Eventuell variiert der Salzgehalt der Gurke lokal. Und: Auch bei Wechselspannung kann Elektrolyse stattfinden. [1]

Weitere passende Versuche

8.6

4.12 Verschwundene Stäbe, gebrochene Licht

Xi

F

Xn

OHP

Variante 1 5

Variante 2 4

Themen für den Unterricht

Stoffeigenschaften (Brechungsindex)

Geräte und Chemikalien

Versuch 1: Becherglas (ca. 250 mL) oder große Küvette
Organisches Lösungsmittel (siehe Tabelle) mit geeignetem Brechungsindex; wahlweise Plexiglasstreifen, Glasstab, Acrylfaden
Versuch 2: Standzylinder oder Reagenzglas, schmales Klebeband (undurchsichtig) Wasser, 1-Bromnaphthalin (α-Naphthylbromid; wird in der Mikroskopie zum Einbetten von Präparaten verwendet)

Hinweise zur Sicherheit und Entsorgung

Es sollten möglichst relativ harmlose Stoffe ausgewählt werden; der Einsatz des in der Vergangenheit beliebten Benzol ist nicht akzeptabel. 1-Bromnaphtalin mit seiner wesentlich höheren Dichte als Wasser und einem etwa vergleichbaren Brechungsindex ist ein guter, wenn auch relativ teurer Ersatz. Möglich wäre auch 2-Propanol (Isopropanol) oder Glycerol (Glycerin).

Name	Risiko	Brechungs-index	Dichte im Vergleich zu Wasser [g/cm³]
Luft	entfällt	1	sehr gering
Wasser	entfällt	1,33	1 (bei 20 °C)
Aceton F **Xi**	vertretbar	1,36	geringer (0,79)
2-Propanol (Isopropanol)	gering	1,38	geringer (0,7855)
Glycerol (Glycerin)	entfällt	1,46	größer (1,26)
Toluol **Xn**	kaum vertretbar	1,5	geringer (0,66)
1-Bromnaphtalin	gering	1,48	größer (1,48)
Plexiglas	entfällt	1,49	etwa gleich
Acryl	entfällt	1,46	
Kronglas	entfällt	1,46	größer

Vorbereitende Arbeiten

Eventuell Ansetzen von Lösungsmittelmischungen. Da die Brechungsindices von Gläsern und Kunststoffen je nach Sorte variieren, müssen die Versuche unbedingt vorher ausprobiert werden.

Durchführung und Beobachtung

Versuch 1: Ein Glasstab und ein farbloser Plexiglasstreifen bleiben sichtbar, wenn sie nebeneinander in Wasser gehalten werden.

In 1-Bromnaphtalin getaucht ist der Plexiglasstreifen nicht mehr zu sehen.
Versuch 2: Die Rückseite eines Standzylinders oder Reagenzglases wird von oben bis unten mit einem dünnen, undurchsichtigen Klebestreifen beklebt. In das unterste Drittel kommt 1-Bromnaphtalin, gefolgt von Wasser und Luft.
Hinter der 1-Bromnaphtalin-Schicht erscheint der Streifen stark verbreitert und hinter dem Wasser weniger vergrößert. Die Luft bewirkt keine Vergrößerung.

Erläuterung

Versuch 1: Durchsichtige, gleichzeitig farblose Gegenstände sind in Flüssigkeiten gleichen Brechungsindexes nicht sichtbar. Bestimmte Wasserlebewesen (z. B. Polypen, Quallen) sind aus dem gleichen Grund im Wasser kaum sichtbar.
Versuch 2: Das Gefäß wirkt zusammen mit seinem flüssigen Inhalt als Zylinderlinse. Die stark vergrößernde Wirkung der Zone mit 1-Bromnaphtalin geht auf dessen im Vergleich zur Luft hohen Brechungsindex zurück. Bei Wasser ist der Unterschied nicht ganz so groß. Die Luft im Zylinder hat keine Auswirkung, da ihr Brechungsindex identisch mit der umgebenden Luft ist.

Hinweis zur Präsentation

Ein weiteres Beispiel bietet eine konvexe »Linse« aus zwei mit den Wölbungen nach außen übereinander gelegten Uhrgläsern, die mal Luft, mal Wasser im Zwischenraum hat. Auch ein luft- bzw. wassergefüllter Rundkolben (»Schusterkugel«) ist interessant. Mit der Schusterkugel lässt sich das recht schwache Licht einer Kerze in einem abgedunkelten Raum auch auf weiter entfernte Bereiche richten, so dass dort sogar Lesen möglich ist.

4.13 Farben aus dem Nichts

Themen für den Unterricht

Analyse (Polarimeter), Polarisation

Geräte und Chemikalien

Beide Versuche: 2 quadratische oder runde Polarisationsfilter, OH-Projektor
Versuch 1: Objektträger, Diagläschen
Durchsichtige Klebestreifen, Zellophan (Zigarettenpackung)
Versuch 2: Küvette
Zuckersirup (heißgesättigte Saccharose-Lösung)

Vorbereitende Arbeiten

Versuch 1: Unten beschriebene Objekte aus Glas und Klebefilm herstellen. Der optische Eindruck des Versuchs wird gesteigert, wenn man für den OHP aus Karton eine Schablone mit rechteckigem Ausschnitt mit den Maßen eines Polarisationsfilters anfertigt.
Versuch 2: Aus Saccharose und Wasser wird eine heißgesättigte Lösung hergestellt.

Durchführung und Beobachtung

Versuch 1: Zwischen zwei auf dem Overheadprojektor liegenden Polarisationsfiltern werden in »Dunkelstellung« folgende Objekte geschoben:

- Zerknülltes und wieder ausgebreitetes Zellophan
- Objektträger mit stufenweise aufgeklebtem Klebefilm (siehe Abbildung) oder anderen Motiven

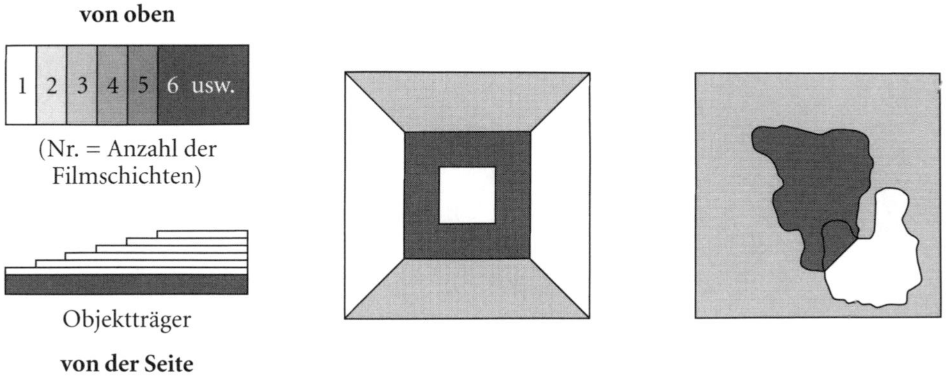

In allen Fällen treten Farberscheinungen auf, die mit der Schichtdicke variieren. Wenn man die Position der beiden Polarisationsfilter beibehält, die Objekte hingegen um 90° dreht, erscheinen in den einzelnen Bereichen jeweils die Komplementärfarben der vorigen Ansicht.
Versuch 2: Zwei Polarisationsfilter werden so hintereinander vor eine Lichtquelle positioniert, dass sie das Licht optimal durchlassen. Anschließend wird die mit konzentrier-

ter Zuckerlösung gefüllte Küvette dazwischen gestellt. Nun durchquert deutlich sichtbar weniger Licht die Anordnung. Durch langsames axiales Drehen einer der beiden Folien führt man den Zustand optimaler Durchlässigkeit wieder herbei.

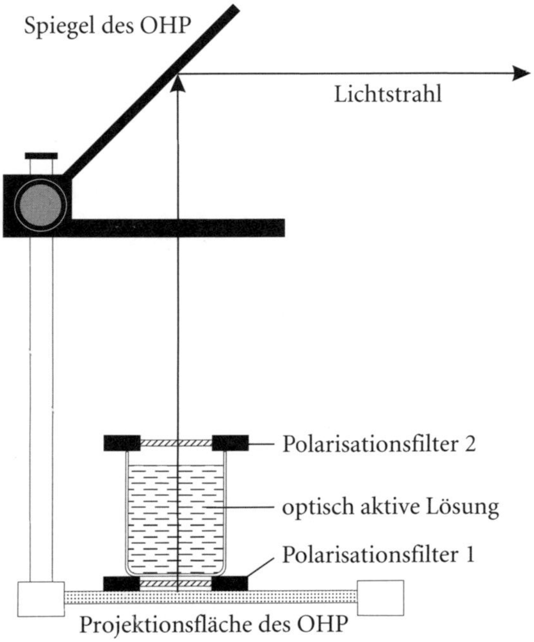

Erläuterung

Versuch 1: Legt man Gegenstände aus doppelbrechendem Material zwischen zwei Polarisationsfilter, kommen durch Interferenz Farberscheinungen zustande. Für naturwissenschaftliche Laien grenzt dieser Effekt an Zauberei, da durch bereits frühkindliche Erfahrung (Bemalen eines weißen Papiers) farbiges Licht im Vergleich zu weißem Licht irrtümlich als »gehaltvoller« betrachtet wird.

Versuch 2: Der Drehwinkel einer optisch aktiven Lösung wächst mit ihrer Konzentration und der Laufstrecke des durchquerenden Lichtes.

Mit dieser Versuchsanordnung aus OH-Projektor, Versuchslösung und zwei Polarisationsfiltern lässt sich der optische Drehwinkel einer Lösung grob abschätzen.

4.14 Kupfer – Silber – Gold

C

F

CAM

Themen für den Unterricht

Legierungen, Metalle (Kupfer, Messing, Zink)

Geräte und Chemikalien

Kleineres Becherglas, Glasstab, Tiegelzange, Bunsenbrenner, Dreifuß, Drahtnetz
Konzentrierte Natronlauge **C**, möglichst blanke Kupfermünzen, Zinkstaub **F**, Salzsäure ($w = 5 - 10$ %)

Hinweise zur Sicherheit

Alkalische Flüssigkeiten neigen zum Siedeverzug. Um ein plötzliches Herausschleudern der stark ätzenden, heißen Flüssigkeit zu vermeiden, sollte die Natronlauge beim Erhitzen mit einem Glasstab gerührt werden.

Vorbereitende Arbeiten

Die Münzen werden mit verd. Salzsäure gereinigt.
Durchführung und Beobachtung
1. Schritt: In das Becherglas gibt man konzentrierte Natronlauge, etwas Zinkstaub und einige gereinigte Kupfermünzen. Dann erhitzt man unter Umrühren bis zum Sieden. Nach einiger Zeit nimmt man mit der Tiegelzange die Münzen aus der Lösung und spült sie mit Wasser gut ab.
Die Münzen sind nun mit einer silberglänzenden Schicht überzogen.
2. Schritt: Die Münzen werden kurz in der Brennerflamme erwärmt.
Es bildet sich ein goldglänzender Überzug.

Erläuterung

Zink löst sich vor allem in der Wärme in starker Natronlauge. Dabei bildet sich vermutlich Natriumtetrahydroxozinkat. Das Tetrahydroxozink-Anion dissoziiert in wässriger Lösung:
$[Zn\,(OH)_4]^{2-} \rightleftarrows Zn^{2+} + 4\,OH^-$
Die entstehenden Zink-Ionen werden auf der Kupferoberfläche entladen und scheiden sich dort als Zinküberzug ab:
$Zn^{2+} + 2\,e^- \rightarrow Zn$
Dieser Vorgang findet statt, obwohl Zink unedler ist als Kupfer, aber infolge der hohen Alkalikonzentration und der hohen Temperatur verschieben sich die Potentiale beachtlich. Der Grund: Ein Teil des Zinks aus dem suspendierten »Vorrat« (Überschuss), das Kontakt zum Kupfer hat, geht in Lösung:
$Zn \rightarrow Zn^{2+} + 2\,e^-$
Die frei werdenden Elektronen fließen zum Kupfer. Dieses hat mit dem Zink ein gemeinsames, gleich großes elektrochemisches Potenzial. Es stellt sich ein dynamisches Gleichgewicht ein, das die Bildung von metallischem Zink auf der Oberfläche des Kupfers ermöglicht. [1]
Wird die verzinkte Kupfermünze in einer Flamme erwärmt, bildet sich eine Kupfer-Zink-Legierung (Messing). Diese Legierung besitzt goldähnliches Aussehen.

4.15 Verkupfern auf einen Schlag

Themen für den Unterricht

Elektrochemie (Spannungsreihe), Korrosion (Passivierung), Metalle

Geräte und Chemikalien

2 Bechergläser, Glasstab, etwas Draht

Kupfersulfat-Lösung (w = 5 %) **Xn**, konzentrierte Salpetersäure (min. 80 Gew.-%) **C O**, Eisenblech, Aceton **F**

Vorbereitende Arbeiten

Das Eisenblech wird an einer Seite durchbohrt. Eventuell vorhandenen Rost beseitigt man durch Schmirgeln, bis eine metallisch blanke Oberfläche vorliegt. Dann spült man das Blech mit destilliertem Wasser ab, trocknet mit einem sauberen Tuch und entfettet mit Aceton. An der Bohrung befestigt man ein Stück Draht, mit dem das Eisenblech bei der Versuchsdurchführung gehalten wird.

Das eine Becherglas wird mit konzentrierter Salpetersäure gefüllt, das andere mit der Kupfersulfat-Lösung. Die beiden Bechergläser müssen so bemessen sein, dass das Eisenblech gut hineinpasst und von den dann eingefüllten Lösungen vollständig bedeckt werden kann.

Da das passivierte Eisen anfällig gegen Erschütterung ist, muss der Draht gut befestigt sein; er darf nicht an dem Blech scheuern. Auch sollte man beim Eintauchen jegliche Berührung des Eisens mit dem Glasgefäß vermeiden.

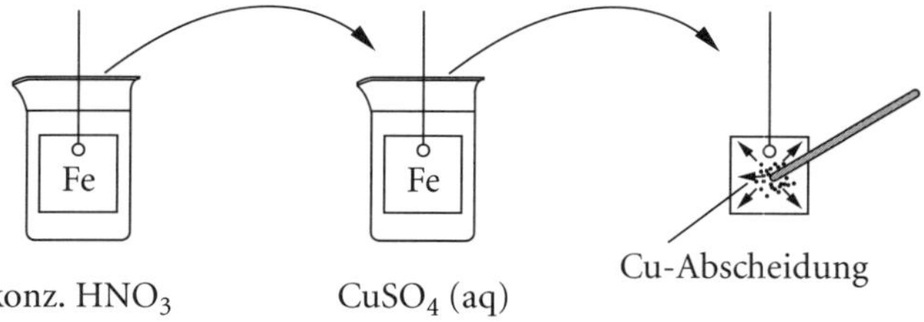

Abb. 11: Verkupfern

Durchführung und Beobachtung

Man taucht das an einem Draht aufgehängte Eisenblech in die konzentrierte Salpetersäure und unmittelbar danach in die Kupfersulfat-Lösung.

Nach dem Herausnehmen aus dem Kupfersulfatbad zeigt sich auf dem Eisenblech kein Kupferniederschlag. Erst ein leichter Stoß mit einem Glasstab auf das Blech lässt in Sekundenschnelle von der Aufschlagstelle ausgehend einen Kupferüberzug auf dem Eisen entstehen.

Der oben beschriebene Versuch lässt sich erweitern. Zuerst taucht man ein Eisenblech für einige Sekunden in die blaue Kupfersulfat-Lösung und zeigt dann das verkupferte Blech vor. Nach diesem schon für sich spektakulärem Ergebnis geht man mit einem präparierten Eisenblech zur eigentlichen Versuchsdurchführung über. Zum Schluss »verwandelt« man die beiden verkupferten Eisenbleche wieder in Eisen, indem man sie mit konzentrierte Salpetersäure behandelt (Abzug!).

Erläuterung

Das Element Kupfer ist mit einem Normalpotenzial von + 0,34 Volt edler als das Element Eisen, das ein Normalpotential von – 0,44 Volt aufweist. Auf Grund dessen reduziert die Kupferionen:

$Fe + Cu^{2+} + SO_4^{2-} \rightarrow Fe^{2+} + SO_4^{2-} + Cu$

Kupfersulfat Eisensulfat

Diese Reaktion läuft nicht ab, wenn man Eisen vorher in konzentrierte Salpetersäure taucht und dadurch passiviert. In diesem Zustand verhält es sich ähnlich wie ein Edelmetall: Von konzentrierter und verdünnter Salpetersäure wird es nicht angegriffen, und aus einer Silbersalz-Lösung scheidet es kein Silber aus. Das Phänomen der Passivierung zeigen auch andere unedle Metalle. Es lässt sich bis heute noch nicht restlos erklären. Nach der so genannten »Oxidhauttheorie« wird die Passivität durch Bildung einer sehr dünnen, zusammenhängenden Sauerstoff- bzw. Oxidschicht verursacht. Da diese Schutzschicht sehr labil ist, wird die Passivierung des Eisens durch Erschütterung aufgehoben und das Metall verhält sich wieder unedel.

Weitere passende Versuche

4.16

T+

!!!

CAM

5

4.16 Falschgeld

Themen für den Unterricht
Metalle (Amalgamierung, Legierungen, Quecksilber)

Geräte und Chemikalien
Porzellanschale, Pinzette, Tuch
Quecksilber(II)-chlorid T+, Kupfermünze, destilliertes Wasser

Hinweise zur Sicherheit
Quecksilber(II)-chlorid ist sehr giftig. Schon 0,5 g können einen erwachsenen Menschen töten.
Kupferamalgam ist unbeständig. Im Laufe der Zeit wird Quecksilber frei! Im Kapitel Hinweise zu den Versuchen sind Angaben zum Umgang mit Quecksilber und seinen Verbindungen.

Vorbereitende Arbeiten
In der Porzellanschale löst man eine Spatelspitze Quecksilber(II)-chlorid in einigen Millilitern Wasser.

Durchführung und Beobachtung
Eine blanke Kupfermünze wird mit der Pinzette in die Quecksilber(II)-chlorid-Lösung getaucht und darin etwas bewegt. Sie überzieht sich mit einem grauen Belag. Nach einiger Zeit nimmt man die Münze aus der Lösung, spült sie mit Wasser gut ab und reibt sie mit einem Tuch.
Die Münze wird silberglänzend.

Erläuterung
Nach der Spannungsreihe der Metalle ist Quecksilber edler als Kupfer. Deshalb wird das Quecksilberion in der Lösung von dem metallischen Kupfer zu Quecksilber reduziert, und Kupfer geht in Form von Kupferionen in Lösung:
$Hg^{2+} + Cu \rightarrow Cu^{2+} + Hg$.
Dabei scheidet sich das metallische Quecksilber unter Bildung einer Quecksilber-Kupfer-Legierung (Kupferamalgam) auf der Oberfläche des Kupfers ab.

Weitere passende Versuche
4.14, 7.3

4.17 Glas mit Silber- oder Kupferspiegel

Variante 1
T+
C
Xn
Xi
OHP
Variante 1
5
Variante 2
4

Themen für den Unterricht

Kohlenhydrate, Metalle (Silber), Redox-Reaktionen, Thermolyse

Geräte und Chemikalien

Versuch 1: 1 Rundkolben (250 mL), 2 braune Flaschen, 1 weites Becherglas, Dreifuß, Bunsenbrenner, Drahtnetz, Stativmaterial, Filtriermaterial, Thermometer
Silbernitrat **C**, verdünnte Ammoniak-Lösung **Xi**, Seignettesalz (Kalium-Natriumtartrat), destilliertes Wasser
Versuch 2: Gasbrenner, Reagenzglas
Kupfermethanat **Xn** oder Kupferformiat **Xn**

Hinweise zur Sicherheit und zur Entsorgung

Der Rundkolben lässt sich mit konzentrierter Salpetersäure **C** reinigen; dies sollte wegen der Bildung von Stickstoffdioxid T+ unter dem Abzug geschehen. Das Silber wird dabei wieder zu Silberionen oxidiert und löst sich auf. Auch mit eventuellen Rückständen verfährt man auf diese Weise. Anschließend fügt man die der Salpetersäure entsprechenden Menge konzentrierter Salzsäure **C** hinzu.
Der entstehende Niederschlag aus Silberchlorid wird herausfiltriert und nach Reinigung mit weiterer Salzsäure und zum Schluss mit Wasser zur weiteren Verwendung (z. B. Gewinnung elementaren Silbers oder Herstellung von Silbernitrat) aufbewahrt.

Vorbereitende Arbeiten

Folgende Lösungen werden hergestellt:
Lösung A: Man löst 2,5 g Silbernitrat in 125 mL destilliertem Wasser und gibt tropfenweise soviel verdünnte Ammoniak-Lösung hinzu, bis der anfänglich auftretende Niederschlag gerade wieder verschwindet. 125 mL dieser Lösung werden in eine braune Flasche gefüllt.
Lösung B: Man bringt 250 mL destilliertes Wasser zum Sieden und löst darin zunächst 0,5 g Silbernitrat und dann 0,4 g Seignettesalz. Man filtriert die Lösung heiß und füllt 125 mL in eine braune Flasche.
Damit das Silber gut haftet und sich gleichmäßig niederschlägt, muss der Rundkolben innen fettfrei, also gut gereinigt sein. Auf die früher übliche Reinigung mit einem heißen Gemisch aus konzentrierter Schwefelsäure **C** und Kaliumdichromat-Lösung **T+ N** sollte man jedoch nach Möglichkeit verzichten.

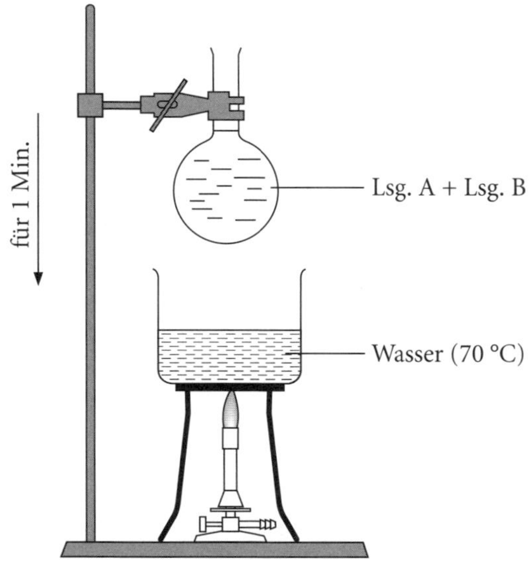

Abb. 12: Herstellung eines versilberten Rundkolbens

Der Versuchsaufbau erfolgt nach Abb. 12. Das Wasser im Becherglas wird auf 70 – 80 °C erhitzt.

Durchführung und Beobachtung

Versuch 1: Man gibt Lösung A und Lösung B gleichzeitig in den Rundkolben, den man dann für ca. 60 Sekunden in das heiße Wasser taucht.

Die Innenseite des Rundkolbens überzieht sich vollständig mit einer spiegelnden Silberschicht.

Versuch 2: Erhitzt man in einem Reagenzglas Kupfermethanat oder Kupferformiat, so findet eine Thermolyse statt, bei der unter anderem elementares Kupfer entsteht, das sich am Glas als Kupferspiegel niederschlägt.

$(HCOO)_2\,Cu \rightarrow Cu + H_2O + CO + CO_2$

Erläuterung

Die ammoniakalische Silbernitrat-Lösung ist durch das Seignettesalz zu metallischem Silber reduziert worden.

Diese von Justus von Liebig entwickelte Methode ermöglicht die Herstellung von Spiegeln, ohne – wie bis dahin üblich – Quecksilber (T+) einsetzen zu müssen.

4.18 Goldregen

N

O

Variante 1
T+

OHP

Variante 1
5

Variante 2
4

Themen für den Unterricht

Löslichkeit, Fällungsreaktion (Niederschlag)

Geräte und Chemikalien

Variante 1: Rundkolben (100 mL) oder Petrischale, Becherglas (800 mL) mit Eiswasser
Bleinitrat T O N, Kaliumiodid, destilliertes Wasser
Variante 2: Petrischale
Bleinitrat T O N, Kaliumiodid, destilliertes Wasser

Hinweise zur Sicherheit

Bleinitrat kann über die Haut resorbiert werden und beeinträchtigt die Fortpflanzungsfähigkeit. Schüler sollten mit Bleisalzen nicht experimentieren.

Vorbereitende Arbeiten

Lösung 1: 3,3 g Bleinitrat in 50 mL destilliertem Wasser
Lösung 2: 4,0 g Kaliumiodid in 50 mL destilliertem Wasser

Durchführung und Beobachtung

Variante 1: Zu 10 mL Bleinitrat-Lösung gibt man 5 Tropfen Kaliumiodid-Lösung. Dabei entsteht ein gelber Niederschlag von Bleiiodid.
Nun erwärmt man, bis sich der Niederschlag auflöst. Taucht man anschließend das Gefäß in Eiswasser, fällt erneut Bleiiodid aus. Bei Durchleuchten entsteht der Eindruck eines »Goldregens«.
Verschließt man den Kolben mit einem Gummistopfen und versiegelt diesen mit Heißklebemasse, erhält man ein Dauerpräparat, mit dem man bei Bedarf den Versuch ohne erneuten Materialeinsatz wiederholen kann. Durch längeres Eintauchen in heißes Wasser (knapp unter dem Siedepunkt) und mehrmaligem Schütteln löst sich der Niederschlag auf; beim Eintauchen in Eiswasser entsteht der »Goldregen-Effekt« erneut.
Variante 2: Auf dem Experimentiertisch oder einem Overheadprojektor steht eine zur Hälfte mit Wasser gefüllte Petrischale. An eine Stelle des Randes gibt man eine kleine Menge Kaliumiodid, an der gegenüberliegenden Seite gleich viel Bleinitrat. Das Gefäß muss nun ruhig stehen.
Die beiden Substanzen lösen sich auf. Nach etwa einer Minute bildet sich in der Mitte des Gefäßes eine leuchtend gelbe Zone aus gefälltem Bleiiodid. [1]

Erläuterung

Kaliumiodid reagiert mit Bleinitrat zu Bleiiodid, dessen Löslichkeit stark temperaturabhängig ist.

$2\ KI + Pb(NO_3)_2 \rightarrow 2\ KNO_3 + PbI_2$

5.1 Schaugläser

Themen für den Unterricht
Polare und unpolare Flüssigkeiten, Stoffeigenschaften (Dichte, Löslichkeit)

Geräte und Chemikalien
Flasche (für Dauerpräparat) oder Standzylinder oder Kelchglas
Siehe unten (Tabelle)

Hinweise zur Sicherheit
Der Einsatz der als besonders giftig gekennzeichneten Stoffe ist nur dann zu vertreten, wenn die Schaugläser für längere Zeit hergestellt werden und dann ihre sichere Aufbewahrung gewährleistet ist.

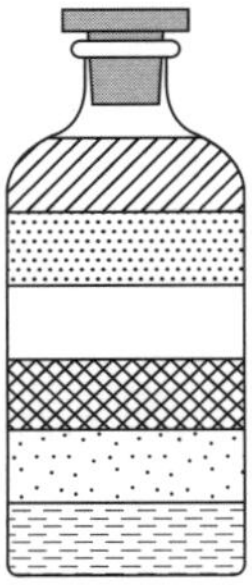

Weingeist mit Anilinblau gefärbt
gelber Lebertran
Weingeist von 0,935 g/cm^3 Dichte, farblos
mit Alkanna rot gefärbtes Rizinusöl
farbloses Glycerin
durch Mazeration von Gras grün gefärbtes Chloroform

Durchführung und Beobachtung
Will man zwei Flüssigkeiten dauerhaft übereinander schichten, müssen sie drei Voraussetzungen erfüllen: Sie müssen eine unterschiedliche Dichte haben, dürfen sich nicht ineinander lösen und bei Zimmertemperatur nicht miteinander reagieren. Soll die Flüssigkeitssäule aus mehr als zwei Schichten bestehen, sind neben der nach oben hin immer geringer werdenden Dichte abwechselnd hydro- und lipophile Eigenschaften gefordert. Dieses Prinzip wurde früher oft von Apothekern angewandt, um besonders geheimnisvolle Füllungen von Schaugläsern für das Auslagefenster herzustellen.
Folgendes Rezept soll als Anregung dienen, andere farbenprächtige Schaugläser zu entwickeln. Mit einigermaßen ruhiger Hand kann man bereits mit verschieden gefärbten und unterschiedlich dichten alkoholischen Getränken prachtvolle Schaugläser herstellen.
In der Tabelle sind die Komponenten analog zur Reihenfolge im Gefäß von oben nach unten angeordnet.

Schauglas 1 [1]	Schauglas 2 [2]	Schauglas 3 [3]
Blau: Gefärbtes Ethanol F		Benzin F oder Paraffinöl
Gelb: Gefärbter Lebertran		Wasser
Farblos: Ethanol F	Rot: Leichtbenzin F (Sudan III)	Tetrachlormethan T+ und Benzin F im Verhältnis 1:1 mischen (Dichte: 1,2 g/cm³)
Rot: Mit Alkanna gefärbtes Rizinusöl	Ethanol F [1)]	Wässrige Salzlösung (Dichte 1,4 g/cm³)
Farblos: Weißes (?) Glycerin	Gesättigte wässrige Salzlösung [1)]	Tetrachlormethan T+ (Dichte 1,6 g/cm³)
Grün: Durch Mazeration von Gras gefärbtes Chloroform Xn	Eisenpulver	Gesättigte Lösung von Zinkchlorid C N in Wasser (Dichte > 2 g/cm³)

Schauglas 4 [4]

„Strategie für 17 Schichten"

Nr.	Lös.	Dichte	Stoff
17	O	0,7	Hexan F, Oktan F
16	W	0,8	Methanol T F
15	O	0,9	Paraffinöl
14	W	1,0	Wasser
13	O	1,1	Paraffinöl + Tetrachlormethan T N
12	W	1,2	verd. Zinkchlorid-Lsg. C N
11	O	1,1	Paraffinöl + Tetrachlormethan T N
10	W	1,4	verd. Zinkchlorid-Lsg. C N
9	O	1,5	Paraffinöl + Tetrachlormethan T N
8	W	1,6	verd. Zinkchlorid-Lsg.
7	O	1,7	Tetrachlormethan T N + Bromoform T N
6	W	1,8	verd. Zinkchlorid-Lsg. C N
5	O	1,9	Tetrachlormethan T N + Bromoform T N
4	W	2,0	verd. Zinkchlorid-Lsg. C N
3	O	2,1	Tetrachlormethan T + Bromoform T N
2	W	2,2	Zinkchlorid C N + Salzsäure (konz.) C
1	O	2,9	Bromoform T N

1) Ethanol und Wasser 1:1 mischen, dann Kaliumcarbonat oder Kaliumtartrat bis zur Sättigung hinzufügen. Nun erfolgt die Trennung des Alkohol-Wasser-Gemisches (Wasser ggf. mit Eisen(III)-chlorid färben). »Ethanol ist mit Wasser unbegrenzt mischbar, nicht jedoch mit gesättigten Salzlösungen. In unserem Fall erhalten wir daher ein Ethanol-Wasser-Gemisch, das auf der gesättigten Kaliumcarbonat-Lösung schwimmt. Dieses ist mit Kohlenwasserstoffen praktisch nicht mischbar. Das feinkörnige Eisenpulver täuscht die vierte flüssige Phase vor.«
Die »Strategie der 17 Schichten« nutzt vor allem die unterschiedlichen Dichten, die sich aus bestimmten Mischungsverhältnissen zweier Lösungsmittel ergeben.
Bei sicher aufbewahrten Dauerpräparaten ist als unterste Schicht zusätzlich Quecksilber T N denkbar.

Erläuterung

Alle hier vorgestellten Schaugläser nutzen aus, dass sich Flüssigkeiten hinsichtlich ihrer Dichte und Löslichkei unterscheiden.

O

Xi

1

5.2 Buntes Gewebe

Themen für den Unterricht

Farbstoffe, Indikatoren

Geräte und Chemikalien

Bunsenbrenner, Drei- bzw. Vierfuß, Drahtnetz bzw. Ceranplatte, Thermometer, 3 Bechergläser, Tiegelzange

Kongorot, Natriumchlorid, wasserfreie Soda (Natriumcarbonat) **Xi**, ein Stück weißes Baumwoll- oder Zellwollgewebe (max. 3 g), Natronlauge **C** (w = 10 %), verdünnte Salzsäure **C** (w = 10 %)

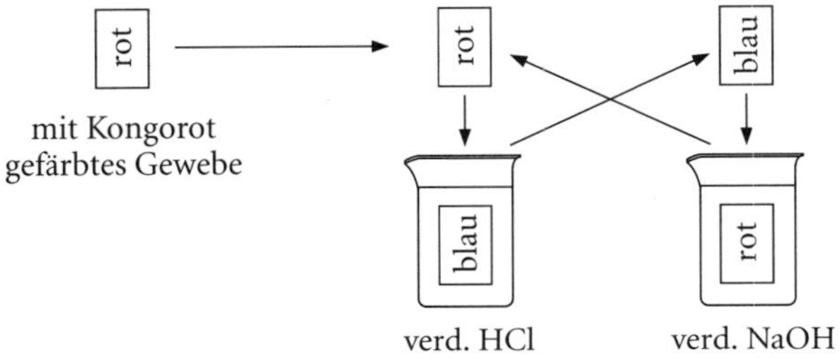

Abb. 12: Farbwechsel von Kongorot

Vorbereitende Arbeiten

Man gibt 0,2 g Kongorot in 100 mL Wasser, erhitzt bis auf 60 °C und fügt dann 15 g Natriumchlorid und 0,5 g wasserfreie Soda hinzu. Sobald diese Substanzen gelöst sind, bringt man ein Stück weißes Baumwoll- oder Zellwollgewebe in das Farbbad. Anschließend erhitzt man bis zum Sieden. Das Textilmaterial wird ca. 30 Minuten bei Siedetemperatur gefärbt, wobei man es mit einem Glasstab mehrmals wendet. Zum Schluss wäscht man das leuchtend rotgefärbte Gewebe in kaltem Wasser aus und lässt es trocknen. Ein Becherglas wird mit verdünnter Salzsäure, ein anderes mit verdünnter Natronlauge gefüllt und gut sichtbar aufgestellt.

Durchführung und Beobachtung

Mit einer Tiegelzange wird das leuchtend rote Gewebe in die verdünnte Salzsäure getaucht. Es färbt sich augenblicklich tiefblau. Nun gibt man den blaugefärbten Stoff in die verdünnte Natronlauge. Hier erfolgt ein Farbumschlag nach Rot. Bei Behandlung mit Säure wird der Stoff wieder blau etc. (siehe Abb. 12).

Durch abgestuftes Eintauchen des Stoffes in die beiden Lösungen lässt sich ein rot-blau-gestreiftes Muster herstellen.

Effektvoll ist auch folgende Färbemethode, die noch heute in Afrika angewandt wird: Man taucht weißes Baumwolltuch in eine wässrige Indigo-Lösung. Die Faser färbt sich sofort gelb. Wird das Tuch aus der Lösung herausgenommen, färbt es sich an der Luft allmählich blau.

Erläuterung

Kongorot gehört zu den substantiven Baumwollfarbstoffen, da es imstande ist, Cellulosefasern direkt, d. h. ohne Zuhilfenahme von Beize zu färben. Bei Zusatz von Mineralsäuren wird die blaue Farbsäure frei gesetzt. Daher verwendet man Kongorot als Indikator auf Mineralsäure. Der Farbumschlag erfolgt bei pH = 4.

5.3 Blaue Rose

Variante 3 T

Variante 3 N

Xn

F

O

C

Variante 3

CAM

4

Themen für den Unterricht

Farbstoffe, Säuren und Laugen (Indikatoren)

Geräte und Chemikalien

Becherglas, Standzylinder, Uhrglas

Variante 1: Aceton **F**, Ammoniak-Lösung (25 %) **C**, rote (nicht dunkelrote!), halb aufgeblühte Rose

Variante 2: Kornblume, schwach saure Lösung

Variante 3: Rote Rosen, Schwefeldioxid **T**, Chlorgas **T N** oder rote, rauchende Salpetersäure **C O**

Variante 3: Bei diesem Versuch ist größte Vorsicht geboten, da alle drei Stoffe hochgiftig sind!

Vorbereitende Arbeiten

Variante 1: Die rote Rose wird für etwa eine halbe Minute in Aceton getaucht, um die Wachsschicht auf den Rosenblättern zu entfernen. Anschließend trocknet man durch Fächeln.

In den Standzylinder gibt man einige mL Ammoniak-Lösung – so wenig, dass die Zuschauer die Flüssigkeit normalerweise nicht wahrnehmen – und deckt ihn mit einem Uhrglas ab.

Durchführung und Beobachtung

Variante 1: Man führt die Rose mit der Blüte nach unten in den Zylinder ein und positioniert sie dicht über der Flüssigkeit. Die Rose färbt sich in wenigen Sekunden blau.

Variante 2: Eine blaue Kornblume »verwandelt« sich in eine rote, wenn man sie mit dem Stängel in eine saure Lösung (z. B. Essig, Citronensäure) stellt.

Variante 3: Rote Rosen werden unter einer Glasglocke mit Schwefeldioxid **T** begast. Nach einiger Zeit erscheinen die Rosen gebleicht. Durch momentanes Einhängen der Rosen in Chlorgas **T N** oder den Dampf von roter, rauchender Salpetersäure **C O** kann das ursprüngliche Rot der Rosenblätter wieder hervorgerufen werden.

Erläuterung

Hier liegen Indikatoreffekte der Blütenfarbstoffe (Derivate des Flavylium-Systems) vor, deren Lichtabsorptionsvermögen in hohem Maße vom pH-Wert abhängig ist. In saurer Lösung erscheinen sie rot, im alkalischen Bereich blau. Es werden auch viele Zwischenfarben (z. B. beim Rotkohlsaft) erreicht.

Weitere passende Versuche

5.11

5.4 Die bunte Welt der Tomaten

Themen für den Unterricht

Säuren und Laugen (Indikatoren, pH-Wert, Titration), Doppelbindung, Bromaddition

Geräte und Chemikalien

Hoher Standzylinder (200 mL) mit Stopfen, Pipette mit Peleusball o. ä., Glasstab zum Umrühren

Tomatensaft, Bromwasser (gesättigt) **T Xi**

Hinweise zur Entsorgung

Das gelöste Brom wird mit Natriumthiosulfat-Lösung zu Bromid reduziert und kann anschließend über die Kanalisation entsorgt werden.

Durchführung und Beobachtung

Man füllt etwa 200 mL Tomatensaft in den Standzylinder. Mit der Pipette gibt man vorsichtig 10 – 15 mL Bromwasser hinzu, rührt mit dem Glasstab kurz um und beobachtet. Nach etwa einer Minute verfärbt sich der Tomatensaft derart, dass man sich an einen Regenbogen erinnert; sogar die Reihenfolge der Farben entspricht weitgehend diesem Vorbild. In dem Saft bleibt unten der tomatenrote Farbton erhalten. Darüber schließt sich eine orangefarbene Zone an, die in gelb übergeht. Es folgen eine grüne und schließlich eine blaue Zone. Mit Glück und Geschick erhält man auch ein violettes Farbband. Mit einem Stopfen verschlossen kann man den Zylinder herumzeigen.

Erläuterung

Die farbgebende Komponente im Tomatensaft ist ein Abkömmling des Carotins, das Lycopen, ein langkettiger Kohlenwasserstoff mit 11 konjugierten Doppelbindungen (Abb. links).

Das Brom bricht die Doppelbindungen auf und addiert sich. Je mehr Doppelbindungen verschwinden, desto mehr verändert sich die Farbe in Richtung orange und gelb. »Vor der Bromierung bildet sich wahrscheinlich ein Charge-Transfer-Komplex, der den blauen Farbton erzeugt.« Das Grün ergibt sich als Mischfarbe (Abb. rechts).

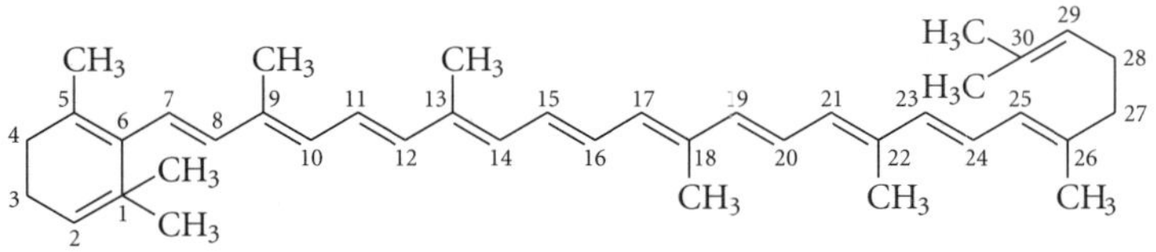

Strukturformel von Lyccopin

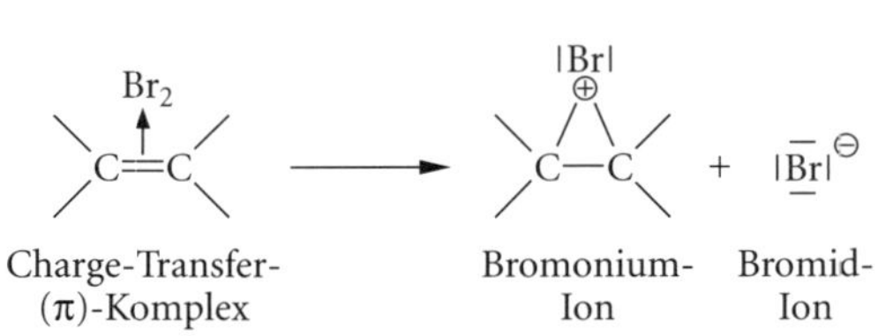

5.5 Glaslauge

Themen für den Unterricht

Glas, Löslichkeit, Säuren und Laugen (Indikator, pH-Wert)

Geräte und Chemikalien

Glasrohr (Länge ca. 20 cm, Ø 6 bis 8 mm), Gasbrenner
Universalindikator-Lösung

Durchführung und Beobachtung

Man erhitzt den mittleren Bereich der Glasrohres (ca. 2 cm) über der Gasflamme bis zur Schmelze und erzeugt anschließend durch rasches Auseinanderziehen eine möglichst lange Kapillare; die dickeren Rohrenden werden nicht entfernt. Viele Zuschauer werden sich nicht vorstellen können, dass es sich bei dem biegsamen, dünnen Material immer noch um einen Hohlkörper handelt, durch den Flüssigkeit laufen kann.
Unter dem Vorwand, dass man die rote Flüssigkeit besser sehen könne, tropft man Universal-Indikator-Lösung in das obere Ende des senkrecht hängenden Rohres.
Die Flüssigkeit fließt langsam nach unten. Dabei verfärbt sie sich je nach Länge des Glasrohres und Art des Materials von oben nach unten vom ursprünglichen Rot über Gelb nach Grün.

Erläuterung

Eine Glaskapillare ist ein sehr dünnes Rohr.
Glas löst sich außerordentlich schlecht in Wasser (es gilt als unlöslich). Da die Flüssigkeit in diesem Fall jedoch mit einer sehr großen Oberfläche in Kontakt kommt, tritt ein mit dem Indikator nachweisbarer Effekt ein. Die Verfärbung der ehemals roten Indikatorlösung (sauer) nach gelb (schwach sauer) oder grün (neutral) zeigt, dass Glas OH^--Ionen abgibt.

F

Xi

Variante 2 Xn

Variante 2 N

CAM

Variante 1 SV

3

5.6 Das Bunte im Schwarzen und im Grünen

Themen für den Unterricht

Stoffgemische trennen, Chromatographie

Geräte und Chemikalien

Versuch 1.1 und 1.2: Filterpapier, Kristallisierschale oder kleines Becherglas
Schwarzer Filzschreiber (wasserlösliche Tinte), Kugelschreiber Wasser, Aceton **F Xi**
Versuch 2: Tafelkreide, Mörser, Pistill, feiner Sand, Becherglas (50 mL)
Aceton **F Xi**, Hexan **F Xn N**

Durchführung und Beobachtung

Versuch 1.1: Papierchromatographie wasserlöslicher Filzschreibertusche

Auf die Mitte eines Rundfilterpapiers (Ø 7 bis 10 cm) malt man mit einem Filzmaler (schwarze, wasserlösliche Tusche) einen kleinen Fleck. Anschließend wird diese Stelle durchbohrt, so dass sie einen Docht aufnehmen kann, der zuvor aus einem halbierten Rundfilterpapier gerollt wurde. Dieses einem Pilz ähnliche Gebilde legt man derart auf eine mit Wasser gefüllte Kristallisierschale, dass der Docht in das Wasser taucht.

Mit der Zeit breiten sich vom Zentrum her Farbringe aus. Die Farbkomposition hängt von Fabrikat des verwendeten Filzmalers ab und ist gerade bei schwarzer Tusche überraschend.

Versuch 1.2: Papierchromatographie von Kugelschreibertinte

Der Versuchsaufbau ist identisch. Anstelle des Filzschreiberflecks kommt blaue Kugelschreibertinte zum Einsatz, als Fließmittel verwendet man Aceton.

Vergleicht man die Chromatogramme, wird man erhebliche Unterschiede zwischen einzelnen Fabrikaten feststellen. Das gilt auch dann, wenn die Farbkleckse zu Beginn identisch aussahen.

Versuch 2: Säulenchromatographie von »Grasfarbstoff«

In einem Mörser zerreibt man zusammen mit etwas Sand frische Grasblätter. Später kommt Aceton-Hexan-Gemisch hinzu. Man nimmt möglichst wenig, da der Farbextrakt konzentriert sein sollte. Der Extrakt kommt in ein kleines Becherglas.

Nun stellt man ein Stück Kreide in den grünen Extrakt. Im Laufe einiger Minuten steigt die Flüssigkeit mehrere Zentimeter hoch und trennt sich dabei in zwei sichtbare Komponenten. Den größten Anteil nimmt die untere Zone des grünen Farbanteils ein, ganz oben ist je nach Grassorte und Jahreszeit ein gelber Ring zu erkennen. Die unterschiedliche Zusammensetzung der Gras- und Blattfarbstoffe in Abhängigkeit von Art, Jahreszeit und Standort (Sonnenschein!) ergibt eine Vielzahl möglicher Untersuchungsergebnisse.

Erläuterung

Tinten und Tuschen aus Faserschreibern und Kugelschreibern sowie der grüne Farbstoff von Gräsern und Blättern bestehen aus mehreren Komponenten, die sich farblich unterscheiden. Der grüne Anteil des Grasfarbstoffes enthält Chlorophyll, der gelbe Xanthophyll.

Die Chromatographie nutzt die unterschiedliche Geschwindigkeit, mit der die gelösten Stoffe vom Fließmittel (mobile Phase) durch die stationäre (hier: Filterpapier bzw. Tafelkreide) transportiert werden. Entscheidend für die Geschwindigkeit ist nicht etwa die Teilchengröße, sondern das Adsorptionsverhalten der Bestandteile.

Xn

5.7 Bunte Schrift

Themen für den Unterricht

Chemische Reaktionen (Basisthema), Nachweisreaktionen

Geräte und Chemikalien

Ein Bogen saugfähiges Papier, feiner Pinsel, Bechergläser, Zerstäuber, ggf. eine leere Patrone für Tintenstrahldrucker und das dazu gehörende Gerät
Kaliumhexacyanoferrat(II), Ammoniumthiocyanat **Xn**, Eisen(III)-chlorid-6-Hydrat **Xn**, destilliertes Wasser

Vorbereitende Arbeiten

Folgende Lösungen werden hergestellt:
Lsg. A: 3 g Kaliumhexacyanoferrat(II) in 100 mL destilliertem Wasser
Lsg. B: 1 g Ammoniumthiocyanat in 100 mL destilliertem Wasser
Lsg. C: 4 g Eisen(III)-chlorid-6-Hydrat in 100 mL destilliertem Wasser
Man beschriftet einen großen Bogen saugfähiges Papier mit Lsg. A und Lsg. B und lässt ihn trocknen; Lsg. C gibt man in einen Zerstäuber.
Für eine attraktive Variante benötigt man eine ausgediente, gründlich mit Wasser durchspülte Patrone eines Tintenstrahldruckers, die man mit einer Spritze mit Lösung A oder Lösung B befüllt. Hierfür eignen sich aber nur diejenigen Fabrikate, bei denen der Drukkkopf mit eingebaut ist. Eventuell kann man sogar eine Farbpatrone mit beiden Lösungen in getrennten Kammern präparieren. Nun kann man per Computer und Drucker beliebige Motive zu Papier bringen. [1]

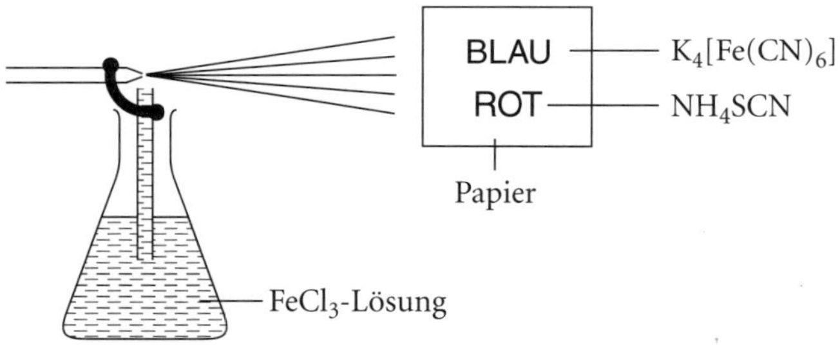

Abb. 13: Bunte Schrift

Durchführung und Beobachtung

Man besprüht den gut sichtbar aufgehängten Bogen Papier mit Lösung C.
Das zuvor unsichtbare Motiv erscheint in intensiv blauer und roter Farbe. Der Hintergrund färbt sich gelb.

Erläuterung

Vereinigt man eine Lösung des gelben Blutlaugensalzes mit einer gleichmolaren Lösung eines Eisen(III)-salzes, so entsteht das kolloid gelöste »lösliche Berlinerblau«:

$K^+ + Fe^{3+} + Fe^{II}(CN)_6^{4-} \rightarrow K[Fe^{III}Fe^{II}(CN)_6]$

Die intensive blaue Farbe beruht auf der gleichzeitigen Anwesenheit zweier Wertigkeitsstufen des gleichen Elements in ein und demselben komplexen Ion.
Bei Zugabe überschüssiger Eisen(III)-Ionen zu einer Lösung des gelben Blutlaugensalzes entsteht das »unlösliche Berlinerblau«:

$4\ Fe^{3+} + 3\ Fe^{II}(CN)_6{}^{4-} \rightarrow Fe^{III}[Fe^{III}Fe^{II}(CN)_6]_3$

Rhodanid-Lösung (Thiocyanat-Lösung) färbt sich bei Zugabe von Eisen(III)-Salzen blutrot:

$[Fe(H_2O)_6]^{3+} + 3\ SCN^- \rightarrow [Fe(SCN)_3(H_2O)_3] + 3\ H_2O$

Weitere passende Versuche

5.8, 5.9, 5.10, 5.12, 5.13

Variante 1 **Xn**
Variante 2 **Xn**
CAM
Variante 1 **(SV)**
Variante 1 2
Variante 2 1

5.8 Sympathetische Tinte

Themen für den Unterricht

Kristallwasser, Salze, Wassernachweis

Geräte und Chemikalien

Versuch 1: Saugfähiges Papier, weiße Papierblume, Pinsel, Porzellanschale, Wasserzerstäuber, Heizplatte oder Föhn
Cobalt(II)-chlorid **Xn**, destilliertes Wasser
Versuch 2: Papier (holzhaltig und holzfrei), konzentrierte Schwefelsäure **C**

Vorbereitende Arbeiten

Versuch 1: In einer Porzellanschale wird eine stark verdünnte Cobalt(II)-chlorid-Lösung hergestellt. Mit dieser Lösung beschriftet man ein Stück saugfähiges Papier, bzw. tränkt man eine weiße Papierblume. Das aufgenommene Kobaltsalz ist kaum sichtbar.

Durchführung und Beobachtung

Versuch 1: Das beschriftete Papier (Papierblume) wird in die Nähe einer Wärmequelle gebracht (Fön, Heizplatte). Die Schrift erscheint mit kräftig blauer Farbe (die weiße Papierblume wird blau).
Anschließend befeuchtet man das Blatt Papier (Papierblume) mit einem Wasserzerstäuber. Die Schrift verschwindet (die Papierblume wird wieder weiß). Dieser Versuch lässt sich mehrmals wiederholen.
Mit einem Glasstab oder einer engen Pipette als »Stift« und konzentrierter Schwefelsäure **C** als »Tinte« schreibt man auf Papier (holzhaltig bzw. holzfrei im Vergleich). Nach kurzer Zeit wird die Schrift sichtbar. Äußerste Vorsicht beim Arbeiten mit konzentrierte Schwefelsäure!

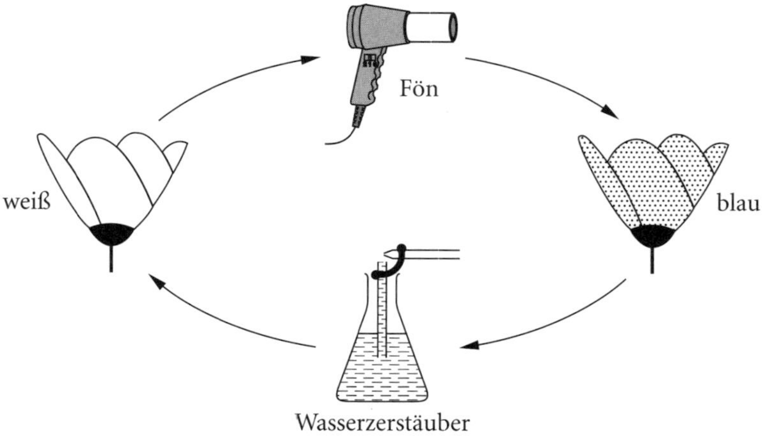

Abb. 14: Mit Kobalt(II)-chloridlösung getränkte Papierblume

Erläuterung

Versuch 1: Wasserfreies Cobaltchlorid $CoCl_2$ ist blau. Das andere Extrem, das wasserhaltige Cobaltchlorid-6-Hydrat $CoCl_2 \cdot 6\ H_2O$, ist rot.

Erläuterung: $$CoCl_2 \cdot 6\,H_2O \xrightarrow{+\ 35\ °C} \underset{\text{blau}}{CoCl_2} + 6\,H_2O$$

Dazwischen gibt es noch verschiedene Übergangsstufen: $CoCl^2 \cdot H_2O$ blauviolett, $CoCl_2 \cdot 1½\ H_2O$ dunkelblauviolett, $CoCl_2 \cdot 2\ H_2O$ rosaviolett, $CoCl_2 \cdot 4\ H_2O$ pfirsichblütenrot
Da wasserfreies Cobalt(II)-chlorid sehr hygroskopisch ist, rötet es sich bald an der Luft.
Versuch 2: Konzentrierte Schwefelsäure zersetzt Papier – besonders schnell dann, wenn dieses holzhaltig ist.

Weitere passende Versuche

5.7, 5.9, 5.10, 5.12, 5.13

Xn
O
T+
C
!!!
CAM
5

5.9 Wärmeempfindliche Bilder

Themen für den Unterricht

Farbstoffchemie, Komplexe

Geräte und Chemikalien

Technische Präzisionswaage, einige Bechergläser (150 – 200 mL), Glasstab, Filtriermaterial, Mineralfaserpappe, Spatel, Wärmequelle (Laborheizplatte, Heizstrahler)
Kaliumiodid, destilliertes Wasser, Quecksilber(II)-iodid **T**, Silber(I)-nitrat **C O**, Kupfer(II)-sulfat **Xn**, Schwefeldioxid **T** (aus Stahlflasche oder selbst hergestellt)

Hinweise zur Sicherheit

Die Empfehlungen zum Arbeiten mit Quecksilber und seinen Verbindungen im Kapitel Hinweise zu den Versuchen sind zu beachten. Quecksilber(II)-iodid ist sehr giftig. Innerlich wirken schon 0,06 g giftig und 0,25 g tödlich!
Vorsicht beim Arbeiten mit Schwefeldioxid! Es wirkt ätzend auf Augen- und Schleimhäute der Atemwege. Milligramm-Mengen je Liter Luft können schon zu tödlichen Vergiftungen führen. Der stechende Geruch dieses farblosen Gases warnt allerdings für gewöhnlich vor der Einatmung.

Vorbereitende Arbeiten

Zunächst zwei historische Anleitungen. Bitte den Hinweis unten im dritten Absatz beachten!
Herstellung des Komplexsalzes Silbertetraiodomercurat(II)
Man löst 3,3 g Kaliumiodid in 25 mL destilliertem Wasser. Unter Rühren gibt man 4,5 g Quecksilber(II)-iodid hinzu. Nach dessen vollständiger Auflösung filtriert man in ein weiteres Becherglas. Dazu kommt tropfenweise Silber(I)-nitratlösung (3,4 g Silber(I)-nitrat **C, O** in 25 mL destilliertem Wasser). Während der Niederschlag entsteht, rührt man mit einem Glasstab um.
Den Niederschlag filtriert man durch ein Faltenfilter. Mit destilliertem Wasser wäscht man nach.
Herstellung des Komplexsalzes Kupfer(I)-tetraiodomercurat(II)
Man löst 3,3 g Kaliumiodid in 25 mL destilliertem Wasser. Darin löst man unter Rühren 4,5 g Quecksilber(II)-iodid **T**. Die Lösungfiltriert man in ein Becherglas. Zu dem klaren Filtrat gibt man unter Rühren eine Kupfer(II)-sulfat-Lösung (5 g Kupfer(II)-sulfat **Xn** in 35 mL Wasser). Mit einem Glasrohr leitet man reichlich Schwefeldioxid **T** (Gasflasche oder selbst hergestellt) ein.
Ein leuchtend roten Niederschlag entsteht. Diesen filtriert man nach 10 Minuten (Faltenfilter).
Mit den beiden noch feuchten Präparaten zeichnet auf Mineralfaserpappe ein Bild, das dann vorsichtig unter einem Wärmestrahler getrocknet wird.
Falls keine Stahlflasche mit Schwefeldioxid **T** vorhanden ist, wird dieses Gas durch Einwirkung von Schwefelsäure (w = 50 %) **C** auf eine gesättigte Natriumhydrogensulfit-Lösung **C** hergestellt.

Durchführung und Beobachtung

I. Die bemalte Mineralfaserpappe wird in die Nähe einer starken Wärmequelle (Heizstrahler, Laborheizplatte) gebracht.

Die beiden Farben des Bildes verändern sich. Die gelbe Farbe wird orange, die rote schwarz.

II. Anschließend lässt man das Bild abkühlen.

Die ursprünglichen Farben kehren wieder. Dieser Versuch lässt sich mehrmals wiederholen

Erläuterung

Silbertetraiodomercurat(II), $Ag_2[HgI_4]$ T, ist ein goldgelbes Pulver, das beim Erhitzen über 158 °C in seine Komponenten zerfällt. Das Komplexsalz kommt in zwei enantiotropen Modifikationen, einer gelben und einer orangen Form, vor. Der Umwandlungspunkt liegt bei 35 °C:

$$Ag_2[HgJ_4]_{hellgelb} \overset{35°}{\leftrightarrows} Ag_2[HgJ_4]_{orange}$$

Analoge Farbänderung beim Erhitzen zeigt auch das Kupfer(I)-tetraiodomercurat(II).

$$Cu_2[HgJ_4]_{rot} \overset{71°}{\leftrightarrows} Cu_2[HgJ_4]_{schwarz}$$

Weitere passende Versuche

5.7, 5.8, 5.10, 5.12, 5.13

C

(F)

CAM

1

5.10 Unbeständige Schrift

Themen für den Unterricht

Säuren und Laugen (Indikatoren, pH-Wert), Gleichgewicht

Geräte und Chemikalien

Variante 1: Bogen Papier, feiner Pinsel, Waschflasche, Handgebläse
Konzentrierte Ammoniak-Lösung C, Phenolphthalein-Lösung F
Variante 2 (»Vergängliche Liebe«): Filterpapier (Rundfilter), feiner Pinsel oder Glasstab
Konzentrierte Ammoniak-Lösung C, konzentrierte Essigsäure C, Phenolphthalein-Lösung F

Vorbereitende Arbeiten

In die Waschflasche gibt man etwas konzentriertes Ammoniakwasser, an das Einleitungsrohr befestigt man ein Handgebläse.
Man beschriftet ein Blatt Filterpapier mit Phenolphthalein-Lösung und lässt es so weit oberflächlich trocknen, dass die farblose Schrift nicht mehr zu sehen ist. Das beschriftete Papier wird gut sichtbar aufgehängt.

Durchführung und Beobachtung

Man leitet mit Hilfe des Handgebläses einen Luftstrom durch die Ammoniak-Lösung und hält die Öffnung der Flasche gegen das Papier.
Die mit Phenolphthalein beschriebenen Stellen werden mit leuchtend roter Farbe sichtbar. Nach einiger Zeit verblasst die Schrift und der Bogen Papier ist wieder farblos. Dieser Versuch kann beliebig oft wiederholt werden.

Erläuterung

In Wasser gelöstes Ammoniak reagiert alkalisch:
$NH_3 + HOH \leftrightharpoons NH_4^+ + OH^-$.
Das Gleichgewicht dieser Reaktion liegt ganz auf der linken Seite. Wird dem obigen Gleichgewicht Ammoniak oder Wasser entzogen, so verlagert es sich noch weiter nach links und die basische Wirkung gegenüber Phenolphthalein geht schließlich verloren.
Variante „Vergängliche Liebe" [1]
Auf ein Stück Filterpapier wird mit Phenolphthtalein-Lösung ein Doppel-Herz samt Pfeil gemalt. Über konzentrierte Ammomiak-Lösung gehalten färbt sich das bis dahin kaum sichtbare Gemälde rot. Längere Zeit an der Luft gehalten oder angehaucht verblasst das Bild wieder; besonders schnell dann, wenn man es über eine geöffnete Flasche mit konzentrierter Essigsäure C hält.

Weitere passende Versuche

5.7, 5.8, 5.9, 5.10, 5.12, 5.13

5.11 Rotkohl und schwarzer Tee in regionalen Varianten

Themen für den Unterricht

Säuren und Laugen (Indikatoren, pH-Wert)

Geräte und Chemikalien

Versuch 1: Mehrere Bechergläser oder Reagenzgläser, ggf. Standzylinder
Kohlgewächs aus rötlich-bläulichen Blättern (je nach Region Blaukohl, Rotkohl oder Rotkraut), verdünnte Salzsäure (w = 2 – 10 %) C und Natronlauge (w = 2 – 10 %) C, ggf. destilliertes Wasser
Versuch 2: Mehrere Bechergläser oder Reagenzgläser, ggf. Standzylinder, Heizplatte oder andere Wärmequelle
Schwarze Teeblätter, verdünnte Salzsäure (w = 2 – 10 %) C und Natronlauge (w = 2 – 10 %) C, ggf. destilliertes Wasser

Vorbereitende Arbeiten

Versuch 1: Rotkraut wird klein geschnitten und einige Zeit in nicht allzu viel Wasser eingeweicht, um eine intensive Farblösung zu erhalten. Sobald das Ergebnis befriedigt, dekantiert man die Lösung zur weiteren Verwendung. Deren Färbung kann je nach Qualität des Leitungswassers zwischen blau und violett liegen.
Im Gegensatz zu den in den meisten Versuchsanleitungen geäußerten Hinweisen kann man sich den Aufwand ersparen, das Kohl-Wasser-Gemisch zu erhitzen und anschließend zu filtrieren.
Versuch 2: Man bereitet nach dem üblichen Verfahren einen Extrakt aus schwarzen Teeblättern in mittlerer Trinkstärke zu und verteilt diesen auf drei Bechergläser.

Durchführung und Beobachtung

Versuch 1: Rotkohlfarbstoff als Indikator
Mehrere Becher- oder Reagenzgläser werden zu zwei Drittel mit dem Rotkohl-Farbextrakt gefüllt. Nun verfährt man wie mit dem Universal-Indikator aus dem Labor; nur die Mengenverhältnisse zwischen Indikator und Säure bzw. Lauge sind umgekehrt. Die Färbung hängt vom pH-Wert ab:
kirschrot (stark sauer), rötlich-violett (schwach sauer), violett (neutral), blau (schwach alkalisch), grün (mittelstark alkalisch), gelb (stark alkalisch)
Mit etwas Geschick kann man eine »Farborgel« aus nebeneinander gestellten Reagenzgläsern oder Standzylindern mit unterschiedlich gefärbten Lösungen präsentieren. Schöne Farbspiele ergeben sich, wenn man den Rotkohlextrakt vorsichtig in einen hohen Standzylinder füllt, auf dessen Boden zuvor feste Citronensäure gegeben wurde und anschließend von oben langsam verdünnte Lauge hineinfließen lässt.
Versuch 2: Teefarbstoff als Indikator
Becherglas 1 dient als Referenz.

Zu dem im Becherglas 2 aufbewahrten Tee gibt man einige mL Säure. Deren aufhellende Wirkung kennen die Zuschauer, falls sie Tee mit Zitrone bevorzugen.
Der Tee in Becherglas 3 erhält einige mL verdünnte Natronlauge und wird deutlich dunkler – fast schwarz, so dass er nun seinem Namen gerecht wird. Man kann dies zuvor als »wenig empfehlenswertes Verfahren übertrieben ökonomisch orientierter Gastwirte« schildern, die Teeblätter ein zweites Mal aufbrühen und anschließend das Produkt optisch aufwerten wollen.
Es gibt viele weitere Lebensmittel, die sich als Indikatoren eignen: Saft von (Blut-)Orangen, Schalen von Radieschen, Tomatenmark oder -saft, Hagebuttentee, diverse Fruchtsäfte, diverse Blüten usw.

Erläuterung

Oft sind die in pflanzlichen Farbstoffen enthaltenen Anthocyane für die pH-abhängige Färbung verantwortlich. Im Falle des Rotkohls bzw. Blaukrauts und auch des Tees, an den ein echter Friese allenfalls Rum lässt, könnten tatsächlich regional typische Zubereitungsarten oder der pH-Wert des verwendeten Wassers auf die landestypische Bezeichnung Einfluss haben.

Weitere passende Versuche

5.3

F

SV

5.12 Zaubertintenfleck

Themen für den Unterricht
Indikatoren, Kohlenstoffdioxid, Säuren und Laugen

Geräte und Chemikalien
weißes Tuch, ggf. UV-Licht-Quelle (ungefährlich: Geldschein-Prüfgerät), ggf. Trockeneis
Thymolphthaleinblau-Lösung **F**, Phenolphthalein-Lösung **F**

Durchführung und Beobachtung
Auf ein weißes Tuch wird etwas Thymolphthaleinblau getropft; ein tiefblauer Fleck entsteht. Nun wedelt man mit der Hand Luft über den Fleck oder man haucht darauf. Gibt man einen Splitter Trockeneis in das Tuch, so verschwindet der Fleck schneller. Als rote Zaubertinte eignet sich eine schwach alkalische Lösung von Natriumhydrogencarbonat mit Phenolphthalein.
Der blaue Farbfleck verschwindet langsam. In UV-Licht ist der Fleck wieder zu sehen.

Erläuterung
Der Indikator Thymolphthalein ist im sauren Bereich farblos, im alkalischen blau. Den Farbwechsel im vorliegendem Versuch ruft das in der Luft bzw. im Atem enthaltene Kohlenstoffdioxid hervor.

Hinweise zur Präsentation
»Zufällig« Thymolphthalein auf ein weißes Kleidungsstück schütten. »Zum Glück« ist der Fleck leicht zu entfernen.

Weitere passende Versuche
5.7, 5.8, 5.9, 5.10, 5.13

5.13 Elektrisch schreiben und radieren

Themen für den Unterricht

Elektrochemie, Elektrolyse, Indikatoren, Säuren und Laugen

Geräte und Chemikalien

Stromversorgungsgerät mit bis zu 24 V Gleichspannung, Edelstahlblech beliebiger Größe, zwei Experimentierkabel, zwei Krokodilklemmen, Filterpapier, ggf. für Tintenstrahldrucker vorgesehene OHP-Folie
Natriumchlorid, Phenolphthalein- oder Thymolphthalein-Lösung **F**

Vorbereitende Arbeiten

Zuerst werden ca. 100 mL konzentrierte Natriumchlorid-Lösung hergestellt, zu der man einige mL Indikator-Lösung gibt. Damit wird ein Filterpapier getränkt und auf das Edelstahlblech gelegt.

Durchführung und Beobachtung

»Schreibmodus«
Das Blech wird über eine Krokodilklemme mit dem Pluspol der Stromquelle verbunden. Das eine Ende des zweites Kabel ist am Minuspol angeschlossen, mit dem anderen Ende bzw. einer daraufgesteckten Krokodilklemme »schreibt« man auf der Papieroberfläche. Je nach Indikator hinterlässt der »Stift« leuchtend rote oder tiefblaue Spuren.
Störende Schwärzungen gehen auf eine eventuell zu starke Wärmewirkung des elektrischen Stroms zurück; in diesem Fall sollte man die Spannung reduzieren. Umgekehrt muss man eine höhere elektrische Spannung wählen, falls der »Schreibeffekt« ausbleibt.
Radiermodus
Das Blech wird mit dem Minuspol, der Schreibstift mit dem Pluspol verbunden. Wenn man nun mit dem Stift eine zuvor »beschriftete« Fläche berührt, verschwindet die Farbe; allenfalls eine leicht gelblich-gründliche Spur ist noch zu erkennen.
Beide Vorgänge lassen sich einige Male wiederholen.
In abgewandelter Form lassen sich die Versuche einem größeren Publikum mit dem Overhead-Projektor präsentieren. Auf das Blech wird verzichtet, und anstelle des Papiers kommt eine für Tintenstrahldrucker geeignete Folie zum Einsatz. Die Folie wird zunächst mit einem etwa 1 cm breiten Rand aus dünnem Kupferblech eingefasst; über Krokodilklemme und Kabel erfolgt der Kontakt zum Stromversorgungsgerät. Die konzentrierte Salz-Indikator-Lösung wird sparsam, dabei aber deckend, auf die beschichtete Seite der Folie aufgetragen. Nun verfährt man wie üblich, wobei der Blechrahmen die Rolle des Edelstahlblechs übernimmt.

Erläuterung

Das bekannte Prinzip des Polreagenzpapiers wird hier in größerem Maßstab angewandt. Basis ist die Elektrolyse der Natriumchlorid-Lösung.

Für die farbigen Spuren ist die Reaktion am Minuspol verantwortlich, bei der Wasserstoffionen ausgeschieden werden, so dass OH^--Ionen übrig bleiben und eine alkalische Reaktion bewirken.
Der Indikator zeigt die Lauge an.
Das »Radieren« übernimmt die am Pluspol entstehende Chlorgas-Lösung: $2\ Cl^- - 2\ e^- \rightarrow Cl_2$

Weitere passende Versuche
5.7, 5.8, 5.9, 5.10, 5.12

T Xn N CAM

5.14 Nobilische Ringe

Themen für den Unterricht

Elektrochemie, Elektrolyse, Indikatoren, Säuren und Laugen

Geräte und Chemikalien

Glasschale, passende Platte oder Blech aus Messing, Kupferdraht, Platindraht, Stromquelle (Stromversorgungsgerät oder Akkumulator), Experimentierkabel, Krokodilklemmen, Stativmaterial

Aceton F, Blei(II)-acetat T N, Kupfer(II)-sulfat Xn N, ein Mangansalz (Mangan(II)-acetat Xn, Mangan(II)-sulfat Xn N oder Mangan(II)-chlorid Xn)

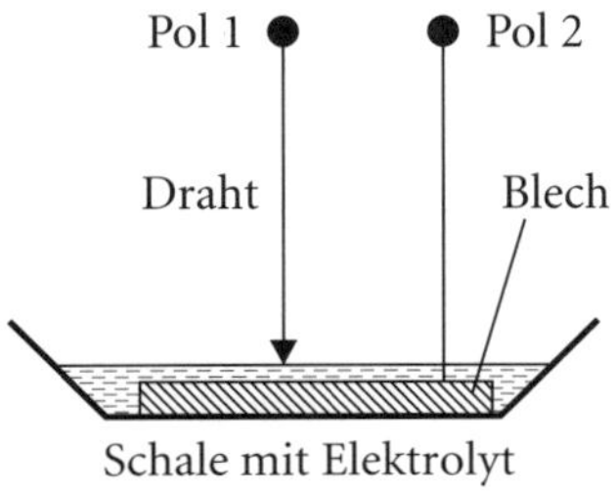

Vorbereitende Arbeiten

Die Messingplatte wird gründlich mit Aceton gereinigt.

Durchführung/Beobachtung

Auf dem Boden der Glasschale liegt das gereinigte Blech. Darüber gießt man so viel von der ausgewählten Lösung (siehe Tabelle weiter unten), bis das Blech etwa 1 – 2 cm hoch davon bedeckt ist. Nun verbindet man die Metallplatte über ein Experimentierkabel mit Krokodilklemme je nach Wunsch mit dem Plus- oder Minuspol der Stromquelle. Ein Kupferdraht wird mit dem anderen Pol der Stromquelle verbunden. Das freie Ende taucht in die Elektrolyt-Lösung zentral über der Platte, ohne diese zu berühren. Der erwartete Vorgang nimmt recht viel Zeit in Anspruch. Aus diesem Grund sollte der Draht mit einer Haltevorrichtung (Stativ) fixiert werden. Die optimale elektrische Gleichspannung muss ausprobiert werden; sie hängt von der Konzentration der Lösung und dem Abstand zum Blech ab. Nach längerer Zeit entstehen auf dem Blech irisierende, regelmäßige Farbringe.

Polung und Material des Drahtes	Polung der Platte	Elektrolyt	Effekt
Kupfer (Anode)	Minus	starke Bleiacetat-Lösung	konzentrische, farbige Ringe
Platin (Anode)	Minus	starke Kupfersulfat-Lösung	drei bis vier hellrote Ringe
Platin (Kathode)	Plus	starke Kupfersulfat-Lösung	vier bis fünf helle und dunkle Ringe
Kupfer oder Platin (Kathode)	Minus	Wahlweise Lösung (8 – 10 %) von Mangan(II)-acetat, -sulfat oder -chlorid	Ringe in der Reihenfolge der Spektralfarben

Erläuterung

1826 entwickelte der Physiker Nobili dieses Experiment. Der Effekt ist auf den bei der Elektrolyse entstehenden Sauerstoff zurückzuführen. Dieser oxidiert die Metallplatte; die entstehende Oxidschicht ist sehr dünn und bewirkt ähnlich wie Ölspuren in Wasser oder Seifenblasen Interferenzfarben.

5.15 Mineralisches Chamäleon

Xn

C

O

Variante 2
F

CAM

Themen für den Unterricht

Redox-Reaktionen (Oxidationsstufen), Mangan-Verbindungen

Geräte und Chemikalien

Versuch 1: Schmales, hohes Becherglas (1 L), 3 Reagenzgläser, Reagenzglasständer, Pipette mit Peleusball
Natronlauge (w = 50 %) **C**, Kaliumpermanganat **O Xn**, Natriumformiat, Schwefelsäure (w = 50 %) **C**, Natriumsulfit, destilliertes Wasser
Versuch 2: Becherglas (500 mL)
Isopropanol **F**, t-Butylchlorid **F**, 4 mL Universalindikator-Lösung, verdünnte Natronlauge (w = 10 %) **C**
Ergänzungsversuch 1 (erläutert Versuch 1): Reagenzglas oder Standzylinder
Natronlauge (w = 50 %) **C**, Kaliumpermanganat **O Xn**, Natriumformiat (Natriummethanat)
Ergänzungsversuch 2 (erläutert Versuch 1): Reagenzglas
Grüne und violette Lösung aus Versuch 1, Natriumformiat (Natriummethanat)

Vorbereitende Arbeiten

Folgende Lösungen werden hergestellt:
Lsg. A: 1 g Kaliumpermanganat wird in 300 mL Wasser gelöst. Von dieser Lösung gibt man 10 mL in das Becherglas, welches dann mit Wasser aufgefüllt wird.
Lsg. B: In ein Reagenzglas gibt man eine Lösung von 10 mL Natronlauge (w = 50 %) und 10 mL Natriumformiat-Lösung (w = 1 %).
Lsg. C: 10 mL Schwefelsäure (w = 50 %)
Lsg. D: 5 mL Natriumsulfit-Lösung (w = 1 %)

Durchführung und Beobachtung

I: Die alkalische Natriumformiat-Lösung wird in einem Schwung in die Kaliumpermanganat-Lösung gegossen (nicht umrühren). Die alkalische Natriumformiat-Lösung sinkt nach unten.
Nach kurzer Zeit verfärbt sich die Kaliumpermanganat-Lösung von unten beginnend blau. Die blaue Farbe schlägt allerdings nach einiger Zeit – wieder von unten nach oben fortschreitend – in eine grüne Farbe um. Nur noch ein schmaler, blauer Streifen bleibt zwischen der grünen und violetten Schicht bestehen.
II: Sobald die untere Hälfte der Lösung grün gefärbt ist, unterschichtet man sie mit der halbkonzentrierten Schwefelsäure. Dazu taucht man die mit Schwefelsäure gefüllte Pipette in die Lösung, hält ihre Spitze ca. 3 cm über den Boden des Gefäßes und drückt dann die Säure heraus. Man kann die Schwefelsäure auch vorsichtig am Rand des Gefäßes herabfließen lassen, allerdings wird dabei etwas violette Kaliumpermanganat-Lösung mit nach unten gerissen; auch gerät die Farbschichtung in Bewegung und vermischt sich eventuell etwas.

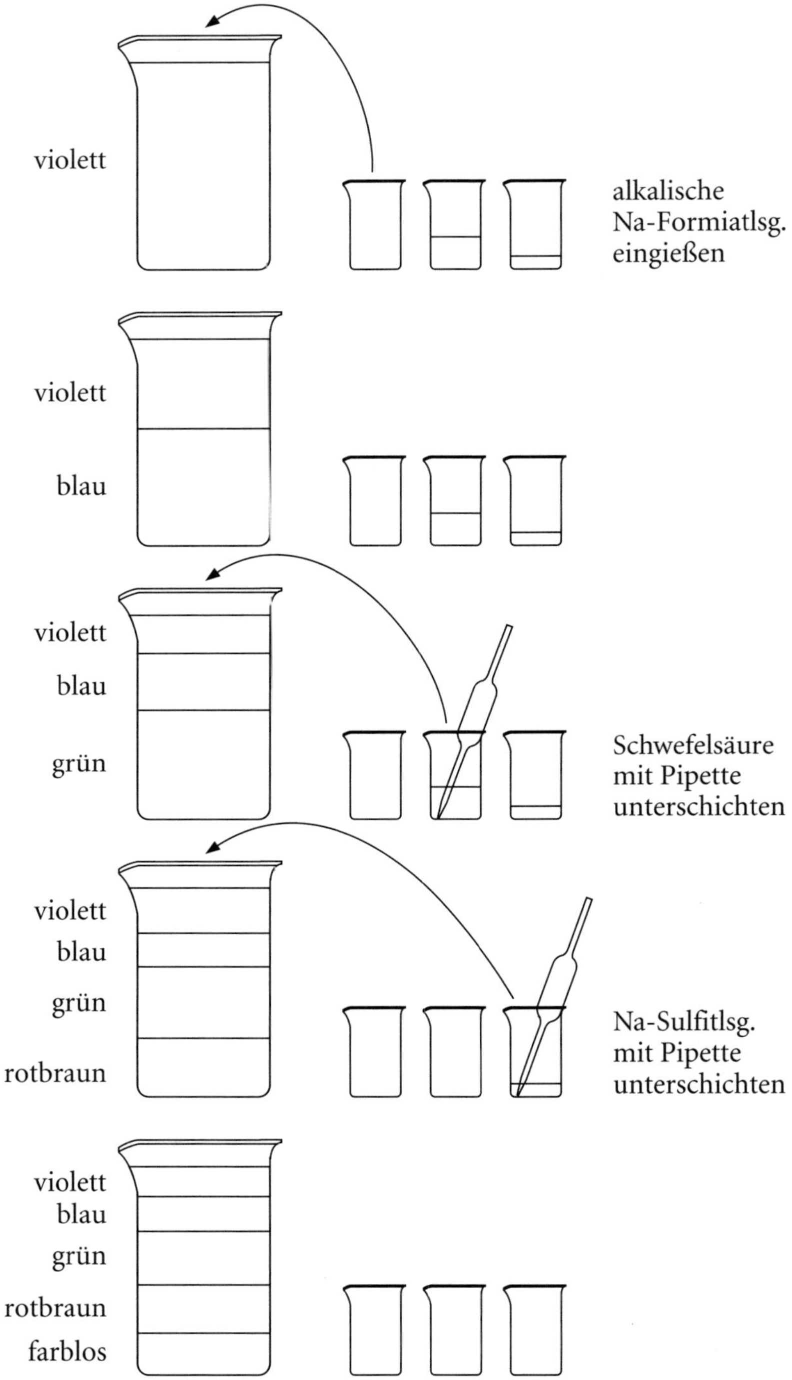

Abb. 14: Mineralisches Chamäleon

Der untere Teil der grünen Farbschicht färbt sich rotbraun. Oberhalb der rotbraunen Farbe befindet sich eine kaum sichtbare, schmale, braune Zone.
III: Man unterschichtet mit einer Pipette vorsichtig die Natriumsulfit-Lösung.
Der untere Teil der rotbraunen Schicht wird entfärbt.
Versuch 2: Eine andere »Spezies Chamäleon« erhält man bei folgendem Versuch: Isopropanol **F** und Wasser werden im Verhältnis 1:1 gemischt und in ein 500 mL-Becherglas gefüllt. Zu dieser Lösung gibt man unter Umrühren 1 mL t-Butylchlorid **F**, 4 mL Universalindikator-Lösung und ein oder zwei Tropfen 1 verdünnte Natronlauge **C**. Während nun das t-Butylchlorid hydrolisiert und so die Natronlauge neutralisiert, geht die Lösung durch viele verschiedene Farben. Mit einigen Tropfen Natronlauge kann man den Versuch wieder von vorn beginnen lassen.

Erläuterung

Versuch 1: Das Mangan kann in verschiedenen Oxidationsstufen auftreten, wobei es jeweils verschiedene Farbtöne annimmt:

$\overset{+7}{Mn}O_4^{-}$	(Permanganation)	:	violett
$\overset{+6}{Mn}O_4^{2-}$	(Manganation)	:	grün
$\overset{+5}{Mn}O_4^{3-}$	(Hypomanganation)	:	blau
$\overset{+4}{Mn}O_4^{4-}$	(Manganation)	:	braun

Man könnte annehmen, dass die Blaufärbung der Lösung zu Anfang des Versuches sowie auch die während des ganzen Versuches vorhandene blaue Zone zwischen der grünen und violetten Farbschicht durch das Hypomanganation bedingt ist, welches durch Reduktion des Permanganations durch die Natriumformiat-Lösung entstanden sein könnte. Auf Grund folgender Sachverhalte scheint diese Vermutung allerdings nicht zuzutreffen:
1. Das Hypomanganat entsteht durch Reduktion von Permanganat oder Manganat in stark alkalischer Lösung bei 0 °C. Der beschriebene Versuch wurde bei ca. 20 °C durchgeführt.
2. Das Hypomanganation steht in stark alkalischer Lösung mit der 4- und 6-wertigen Stufe des Mangans im Disproportionierungsgleichgewicht:

$$2\overset{+5}{Mn}O_4^{3-} \rightleftarrows \overset{+6}{Mn}O_4^{2-} + \overset{+4}{Mn}O_4^{4-} \; (MnO_4^{4-} + 2H_2O \rightarrow MnO_2 + 4OH^-).$$

Im vorliegenden Versuch schlägt zwar die blaue Farbe nach grün um, allerdings lässt sich keine Abscheidung von Braunstein beobachten.
3. Beim Verdünnen der alkalischen Hypomanganat-Lösung verschiebt sich das Gleichgewicht (siehe 2) nach rechts.
Geht man davon aus, dass am Boden des Reaktionsgefäßes eine höhere Hypomanganatkonzentration vorliegt (die alkalische Natriumformiat-Lösung sinkt nach unten!) als

etwa in der Mitte des Gefäßes, so wäre zu erwarten, dass die blaue Farbe der Lösung von oben beginnend in die grüne Farbe umschlägt und nicht umgekehrt.
Zudem ist auch keine Braunsteinbildung feststellbar. Aus folgenden Reagenzglasversuchen ergibt sich eine andere Erklärungsmöglichkeit für die Entstehung der blauen und grünen Farbe der Lösung:
Ergänzungsversuch 1: Fügt man zu einer Kaliumpermanganat-Lösung konzentrierte Natronlauge (50 %), so färbt sich die Lösung von unten her allmählich blau, dann grün. Dieser Farbwechsel (violett-blau-grün) erfolgt schneller, wenn man der konzentrierte Natronlauge vorher etwas Natriumformiat-Lösung zusetzt. Bei einer größeren Menge Natriumformiat wechselt die Farbe der Lösung sofort von violett nach grün. Natriumformiat beschleunigt offensichtlich mit seiner reduzierenden Eigenschaft die MnO_4^{2-}-Bildung.
Bei allen Versuchen ist an der Grenzfläche zwischen der grünen und violetten Lösung immer eine schmale, blaue Zone erkennbar.
Ergänzungsversuch 2: Ein Reagenzglas wird mit grüner Lösung gefüllt, ein anderes mit violetter. Hält man nun diese Reagenzgläser hintereinander und blickt durch die beiden verschiedenfarbigen Lösungen hindurch, so erscheinen die Lösungen blau. Die alkalische Natriumformiat-Lösung setzt das violette Permanganation zu grünem Manganat um. Da diese Umsetzung langsam verläuft, liegen in der Lösung zunächst grüne und violette Ionen gleichzeitig vor. Dies äußert sich als blaue Farbe.
Die Umsetzung der Permanganat-Ionen zu Manganat-Ionen erfolgt – entsprechend der höheren Konzentration an alkalischer Natriumformiat-Lösung – am Boden des Reaktionsgefäßes schneller als etwa in der Mitte des Gefäßes. Daher wird die Lösung von unten her grün.
Eine Vermischung der beiden Farben findet auch an der Grenzfläche der violetten und grünen Lösung statt. Auf Grund dessen ist die Lösung dort blau.
Säuert man eine Manganat-Lösung an, so entsteht die stark oxidierend wirkende Mangansäure, die in saurer Lösung das grüne Manganation zu Permanganat oxidiert, wobei es selbst in die niedrigere Oxidationsstufe der manganigen Säure übergeht:

$$2\overset{+6}{Mn}O_4^{2-} + H_2\overset{+6}{Mn}O_4 + 2H^+ \rightleftarrows 2\overset{+7}{Mn}O_4^- + H_2\overset{+4}{Mn}O_3 + H_2O$$

Die gleichzeitige Anwesenheit der siebenwertigen (violett) und vierwertigen (braun) Stufe des Mangans bewirkt vermutlich die rotbraune Farbe der Lösung.
Kaliumpermanganat reagiert in saurer Lösung gegenüber genügend starken Reduktionsmitteln folgendermaßen:
$MnO_4^- + 8\,H^+ + 5\,O \rightarrow Mn^{2+} + 4\,H_2O$
Die intensiv violette Farbe der Lösung wird durch die sehr schwache Farbe des Mn^{2+}-Ions ersetzt.
Die hier dargelegte Erläuterung stellt eine mögliche Erklärung für den vorliegenden Versuchsablauf dar. Inwieweit allerdings diese Deutung zutrifft, bedarf noch weiterer Untersuchungen, die im Rahmen dieser Arbeit nicht geleistet werden können.

5.16 Wasser-Traubensaft

C

Xn

Themen für den Unterricht
Gerbstoffe, Komplexe, Salze, Tinte

Geräte und Chemikalien
Großes Becherglas (1 L), 6 kleine Bechergläser (200 mL), Pipette
Tannin, Eisen(III)-chlorid-6-Hydrat **C Xn**, konzentrierte Schwefelsäure **C**

Vorbereitende Arbeiten
Man füllt das große Becherglas mit 1 L Wasser und löst darin 1 g Tannin.
Die kleinen Bechergläser werden von I bis VI durchnummeriert.
Man löst 1 g Eisen(III)-chlorid-6-Hydrat in 100 mL Wasser und gibt von dieser Lösung 2 mL in Becherglas II.
In Becherglas IV und VI gibt man jeweils 2 mL konzentrierte Schwefelsäure.

Durchführung und Beobachtung
Der Versuch besteht aus zwei Teilen.
Im ersten Teil werden die Bechergläser I – III, im zweiten Teil die Bechergläser IV – VI benutzt. Abb. 15 veranschaulicht die Durchführung des Versuches.
Vorsicht beim Eingießen der blauen Lösung zu der konzentrierte Schwefelsäure!
Die blassgelbe Farbe der Tannin-Lösung wird durch die Eisen(III)-chlorid-Lösung dunkelblau bis blauschwarz gefärbt. Bei Zugabe von konzentrierter Schwefelsäure zu dieser dunkelblauen Lösung erscheint wieder die ursprüngliche blassgelbe Farbe.

Erläuterung
Tannin, zur Gruppe der Gerbstoffe gehörend, gewinnt man aus verschiedenen Pflanzengallen. Es besteht aus einem Gemisch von Digallussäureglucoseestern. Das gelbliche, amorphe Pulver ist in Wasser und Alkohol leicht löslich. Da es mit Eisen(III)-Salzen eine blaue Lösung bzw. einen schwarzen Niederschlag bildet, wird es bei der Tintenherstellung verwendet.
Tannin + $FeCl_3$: »blauer Komplex«
»blauer Komplex« + H_2SO_4: Komplex wird zerstört

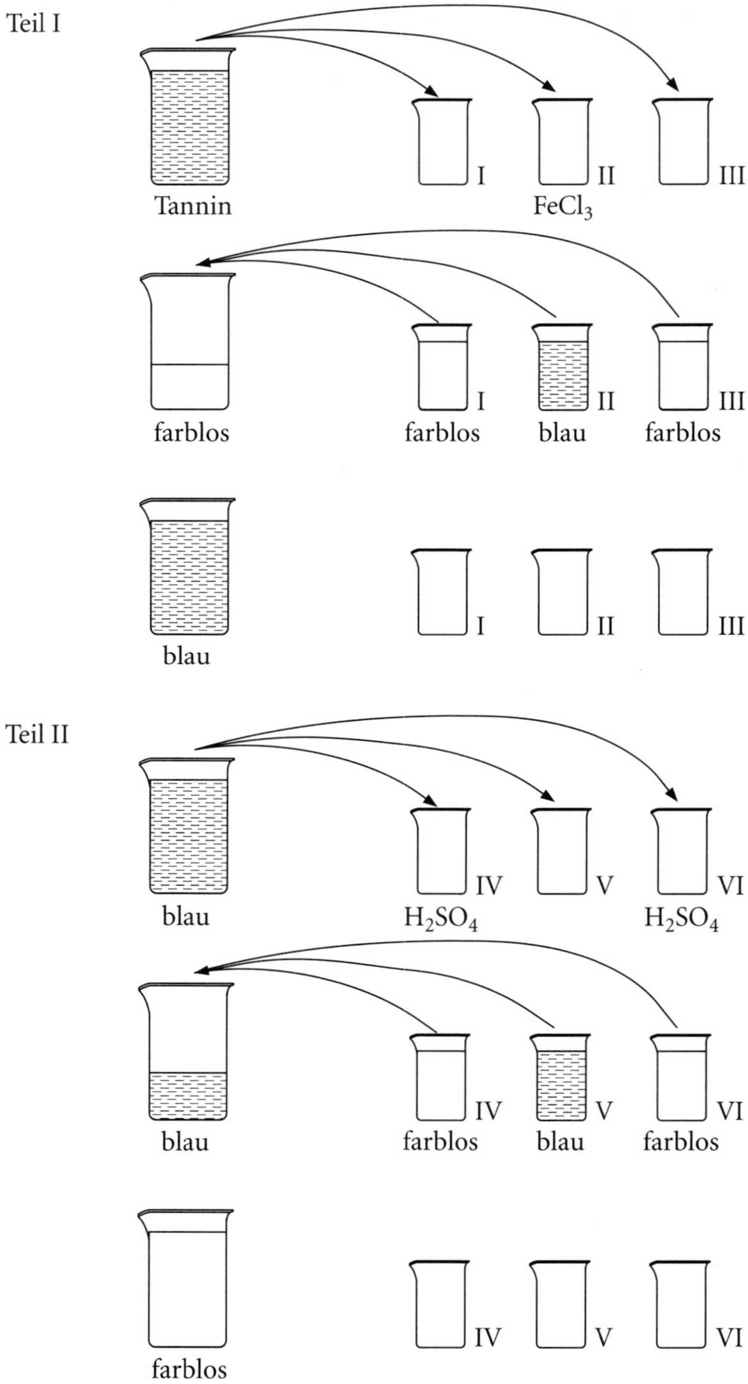

Abb. 15: Wasser-Traubensaft

5.17 Bier zum Abgewöhnen und Getränke auf Wunsch

N
C
O
Versuch 2 Xn
Versuch 2 Xi
Versuch 2 T
Versuch 1 F
CAM
5

Themen für den Unterricht

Säuren und Laugen (Indikatoren, pH-Wert), Redox-Reaktionen, Fällungsreaktionen, Löslichkeit

Geräte und Chemikalien

Versuch 1: Bierhumpen (Maßkrug), bei Sicherheitsbedenken ersatzweise Becherglas (1000 mL), zwei Messkolben (500 mL), zwei Bechergläser (250 mL), ein Becherglas (800 mL), stabiler Glasstab zum Umrühren

Destilliertes Wasser, Kaliumiodat **O**, Ethanol **F**, Natriumsulfit-7-Hydrat **Xi**, konzentrierte Schwefelsäure **C**, farbloses Spülmittel

Versuch 2: Glaskanne, Kelchglas, stabiler Glasstab zum Umrühren, Glasrohr (Länge 20 cm, Ø 8 mm) diverse Bechergläser, Papier zum Aufwischen verschütteter Flüssigkeiten

Destilliertes Wasser, Kaliumpermanganat **O Xn N**, Kaliumlauge (verdünnt) **C**, Kaliumsulfit **Xi**, Schwefelsäure (verdünnt) **C**, Natriumhydrogencarbonat, Bariumchlorid **T**, schäumendes Scheuerpulver, Citronensäure **Xi**

Hinweise zur Sicherheit und Entsorgung

In beiden Versuchen ist von Trinkproben abzuraten.

Versuch 2: Am Ende des Versuches liegt eine größere Menge eines stark mit Wasser verdünnten Gemisches vor. Diese wird je nach pH-Wert durch Zugabe von Salzsäure oder Kaliumlauge neutralisiert

Anschließend lässt man den größten Teil des Wassers unter dem Abzug verdunsten. Der Rest kommt in Behälter 2.

Vorbereitende Arbeiten

Vor allem der Versuch »Getränke auf Wunsch« sollte unbedingt vorher erprobt werden. Alle Lösungen werden kurz vor der Vorführung hergestellt.

Versuch 1 [1]: Auf den Boden des Maßkruges gibt man 2 mL Spülmittel.

Lsg. A: 3,23 g Kaliumiodat kommen in einen Messkolben (500 mL), der anschließend bis zur Marke mit destilliertem Wasser aufgefüllt wird. In 200 mL Becherglas bereithalten.

Lsg. B: 5 mL Ethanol, 0,77 g Natriumsulfit-7-Hydrat und 2 mL Schwefelsäure (konzentriert) werden ebenfalls in einem Messkolben (500 mL) gegeben und dieser mit Wasser aufgefüllt. In 200 mL Becherglas bereithalten.

Versuch 2 [2]: Auf den Boden des Kelchglases gibt man wenige Krümel Kaliumpermanganat.

Folgende Lösungen bzw. Gemische werden angesetzt:

Bariumchlorid in destilliertem Wasser (1 Spatelspitze auf 10 mL)

Scheuerpulver + Natriumhydrogencarbonat + Citronensäure (2:1:1)

Durchführung, Beobachtung und Erläuterung

Versuch 1: Bier zum Abgewöhnen

Man schüttet in den Maßkrug 600 mL Wasser. Aufgrund des bereits vorhandenen Spülmittels bildet sich nach kräftigem Umrühren eine Schaumschicht.

Nun gibt man 200 mL der Lösung A dazu und rührt so kräftig, dass durch die Rotation ein kleiner Trichter entsteht, in den 200 mL der Lösung B gegossen werden.

Anschließend rührt man 2 – 3 Sekunden weiter und lässt den Maßkrug samt immer noch farbloser Flüssigkeit ruhig stehen. Nach 7 – 10 Sekunden findet innerhalb von 1 –

Zu Versuch 2

Durchführung **Jeweils gründlich rühren!**	**Beobachtung** **»Interpretation«**	**Erläuterung**
In einer Glaskanne befindet sich Wasser.	Farblos Eben: Wasser!	Reines Wasser ist farblos.
Das Wasser ins Kelchglas schütten	Violette Färbung »Brombeersaft«	Lösung von Kaliumpermanganat
+ einige mL Kaliumlauge und Spatelspitze Kaliumsulfit (Reihenfolge einhalten!)	Grüne Färbung »Waldmeisterbowle«	$2\ K^+MnO_4^- + K_2^+SO_3^{2-} + 2\ K^+\ OH^-$ $\rightarrow 2\ K_2^+MnO_4^{2-} + H_2O + K_2^+SO_4^-$
+ unter Rühren tropfenweise verdünnte Schwefelsäure	Braunfärbung »Tee mit Rum«	$K_2^-MnO_4^{2-} + K_2^+SO_3^{2-} + H_2SO_4 \rightarrow$ $MnO_2^-\downarrow + 2\ K_2^+SO_4^- + H_2O$
+ verdünnte Schwefelsäure, bis Entfärbung eintritt	Farblos Erneut »Wasser«	$MnO_2^- + K_2^+SO_3^{2-} + H_2SO_4 \rightarrow$ $Mn^{2+}SO_4^{2-} + K_2^+SO_4^- + H_2O$
+ Natriumhydrogencarbonat; ggf. noch etwas Schwefelsäure	Farblos, sprudelnd »Sekt«	$2\ Na^+HCO_3^- + H_2SO_4 \rightarrow$ $2\ CO_2\uparrow + 2\ H_2O + Na_2^+SO_4^{2-}$
+ Bariumchlorid-Lösung	Weiße Trübung »Milch«	$Na_2^+SO_4^{2-} + Ba^{2+}Cl_2^- \rightarrow$ $2\ Na^+Cl^- + Ba^{2+}SO_4^{2-}\downarrow$
+ 1 Esslöffel des Gemisches aus Scheuerpulver, Citronensäure und Natriumhydrogencarbonat	Weißer, dichter Schaum »Milch mit Sahnehaube«	Im sauren Milieu wird aus dem Natriumhydrogencarbonat Kohlenstoffdioxid freigesetzt.
+ einige Kristalle Kaliumpermanganat unterschichten (durch tief eingetauchtes Glasrohr in das Gemisch geben)	Braune, undurchsichtige Flüssigkeit mit weißer Schaumkrone »Irish Coffee«	Das violette Kaliumpermanganat wird zu braunem Mangan(IV)-oxid reduziert.
Wegschütten (in eine Wanne!) und das Kelchglas wieder mit Wasser auffüllen. Vorgang mehrmals wiederholen.	Je nach Qualität und Quantität des Bodensatzes ergeben sich braune (»Altbier«), gelbe (»Pils«), blassgelbe (»Dünnbier«) und chamoixgetönte (»Champagner«) Verfärbungen. Zum Schluss liegt wieder farbloses Wasser vor.	Verdünnung des im Bodensatz enthaltenen Gemisches

2 Sekunden ein Farbumschlag statt. Die goldgelbe Färbung erinnert zusammen mit der Schaumkrone an ein frischgezapftes Bier.

Basis der zeitverzögerten Farbänderung ist die Landoldt'sche Zeitreaktion, bei der elementares Iod entsteht. Die Reaktion wird im Versuch 10.3 ausführlich beschrieben.

Versuch 2: Getränke auf Wunsch · Präsentationsvorschlag

Der Vortrag wird durch paralleles Erzählen des bekannten Märchens »Der Fischer und seine Frau« ausgeschmückt. Die Kurzfassung: Ein Fischer hat einen sprachbegabten Butt an der Angel, der in Wirklichkeit ein verwunschener Prinz ist. Dieser macht dem Fischer das Angebot, im Falle seiner Freilassung vermittels Zauberkraft einen beliebigen Wunsch zu erfüllen. Der Wunsch ist schnell formuliert: Getränke nach Bedarf! Bekanntlich neigen der Fischer und seine Frau zur Maßlosigkeit, so dass sie zum Schluss wieder mit Wasser vorlieb nehmen müssen.

Xn
C
F
O

5.18 Acht Farben in einer Lösung

Themen für den Unterricht

Indikatoren, Nachweisreaktionen, Säuren und Laugen

Geräte und Chemikalien

Bechergläser

Natronlauge **C**, Phenolphthalein-Lösung **F**, konzentrierte Schwefelsäure **C**, Kaliumpermanganat **O Xn**, Eisen(ll)-sulfat, Kaliumthiocyanat, Kaliumhexacyanoferrat(II)

Vorbereitende Arbeiten

Die Bechergläser werden folgendermaßen präpariert:

1. Becher: 2 – 3 Tropfen Natronlauge (w = 30 %)
2. Becher: 2 – 3 Tropfen Phenolphthalein-Lösung (w = 0,1 %)
3. Becher: 2 – 3 Tropfen konzentrierte Schwefelsäure
4. Becher: Einige Kristalle Kaliumpermanganat
5. Becher: 5 Tropfen einer wässrigen Lösung von Eisen(II)-sulfat
6. Becher: 2 – 3 Tropfen wässrige Lösung von Kaliumthiocyanat
7. Becher: 1 – 2 Tropfen wässriger Lösung von Kaliumhexacyanoferrat(ll)
8. Becher: 1 mL Natronlauge (w = 30 %)

Durchführung und Beobachtung

Becher 1 wird demonstrativ mit Leitungswasser gefüllt und dann in Becher 2 geschüttet. Den Inhalt von Glas 2 gießt man in den 3. Becher etc.

Wie aus Abb. 16 ersichtlich ist, ändert die Lösung bei jedem Umschütten in ein anderes Glas ihre Farbe.

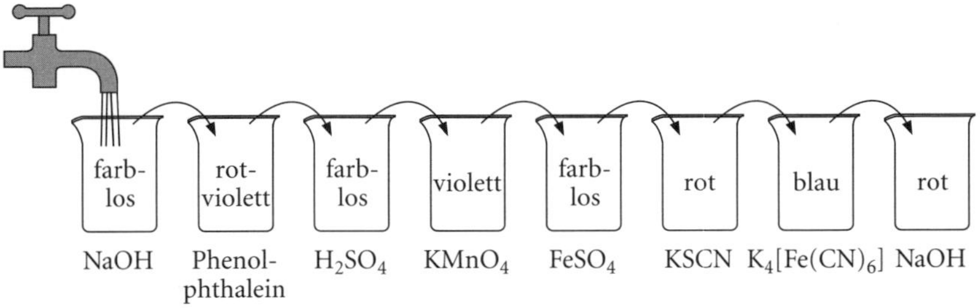

Abb. 16: Acht Farben in einer Lösung

Erläuterung

Die Farbänderungen im 2. und 3. Becherglas beruhen auf der Indikatorwirkung des Phenolphthaleins. Das Eisensulfat im 5. Becherglas bewirkt eine Reduktion des Mangans (siehe auch 5.15).

Die intensiv violette Farbe des Permanganats wird durch die sehr schwache Farbe des Mn^{2+}-Ions ersetzt. Gleichzeitig werden $Eisen^{2+}$-Ionen zu $Eisen^{3+}$-Ionen oxidiert, die dann zur Bildung des roten »Eisenrhodanids« und des »Berliner Blaus« zur Verfügung stehen (siehe auch 5.7).

5.19 Geheimnisvolles Wasser

Xi
C
N
O
T+
F+
Xn
CAM

Themen für den Unterricht

Indikatoren, Nachweisreaktionen, Salze, Säuren und Laugen

Geräte und Chemikalien

6 schmale, hohe Bechergläser (100 mL), 2 Erlenmeyerkolben (250 und 500 mL), Filtriervorrichtung, Gerät zur Schwefelwasserstoff-Entwicklung
Zinksulfat-7-Hydrat **Xn**, Cadmiumnitrat-4-Hydrat **Xn**, Bleinitrat **T O N**, Wismutnitrat-5-Hydrat **O Xn**, alkoholische Phenolphthalein-Lösung, konzentrierte Salzsäure **C**, Schwefelwasserstoff **F+ T+**, Ammoniak-Lösung (w = 5 %) **Xi**, Thymolpthalein, destilliertes Wasser

Vorbereitende Arbeiten

Von folgenden Lösungen werden jeweils 100 ml hergestellt.
Lsg A: Zinksulfat-Lösung (w = 2 %)
Lsg B: Cadmiumnitrat-Lösung (w = 2 %)
Lsg C: Bleinitrat-Lösung (w =0,2 %)
Lsg D: kaltgesättigte Lösung von Wismutnitrat
Lsg E: einige Tropfen Phenolphthalein zu destilliertem Wasser
Lsg F: einige Tropfen Thymolphthalein zu destilliertem Wasser
In die sechs kleinen Bechergläser füllt man jeweils 50 mL dieser farblosen Lösungen; der Rest dient als »Reserve«.
Für den Versuch benötigt man eine frisch angesetzte Ammoniumsulfid-Lösung. Dazu leitet man Schwefelwasserstoff einige Minuten in ca. 150 mL Ammoniak-Lösung (w = 5 %). Die Herstellung von Schwefelwasserstoff wird in Versuch 11.3 beschrieben, zu seiner Gefährlichkeit sind Angaben im Kapitel Hinweise zu den Versuchen zu finden. Die Ammoniumsulfid-Lösung wird in den kleinen Erlenmeyerkolben gefüllt. Vorsicht beim Arbeiten mit Schwermetall-Lösungen (Blei, Cadmium).
In den großen Erlenmeyerkolben füllt man mindestens 300 mL konzentrierte Salzsäure.

Durchführung und Beobachtung

I: Zu den sechs farblosen Lösungen gibt man jeweils einen Schuss der beschriebenen Ammoniumsulfid-Lösung.
Die sechs Lösungen verfärben sich. Zinksulfat-Lösung: weiß, Cadmiumnitrat-Lösung: gelb, Bleinitrat-Lösung: schwarz, Wismutnitrat-Lösung: braun, Phenolphthalein: rot, Thymolphthalein: blau
II: Die sechs Bechergläser werden mit konzentrierter Salzsäure aufgefüllt.
Es entstehen wieder wasserklare Lösungen.

Erläuterung

Die rote bzw. blaue Farbe beruht auf der typischen Indikatorwirkung von Phenolphthalein bzw. Thymolphthalein gegenüber basischen Stoffen, in diesem Fall der Ammoniumsulfid-Lösung.

Etwas anders ist die Erklärung der vier anderen Farben. Sie werden durch die Bildung schwerlöslicher, jeweils charakteristisch gefärbter Metallsulfide hervorgerufen. Durch Zugabe der konzentrierten Salzsäure reduziert sich die S^{2-}-Konzentration derart, dass die vorliegenden Metall-Ionen das Löslichkeitsprodukt unterschreiten. Die ausgefällten Metallsulfide gehen somit in Lösung und die Flüssigkeiten erscheinen wieder klar.

$2\,H^+ + S^{2-} \rightarrow H_2S$,

$Me^{2+} + S^{2-} \rightarrow MeS_{(S)}$ (Metallsulfide)

$MeS \rightarrow Me^{2+} + S^{2-}$

5.20 Sechs Farben auf einen Streich

Xi

N

T

C

O

4 Diazo-Lsg.

3 Kupplungs-Lsg.

Themen für den Unterricht

Farbstoffchemie, Diazotierung und Kupplung zu Farbstoffen

Geräte und Chemikalien

Bechergläser, Messzylinder, Waage, Pinsel, Filterpapier
p-Nitranilin T, Salzsäure (w = 18 %) C, Natriumnitrit **T**, **O**, **N**, Eis, Natronlauge C, Diglykol, Amidosulfonsäure **Xi** und Kupplungskomponenten (8-Amino-naphthol-(1)-disulfonsäure-(3,6), Benzyl-K-Säure, 2,4-Dihydroxychinolin, Dioxyethylaminoacetanilid, Naphthol-(2)-disulfonsäure-(3,6), Pyrazolon).

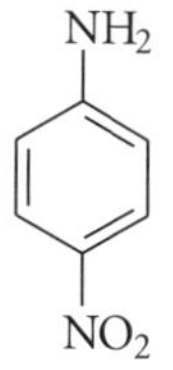

p-Nitranilin

Vorbereitende Arbeiten

Folgende Lösungen werden hergestellt:
Diazo-Lösung (frisch ansetzen!): 13,8 g p-Nitranilin werden in 100 mL Salzsäure (w = 18 %) gelöst. Zu dieser Lösung gibt man 50 mL Wasser und Eis, bis die Lösung 10 °C hat (nicht unter 10 °C abkühlen!). Dann lässt man 35 mL Natriumnitrit-Lösung (w = 23 %) zulaufen; die Diazo-Lösung muss klar sein! Nach ca. 10 Minuten wird auf Nitritüberschuss geprüft (z. B. mit Kalium-Iodid-Stärkepapier) und, falls vorhanden, mit Amidosulfonsäure entfernen. Die Lösung muss bis zur Benutzung kalt gestellt werden.
Kupplungslösungen (reichen für mehrere Versuche)
K 1: 10 g 2,4-Dihydroxichinolin und 150 mL Wasser mit Natronlauge in Lösung bringen, danach 10 mL Diglykol hinzugeben
K 2: 10 g Pyrazolon und 150 mL Wasser mit Natronlauge in Lösung bringen, danach 10 mL Diglykol hinzugeben
K 3: 10 g Dioxiethylaminoacetanilid in 150 mL Wasser geben (löst sich sofort)
K 4: 10 g Naphthol-(2)-disulfonsäure-(3,6) und 150 mL Wasser mit Natronlauge in Lösung bringen, danach 10 mL Diglykol hinzugeben
K 5: 10 g Benzyl-K-Säure und 150 mL Wasser mit Natronlauge in Lösung bringen, danach 10 mL Diglykol hinzugeben
K 6: 10 g 8-Amino-naphthol-(1)-disulfonsäure-(3,6) und 150 mL Wasser, mit Natronlauge in Lösung bringen, danach 10 mL Diglykol hinzugeben
Mit einem Pinsel trägt man die Kupplungslösungen so auf weißes Filterpapier auf, dass bei der Vorführung des Versuches ein effektvolles, buntes Bild entsteht.

Durchführung und Beobachtung

Das präparierte Filterpapier wird mit einem breiten Pinsel überstrichen, der zuvor in die Diazo-Lösung eingetaucht wurde.
Auf dem Filterpapier wird sofort ein buntes Bild sichtbar.
K1: gelb K2: orange K3: blutrot K4: rot K5: violett K6: dunkelblau

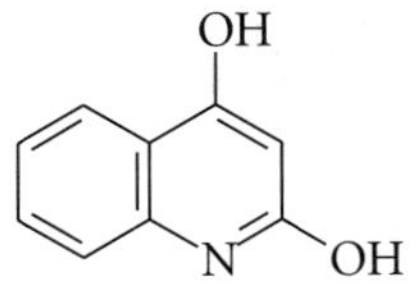

2,4-Dihydroxychinolin

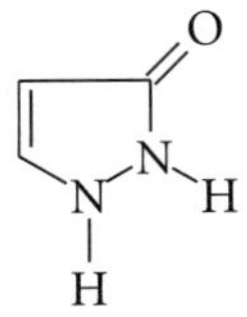

Pyrazolon

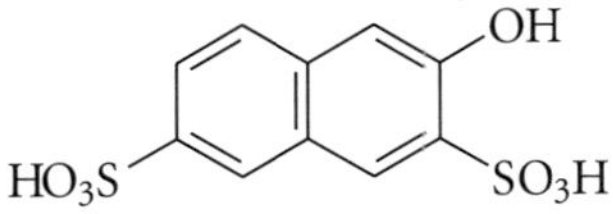

Naphthol-(2)-disulfonsäure-(3,6)

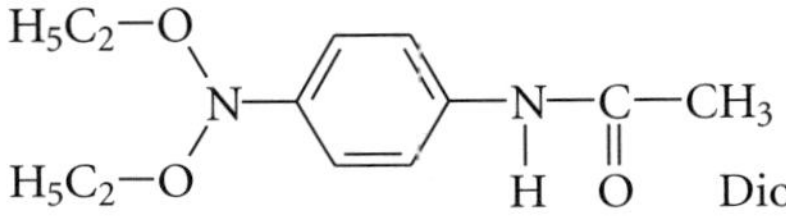

Dioxyethylaminoacetanilid

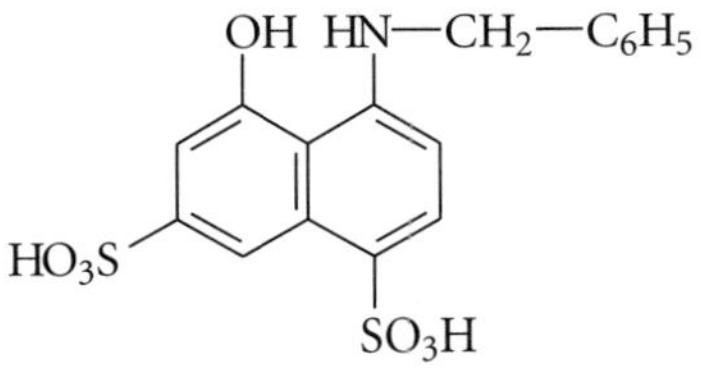

Benzyl-K-Säure

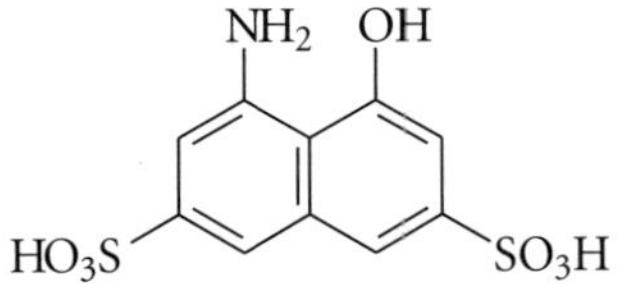

8-Amino-naphthol-(1)-disulfonsäure-(3,6) (H-Säure)

5.21 Ein roter Farbstoff aus Holz

Xi

C

CAM

Themen für den Unterricht

Makromoleküle, Nachweisreaktionen

Geräte und Chemikalien

Reagenzglas mit Gestell, Pipette oder Glasstab

0,5 g Phloroglucin **Xi**, konzentrierte Salzsäure **C Xi**, verschiedene Papiersorten (holzhaltig und holzfrei), Holzproben (Späne, Brettchen)

Vorbereitende Arbeiten

Reagenzlösung zum Nachweis von Lignin: Im Reagenzglas 0,5 g Phloroglucin mit etwa 1 mL konzentrierter Salzsäure und 1 mL Wasser gemischt.

Durchführung und Beobachtung

Mit der Pipette gibt man jeweils einen Tropfen auf die zu untersuchenden Papiere und Holzspäne. Bei Anwesenheit von Lignin entsteht eine intensiv kirschrote Farbe.

Erläuterung

Phloroglucin reagiert mit Lignin in salzsaurer Lösung zu einem roten Farbstoff. Lignin besteht aus Makromolekülen, die Phenylpropan-Einheiten enthalten. Je nach Holzart sind darin Wasserstoffatome durch Methyl- oder Methoxygruppen substituiert.

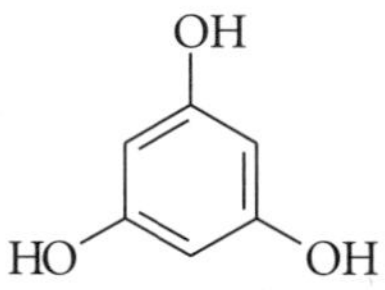

Phloroglucin

F+

E

DUN

6.1 Gasorgeln

Themen für den Unterricht

Reaktionskinetik (oszillierende Reaktionen), Schwingungen (Töne, Resonanz)

Geräte und Chemikalien

Glasrohr (Länge ca. 1,5 m, Ø ca. 8 cm); gewinkeltes Glasrohr, an einem Ende zur Spitze ausgezogen (Ø ca. 8 mm), passender Schlauch, Stativ
Wasserstoff **F+** aus der Gasflasche

Hinweise zur Sicherheit

Die Explosionsgefahr von Knallgasgemischen muss beachtet werden. Man führt vor dem Anzünden des Wasserstoffs eine Knallgasprobe durch.

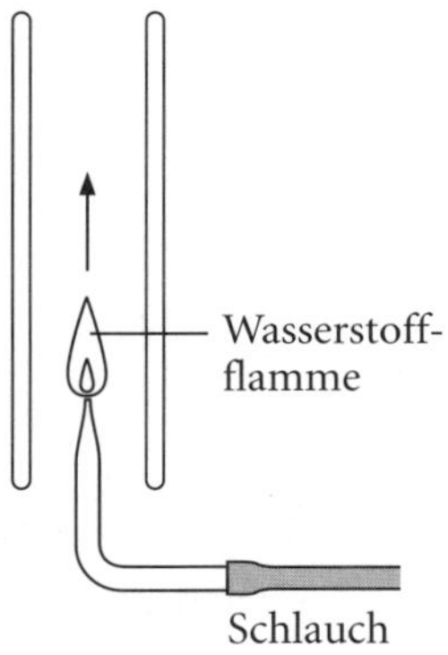

Vorbereitende Arbeiten

Das große Glasrohr wird senkrecht in das Stativ eingespannt. Für das gewinkelte Glasrohr wird eine Stativklemme so positioniert, dass es bei Betrieb mittig in das untere Ende des großen Rohres ragt. Über einen Schlauch wird das Rohr mit der Wasserstoffflasche verbunden.

Durchführung und Beobachtung

Das Ventil der Wasserstoffflasche wird geöffnet und der an der Spitze des kleinen Glasrohres ausströmende Wasserstoff angezündet. Anschließend montiert man das Röhrchen unter das dicke Glasrohr in die vorgesehene Klemme.
Es sind panflötenartige Klänge zu hören, deren Frequenz von der Stärke des Gasstroms abhängen. Diesen kann man durch das Ventil der Gasflasche regulieren.

Erläuterung

Mit dem Sauerstoff der Luft reagiert Wasserstoff nach der Gleichung
$2\,H_2 + O_2 \rightarrow 2\,H_2O$, $\Delta\,H_R^0 = -\,572\ kJ \cdot mol^{-1}$
Der Verbrennungsvorgang findet in der Luft nicht kontinuierlich, sondern in Form kleiner Knallgasreaktionen in solch schnellem Takt statt, dass sie nur mit technischen Hilfsmitteln wie z. B. Zeitlupenaufnahmen als Einzelereignisse erkennbar werden. Die Luftsäule im Glasrohr beginnt zu schwingen, sobald die Frequenz der Explosionen die Bedingungen für Resonanz erfüllt.
Auch das bei der Knallgasprobe auftretende Pfeifgeräusch wird inzwischen als direkte Folge des unregelmäßigen Abbrennens interpretiert. Eine erstaunliche Tatsache, wenn man bedenkt, dass hohe Töne aufgrund mehrerer Tausend Schwingungen pro Sekunde entstehen.

Weitere passende Versuche

6.2

6.2 Tönendes Eisensulfid

(SV)

DUN

Themen für den Unterricht

Reaktionskinetik (oszillierende Reaktionen), Schwingungen (Töne, Resonanz)

Geräte und Chemikalien

Mittelgroßes Reagenzglas, Reagenzglashalter oder Stativ, Gasbrenner
Schwefelpulver, grobe Eisenwolle

Hinweise zur Sicherheit

Unter Umständen verbrennt ein Teil des Schwefels zu Schwefeldioxid T.

Vorbereitende Arbeiten

Weil der Erfolg dieses Versuchs von vielen Faktoren abhängt, sind Tests vor der Präsentation unverzichtbar. Menge, Stärke und der Abstand der Eisenwolle zum Schwefel sind wesentliche Einflussgrößen. Mit zu feiner Eisenwolle funktioniert der Versuch nicht.
In das Reagenzglas kommt eine gehäufte Spatelspitze Schwefelpulver. Darüber wird ein walnussgroßer Pfropfen aus grober, nicht zu dicht zusammengedrückter Eisenwolle so platziert, dass dessen unteres Ende etwa 1 – 2 cm Abstand vom Schwefelpulver hat.

Durchführung und Beobachtung

Zunächst wird die untere Hälfte der Eisenwolle mit der Gasflamme erwärmt, später der Schwefel zum Sieden erhitzt. Das Einsetzen der Reaktion erkennt man am intensiven Glühen des Schwefeldampf-Eisen-Reaktionsgemisches. Im Erfolgsfall entsteht ein kontinuierlicher Pfeifton, dessen Intensität mit der Heftigkeit der Reaktion einhergeht.
Besonders reizvoll ist der Effekt, wenn man das Publikum aktiv mit einbeziehen kann und „auf Kommando“ parallel mehrere Versuchsansätze startet. Sphärenklänge erfüllen den Raum …

Erläuterung

Eisen und Schwefel reagieren in einer stark exothermen Reaktion zu Eisensulfid:
$Fe + S \rightarrow FeS$
Wie beim vorigen Versuch (6.1) ist nicht die bei der Reaktion auftretende Wärmeentwicklung die eigentliche Ursache für die Tonschwingungen der Luftsäule im Reagenzglas. Diese Erklärung wäre auch nicht plausibel, weil solche Effekte dann auch bei anderen stark exothermen Reaktionen im Reagenzglas auftreten müssten, was nicht der Fall ist.
Es wird vermutet, dass die Reaktion zwischen Eisen und Schwefel unter bestimmten Bedingungen – dazu gehört die geeignete Stärke der Eisenwolle und deren Abstand vom Schwefelpulver – oszillierend stattfindet. Dadurch entstehen Schwingungen, welche die Luftsäule im Reagenzglas zur Resonanz anregen.

Weitere passende Versuche

6.1

6.3 He für Tenor und Sopran, SF_6 für Alt und Bass

Themen für den Unterricht
Stoffeigenschaften (Dichte), Schallgeschwindigkeit

Geräte und Chemikalien
Hier ist nur der Mensch gefordert.
Helium, Schwefelhexafluorid N (starker Treibhauseffekt)

Hinweise zur Sicherheit
Eindringlich gewarnt werden muss davor, die Gase direkt aus der Druckgasflasche einzuatmen! Es sind sogar einige Todesfälle dokumentiert, die durch die plötzliche Druckbelastung der Lunge eintraten. Besser ist es, das Gas in Luftballons zu füllen und aus diesen zu inhalieren.
Helium und Schwefelhexafluorid sind nicht giftig. Auch besteht trotz des (vorübergehenden) Sauerstoffmangels beim Ein- und Ausatmen der Gase keine unmittelbare Erstickungsgefahr. Bei geschwächtem Allgemeinzustand oder zu häufiger Wiederholung des Versuchs jedoch kann es zu Symptomen einer Kreislaufschwäche (Schwindel, Ohnmacht) kommen. Bei einem Experimentalvortrag führte ein gewisser Dr. Klein auf der Bühne einen formvollendeten Kopfstand vor. Er kommentierte die Leibesübung mit dem Hinweis, dass das zuvor inhalierte, sehr dichte Gas Schwefelhexafluorid nur so restlos aus seiner Lunge entweichen könne. Ein Scherz? Der Autor (M. K.) muss bei dieser Frage passen.
Da Kinder und Jugendliche inzwischen wissen, dass man durch Inhalieren des in Luftballons enthaltenen Heliums interessante Stimmen erzeugen kann, muss man darauf hinweisen, dass diese Gase aus Kostengründen nicht die Reinheit von teurem Taucherhelium haben.

Durchführung und Beobachtung
Wenn man Helium tief einatmet und anschließend spricht oder singt, klingt die Stimme nach Art einiger aus Zeichentrickfilmen bekannten Figuren seltsam verzerrt; die Tonlage ist nach oben verschoben.
Inhaliert man hingegen Schwefelhexafluorid, ertönt die Stimme roboterartig und wesentlich tiefer als gewohnt.

Erläuterung
Die Tonlage hängt von Resonanzverhalten der im Sprachorgan schwingenden Gassäule ab. Die beiden entscheidenden Faktoren sind deren Länge und die für das vorhandene Gas typische Schallgeschwindigkeit. Da die Maße des Sprachorgans vorgegeben sind, ist die Schallgeschwindigkeit die Variable. Diese wiederum hängt mathematisch mit der Dichte des Gases zusammen.

Die Dichte von Helium beträgt 0,1785 g/L, die von Schwefelhexafluorid 6,16 g/L. Die Luft ist mit 1,2928 g/L dazwischen angesiedelt.
Schwefelhexafluorid (SF_6) wurde einige Zeit als Füllgas für Autoreifen getestet, weil es aufgrund der Größe seiner Moleküle praktisch nicht durch die Schlauchwand diffundiert. Ein Artikel im Spiegel (52/1997) stellt folgende ökologische Einschätzung zur Diskussion: Wer 1 kg SF_6 statt Luft in die Reifen füllt, vermeidet während der Lebensdauer etwa 141 kg CO_2 Minderverbrauch an Kraftstoff durch den pralleren Zustand des Reifens. Andererseits ist 1 kg SF_6 hinsichtlich des Treibhauseffektes so wirksam wie 23 900 kg CO_2! Aus letztgenanntem Grund ist das Verfahren inzwischen nicht mehr üblich.

C
N
2

6.4 Klirrendes Becherglas

Themen für den Unterricht

Chemische Reaktionen (Strukturänderungen)

Geräte und Chemikalien

2 Bechergläser (250 mL), Becherglas (400 mL), Waage
Zink(II)-chlorid **C N**, destilliertes Wasser, Pyrazin (1,4-Diazin)

Vorbereitende Arbeiten

Lösung A: 8 g Zink(II)-chlorid in 100 mL destilliertem Wasser
Lösung B: 8 g Pyrazin in 100 mL destilliertem Wasser

Durchführung und Beobachtung

In das große Becherglas wird zuerst Lösung B, dann Lösung A geschüttet. »Blitzartig« entsteht ein weißer Niederschlag aus Dichloropyrazin(ZinkII), dabei findet ein gut hörbares Knacken sowie eine deutliche Temperaturerhöhung statt.

Erläuterung

Die Töne entstehen während der Entstehung der winzigen Kristalle des Reaktionsprodukts. Eine sichere Erklärung gibt es laut [1] noch nicht; zwei vorläufige Deutungen gehen von Phasenänderungen, die das Kristallgitter beschädigenden oder, alternativ, schnell stattfindenden Polymerisationen aus. Der Anteil des hörbaren Schalls ist gering; der größte Teil liegt im Ultraschallbereich.

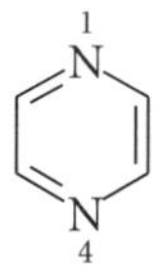

Pyrazin (1,4-Diazin)

Pyrazin (1,4-Diazin) bildet farblose Kristalle. Pyrazin und seine alkyl-substituierte Abkömmlinge sind in der Natur weit verbreitet, u. a. als geschmacksgebende Stoffe in zahlreichen Lebensmitteln wie Kartoffeln, Paprika, Erdnüssen und als Bestandteil von Aromen gebratenem Fleisch und anderen erhitzten Lebensmitteln. Dort entstehen sie eventuell aufgrund der Maillard-Reaktion. [2]

6.5 Chlorknallgas

Themen für den Unterricht

Atombindung, Chlorwasserstoff, Explosionen, Fotochemie, Halogene (Chlor), Reaktionsenthalpie (Aktivierungsenergie), Redox-Reaktionen

Geräte und Chemikalien

Chlorgasentwickler, Stahlflasche mit Wasserstoff, Reagenzgläser (Länge 160 mm, Innendurchmesser 16 mm), dickwandige Weithalsflasche (farblos), pneumatische Wanne, Elektronenblitz, Splitterschutz (Drahtkorb)

Kaliumpermanganat **O Xn**, konzentrierte Salzsäure **C**, Wasserstoff (Stahlflasche) **F+**, konzentrierte Kochsalzlösung

Hinweise zur Sicherheit

Das Experiment muss unter genauer Beachtung der Vorsichtsmaßnahmen ausgeführt werden.

Chlor ist ein starkes Atemgift. Anzeichen für Vergiftung sind Hustenreiz, Kopfschmerzen und Atembeschwerden.

Die Gase sind stets im abgedunkelten Raum zu mischen.

Da bei der Explosion eventuell auch die starkwandige Glasflasche zerspringen kann, ist für hinreichenden Splitterschutz zu sorgen.

Vorbereitende Arbeiten

Chlorherstellung: Man lässt im Gasentwickler konzentrierte Salzsäure auf Kaliumpermanganat einwirken.

Mehrere Reagenzgläser werden in einem dunklen Raum in einer mit konzentrierte Natriumchlorid-Lösung gefüllten pneumatischen Wanne zunächst zur Hälfte mit Wasserstoff, dann zur anderen Hälfte mit Chlor gefüllt und mit Gummistopfen verschlossen. Damit der Versuch gelingt, verwendet man neue, unbenutzte Reagenzgläser.

Durchführung und Beobachtung

Ein mit einem Gummistopfen verschlossenes Reagenzglas wird unter einen Drahtkorb gestellt. Mit einem dicht vor der Flasche stehenden Magnesiumblitzlicht oder einem Elektronenblitz zündet man das Gasgemisch.

Unter Einwirkung des Lichts explodiert das Gasgemisch mit einem lautem Knall. Das Reagenzglas wird dabei zertrümmert.

Erläuterung

Ein Gasgemisch von Chlor und Wasserstoff im Molverhältnis 1:1 lässt sich im Dunkeln und bei gewöhnlicher Temperatur unverändert aufbewahren. Erst bei Bestrahlen mit energiereichem Licht (UV-Licht, Sonnenlicht) oder bei Erhitzen bildet sich explosionsartig Chlorwasserstoff.

Durch die Energiezufuhr werden einige Chlormoleküle in Chloratome gespalten:

$$Cl_2 \xrightarrow[+\ 242\ \text{kJ}]{\text{UV-Licht}} 2\ Cl \cdot \text{ (Radikale)}$$

Diese reaktionsfähigen Chloratome setzen folgende explosionsartig verlaufende Kettenreaktion in Gang:

a) $Cl + H_2 \rightarrow HCl + H,$

b) $H + Cl_2 \rightarrow HCl + Cl,$

$H_2 + Cl_2 \rightarrow 2HCl.$

Die beiden Reaktionen a) und b) laufen nebeneinander ab. Die Gesamtreaktion ist stark exotherm.

Weitere passende Versuche

6.6, 6.7

6.6 Explodierender Seifenschaum

Themen für den Unterricht
Explosion, Wasserstoff

Geräte und Chemikalien
Kolbenprober oder Einwegspritze
Variante 1: Kolbenprober oder Einwegspritze, Eisenschale, Gasbrenner und Draht oder Holzspan
Wasserstoff **F** und Sauerstoff **O** aus der Gasflasche, Seifen- oder Spülmittellösung
Variante 2: Kolbenprober oder Einwegspritze, Filmdöschen, Gasbrenner und Draht oder Holzspan
Wasserstoff **F** und Sauerstoff **O** aus der Gasflasche, Seifen- oder Spülmittellösung

Hinweise zur Sicherheit
Man muss mit einem sehr lauten Knall rechnen. Deshalb: Mund öffnen, Ohren nicht verschließen. Alternativ: Mund und Ohren verschließen.
Falls man Wasserstoff und Sauerstoff durch Elektrolyse gewinnen will, sollte man die Gase getrennt auffangen (z. B. im Hofmannschen Zersetzungsapparat) und erst danach miteinander vermischen, weil sonst mit einer zu starken Reaktion zu rechnen ist.

Vorbereitende Arbeiten
Herstellung der Seifenlösung: Man gibt Schmierseife in destilliertes Wasser und wartet einen Tag, bis sich die Seife gelöst hat (nicht erwärmen). Nach dem Umschütteln setzt man der Seifenlösung noch etwas Glycerin zu. Auch mit einer Lösung von Spülmittel in Wasser hat man Erfolg.
Die Lösung gibt man in die Eisenschale.

Durchführung und Beobachtung
Man füllt den Kolbenprober oder die Einwegspritze mit Wasserstoff und Sauerstoff im Verhältnis 2:1 und leitet das Gemisch in die Seifenlösung. Nachdem sich ein kleiner Berg Seifenblasen gebildet hat, berührt man den Seifenschaum mit einem heißen Draht, einem langen, brennenden Holzspan oder der Flamme einer Kerze, die an einem Besenstiel befestigt ist. Wenn man größeren Abstand wünscht, kann das Zünden auch durch einen Glühdraht mit langer Zuleitung erfolgen. Hierzu formt man ca. 0,3 – 0,5 mm starken Konstantandraht zu einer Wendel und schließt diese an ein Stromversorgungsgerät an.
Um eine laute Explosion hervorzurufen, genügt schon eine kleine Menge Seifenschaum.
Variante 2: Man gibt Seifenlösung in ein Filmdöschen und injiziert mit einer Einwegspritze oder einem Kolbenprober ein Knallgasgemisch aus Wasserstoff und Sauerstoff im Volumenverhältnis 2:1 in die Flüssigkeit, bis genügend Schaum entstanden ist.
Der Seifenschaum explodiert mit einem lauten peitschenartigen Knall. [1]

Erläuterung

Wasserstoff wird zu Wasser verbrannt:

$H_2 + 1/2\ O_2 \rightarrow H_2O \qquad \Delta H = -286\ kJ\ mol^{-1}$

Bei der Reaktion wird sehr viel Wärme frei, durch die das entstehende Wasser sofort zu Wasserdampf umgewandelt wird. Dieser Wasserdampf dehnt sich auf Grund der sich schnell entwickelnden Reaktionswärme explosionsartig aus.

Weitere passende Versuche

6.5, 6.7

F+

E

6.7 Donnerflamme

Themen für den Unterricht
Explosion, Kohlenwasserstoffe (Methan), »schlagende Wetter«

Geräte und Chemikalien
Woulfesche Flasche (2 L, dreihalsig), Glasrohr (Ø = 1 cm, l = 1 m), Korkstopfen, gebogenes Glasrohr, Schlauch.
Methan **F+**, konzentrierte Schwefelsäure **C**

Vorbereitende Arbeiten
Der Versuchsaufbau erfolgt nach Abb. 17.

Durchführung und Beobachtung
Aus einem mit Methan gefüllten Gasometer leitet man durch einen langen (!) Schlauch über eine mit konzentrierter Schwefelsäure gefüllte Waschflasche Methan in die Woulfesche Flasche, welches nach negativem Ausfall der Knallgasprobe am Ende des langen Glasrohres entzündet wird.

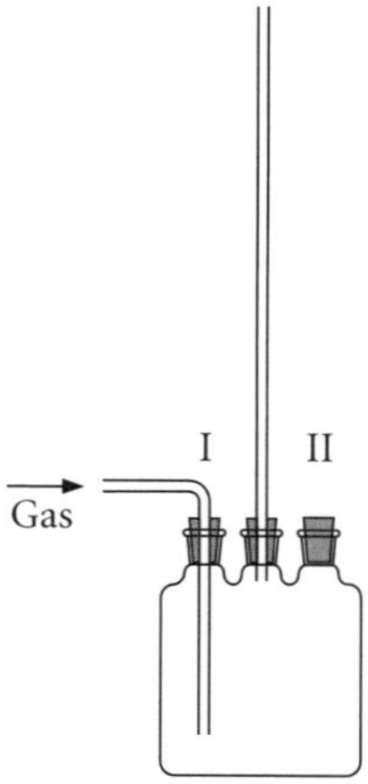

Abb. 17: Methan-Luft-Explosion

Auf Grund des hohen Methangehaltes kann man diesen Versuch mit Erdgas durchführen. Auch Stadtgas soll den geschilderten Effekt hervorrufen können. Zusammensetzung der beiden Gase (Durchschnittswerte):

Stadtgas: 26 % Methan, 43 % Wasserstoff, 15 % Stickstoff, 10 % Kohlenstoffdioxid u. a.

Erdgas: 85 % Methan, 10 % Ethan u. a. Kohlenwasserstoffe (Durchschnittswerte)

Um die Explosion auszulösen, geht man folgendermaßen vor:
- Das Gaseinleitungsrohr mit dem Stopfen I wird aus der Flasche entfernt,
- die Gaszufuhr wird sofort abgestellt (nicht umgekehrt!),
- der Stopfen II des dritten Tubus wird etwas gelockert. Man entfernt sich von der Apparatur.

Die zunächst etwas größer werdende Flamme wird nach einiger Zeit kleiner und fällt schließlich – kaum sichtbar – mit zunehmender Geschwindigkeit in die Woulfesche Flasche. Die Explosion, die sie dort auslöst, schleudert Stopfen 2 des dritten Tubus heraus.

Erläuterung
Die zurückfallende Flamme hat das Methan-Luft-Gemisch in der Flasche zur Explosion gebracht.

$CH_4 + 2\ O_2 \rightarrow CO_2 + 2\ H_2O \qquad \Delta H = -\ 890\ kJ \cdot mol^{-1}$

Weitere passende Versuche
6.5, 6.6

6.8 Knallsilber

Themen für den Unterricht

Explosionen

Geräte und Chemikalien

Einfache Gasentwicklungsapparatur aus Becherglas und Trichter, Erlenmeyerkolben (100 mL), Filtriermaterial, Dreifuß, Mineralfaser-Drahtnetz, Bunsenbrenner.
Silbernitrat **C**, Ammoniak-Lösung (w = 10 %) **C Xi**, destilliertes Wasser, Calciumcarbid **F**

Hinweise zur Sicherheit

Knallsilber (Silberacetylid) ist ein Initialzünder. Es darf nur mit kleinen Mengen gearbeitet werden. Die Explosionen sind heftig. Glasgeräte, die Spuren von Acetylid enthalten, müssen sofort mit konzentrierte Salzsäure gereinigt werden, da selbst kleinste Mengen angetrocknetes Silberacetylid zu Explosionen führen können.
Da selbst hergestellte Ethingase insbesondere durch Verunreinigungen mit Phosphin PH_3 giftig sind, muss unter dem Abzug gearbeitet werden.

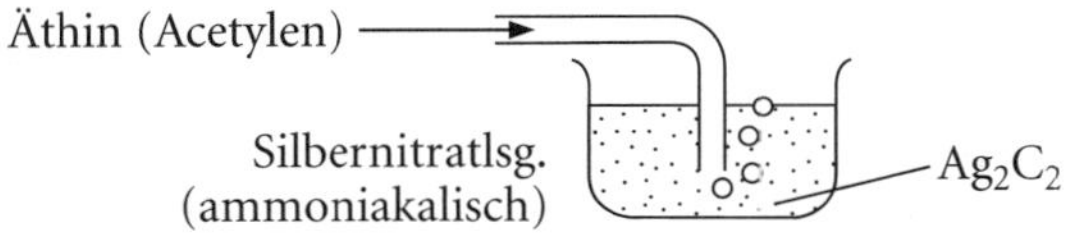

Abb. 18: Fällung von Silberacetylid

Vorbereitende Arbeiten

Herstellung einer ammoniakalischen Silbernitrat-Lösung
In einen Erlenmeyerkolben gibt man 50 mL einer Silbernitrat-Lösung (w = 5 %) und tropft dann unter Umschwenken so viel verdünnte Ammoniak-Lösung hinzu, bis der sich bildende Niederschlag gerade wieder in Lösung gegangen ist.
Zur Herstellung von Ethin (Acetylen) gibt man einige Brocken Calciumcarbid in ein mit Wasser gefülltes Becherglas und leitet das entstehende Gas durch einen schnell darüber gestülpten Trichter mit angeschlossenem Schlauch. Ethin darf allerdings nicht im Kippschen Gasentwickler oder anderen starkwandigen Geräten hergestellt werden. Die Gasentwicklung verläuft weniger stürmisch, wenn man statt Wasser eine konzentrierte Kochsalzlösung verwendet.
Das Ethin wird durch die ammoniakalische Silbernitrat-Lösung geleitet. Es entsteht ein grauer Niederschlag, den man abfiltriert, anschließend im noch nassen Zustand mit einem Holzspatel in kleinere Portionen aufteilt und dann an der Luft gut trocknen lässt.

Abb. 19: Zerfall des Silberacetylids

Durchführung und Beobachtung

Der getrocknete Niederschlag wird auf dem Drahtnetz langsam erhitzt. Es erfolgt eine Explosion mit lautem, peitschendem Knall (Mund etwas öffnen).
Etwas Silberacetylid (einige kleine! Körnchen) wird auf den Fuß-

boden gestreut. Tritt man zufällig mit dem Schuh auf das Acetylid, so führt dies zu überraschenden, kleinen Explosionen.

Erläuterung

Das Silberacetylid entsteht nach folgender Reaktionsgleichung:

$H–C{\equiv}C–H + 2\ Ag^+ \rightarrow Ag–C{\equiv}C–Ag + 2\ H^+$

Bei Schlag oder Erwärmen zerfällt es stark exotherm in die Elemente:

$Ag–C{\equiv}C–Ag \rightarrow 2\ Ag + 2\ C$; ΔH negativ

Weitere passende Versuche

6.9

E
F
O
Xn
Xi

6.9 Knallerbsen

Themen für den Unterricht
Explosionen, Oxidationsmittel, Redox-Reaktionen

Geräte und Chemikalien
Seidenpapier, Amboss, Hammer
Variante 1: Kaliumchlorat **O Xn**, Schwefel
Variante 2: Kaliumchlorat **O Xn**, roter Phosphor **F Xi**
Hinweise zur Sicherheit
Mund und Ohren entweder gleichzeitig öffnen oder schließen.
Empfehlungen zum Arbeiten mit Kaliumchlorat sind im Kapitel Hinweise zu den Versuchen.

Vorbereitende Arbeiten
Variante 1: Je eine Spatelspitze Schwefel und Kaliumchlorat (nicht mehr!) werden auf einem Bogen Papier vorsichtig (!) miteinander vermengt und dann in eine aus Seidenpapier gefaltete Tüte geschüttet, die anschließend unter Vermeidung von Druck zugerollt wird. Explosionsgefahr!

Durchführung und Beobachtung
Variante 1: Man legt die Tüte auf den Amboss, drückt mit dem Hammer die Füllung vorsichtig etwas zusammen und schlägt dann kräftig zu (Schutzbrille!).
Variante 2: Man gibt eine Spatelspitze roten Phosphor auf den Amboss, streut einige kleine Kristalle Kaliumchlorat darüber und deckt dann das Gemisch mit Filterpapier ab. Man schlägt nun mit dem Hammer gezielt auf dieses Gemisch (Schutzbrille!).

In beiden Fällen erfolgt eine heftige Explosion.

Erläuterung

Kaliumchlorat bildet ein farbloses, glänzendes Salz, welches bei ca. 400 °C disproportioniert:

$4\,KClO_3 \xrightarrow{400\,°C} 3\,KClO_4 + KCl$

Bei weiterer Erhitzung zerfällt das Perchlorat in Chlorid und Sauerstoff:

$KClO_4 \xrightarrow{500\,°C} KCl + 2\,O_2$

Durch den Schlag auf das Kaliumchlorat-Schwefel-Gemisch wird etwas Kaliumchlorat zersetzt. Der aus dem Kaliumchlorat entwickelte Sauerstoff oxidiert den Schwefel, was zur Temperatursteigerung führt. Diese bewirkt die vollständige Reduktion des Kaliumchlorats und gleichzeitig die Oxidation des Schwefels. Die bei dieser Reaktion augenblicklich entstehenden heißen Gasmengen üben auf ihre Umgebung einen starken Druck aus.

Weitere passende Versuche

6.8, 6.10

6.10 Chemie ist ein Hammer!

Themen für den Unterricht

Chemische Reaktionen (Einführung), Reaktionskinetik (Teilchenkollisionstheorie, Aktivierungsenergie)

Geräte und Chemikalien

Schlagfeste Unterlage (z. B. Amboss, Eisenplatte, großes Gewichtsstück), schwerer Hammer (500 g), Reibschale, Pistill
Versuch 1: Aluminiumpulver **F**, Schwefelpulver
Versuch 2: Kupferpulver, Schwefelpulver
Versuch 3: Zinkpulver **F**, Schwefelpulver
Versuch 4: Magnesiumpulver **F**, Schwefelpulver

Vorbereitende Arbeiten

Die Reaktionspartner werden in kleinen (!) Mengen im stöchiometrisch richtigen Verhältnis gemischt (siehe Tabelle).

Durchführung und Beobachtung

Stoffe	Aluminium + Schwefel	Kupfer + Schwefel	Zink + Schwefel	Magnesium + Schwefel
Mischungs-verhältnis	9 : 11	2 : 1	2 : 1	3 : 4
Durchführung	Etwa 1 g des Gemischs wird auf die Unterlage geschüttet. Anschließend schlägt man mit dem Hammer kräftig drauf.			
Erforderliche Intensität des Hammerschlags	Relativ gering	Mittelstark	Sehr kräftig	Am geringsten
Beobachtung	Lauter Knall, helle Flammenerscheinung; häufig weit verteilte Rückstände	Weniger heftig als bei Aluminium. Gemisch reagiert nach Start weiter. Blauschwarzes Produkt	Helle Flammenerscheinung, z. T. lauter Knall	Helle Flamme, lauter Knall

Erläuterung

$2\ Al + 3\ S \rightarrow Al_2S_3$
$Cu + S \rightarrow CuS$
$Zn + S \rightarrow ZnS$
$Mg + S \rightarrow MgS$

6.11 Mehl – ein gefährlicher Sprengstoff

Themen für den Unterricht

Explosion bzw. Verpuffung, Feuer (Zerteilungsgrad)

Geräte und Chemikalien

Apparatur aus Weißblechdose (mit gut sitzendem Blechdeckel), Trichter, Schlauch und Kerze gemäß Abbildung, ggf. Sauerstoffflasche
Mehl (ggf. getrocknet)

Hinweise zur Sicherheit

Schutzbrille, Schutzscheibe

Vorbereitende Arbeiten

Falls das Mehl zu feucht ist, muss es, auf Backpapier ausgebreitet, für etwa eine Stunde bei 80 °C im Wärmeschrank oder Backofen trocknen.
Die Apparatur wird gemäß der Abbildung zusammengestellt. Der Trichter steckt in einem durchbohrten Gummistopfen, der wiederum in einem ein passenden, mittig gebohrtem Loch am Boden der Dose klemmt und mit Heißkleber oder Knetmasse fixiert und abgedichtet ist.

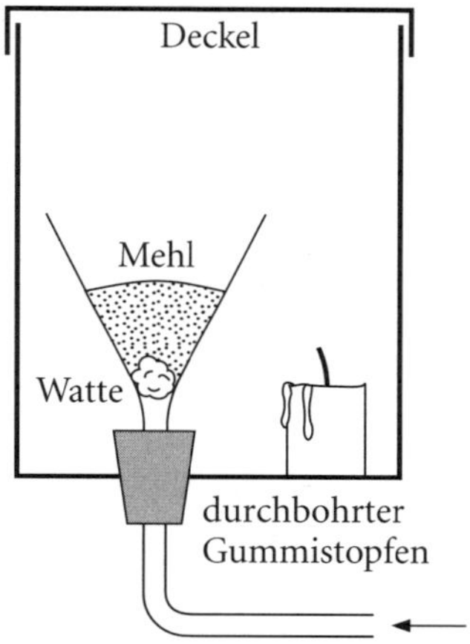

Durchführung und Beobachtung

Der Trichter wird mit etwas Watte locker verstopft und etwa zur Hälfte mit Mehl gefüllt. Die brennende Kerze stellt man daneben. Dann wird der Deckel auf die Dose geklemmt. Zur persönlichen Sicherheit sollte der Schlauch so bemessen sein, das man – eventuell hinter einer Schutzscheibe verborgen – gehörigen Sicherheitsabstand einnehmen kann Sobald man kräftig in den Schlauch bläst, findet eine Explosion statt, die den Deckel nach oben schleudert. Leitet man alternativ Sauerstoffgas aus der Druckgasflasche ein, wird der Effekt noch wesentlich dramatischer.
Lässt man den Deckel weg, ist beim Einblasen nur ein Feuerschein zu erkennen und eventuell ein leichtes Fauchen zu hören.
Von einer vor dem Publikum geäußerten Behauptung, das Hochschleudern des festsitzenden Deckels allein durch Lungenkraft sei nicht möglich, ist aufgrund einer persönlichen Erfahrung des Autors (M.K.) abzuraten. Kräftige Jugendliche sind dazu durchaus in der Lage.

Erläuterung

Auch wenn diese Mehlstaubexplosion im Kleinformat keine ernsthafte Gefahr darstellt, hat der Versuch einen ernsthaften Hintergrund. Eine Staubexplosion in einer Bremer Mühle hatte katastrophale Folgen, u. a. waren viele Todesopfer zu beklagen.
Ein hoher Zerteilungsgrad führt zu effektiver, schneller Verbrennung. In Kohlekraftwerken wird dieses Prinzip beim Wirbelschichtverfahren vorteilhaft genutzt.

6.12 Wasserkraft

Themen für den Unterricht

Aggregatzustände (Verdampfen)

Geräte und Chemikalien

Glasrohr (Länge ca. 10 cm, Ø 6–8 mm), Stativ, Gasbrenner, ggf. Einwegspritze
Wasser

Hinweise zur Sicherheit

Der Versuch muss unter einem splitterdicht verschlossenen Abzug stattfinden.

Vorbereitende Arbeiten

Das eine Ende des Glasrohres bläst man zu einer kleinen Kugel. Nach dem Abkühlen wird die Kugel ggf. mit Hilfe einer Spritze fast vollständig mit Wasser gefüllt. Anschließend erhitzt man das Glas in etwa 2 cm Entfernung vom oberen Ende, bis es schmilzt. Die geschmolzene Zone wird etwa langgezogen und dabei gleichzeitig gebogen, so dass eine luftdicht verschlossene Ampulle mit einer Art Haken entsteht.

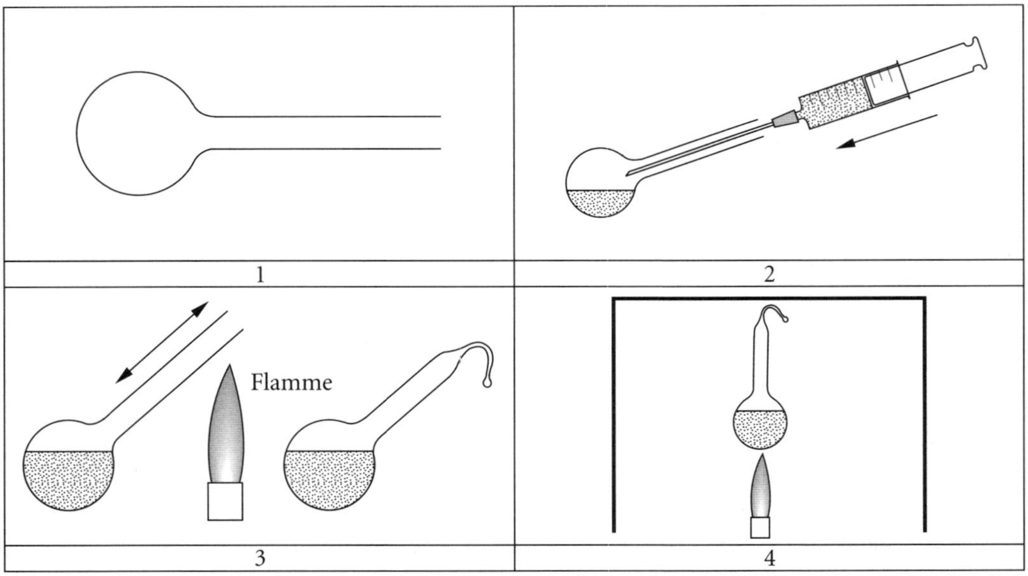

Durchführung und Beobachtung

Unter dem Abzug wird die Ampulle so an ein Stativ gehängt, dass die Flamme eines darunter stehenden Gasbrenners die wassergefüllte Kugel erreicht. Folgende Reihenfolge ist einzuhalten: Den Gasbrenner außerhalb des riskanten Bereiches in Betrieb setzen, rasch unter die Ampulle schieben und schnell die Abzugstür verschließen.

Das Wasser beginnt bald zu sieden. Es kann dennoch mehrere Minuten dauern, bis die Ampulle zu einem feinen Glasstaub explodiert. Die Lautstärke des Knalls variiert von Fall zu Fall stark.

Erläuterung

Verdampftes Wasser nimmt etwa das 1100-fache Volumen der ursprünglichen Flüssigkeit ein. Bei engem Raum übt es starken Druck aus.

7.1 Unheimliche Träne

Themen für den Unterricht

Glas, Strukturen

Geräte und Chemikalien

Zange, Becherglas, Handschuhe, Schutzscheibe, Schutzbrille
2 Bologneser Glastränen (im Fachhandel für Zauberbedarf gekauft oder selbst hergestellt), Wasser

Hinweise zur Sicherheit

Bei diesem Versuch ist für ausreichenden Splitterschutz zu sorgen.

Vorbereitende Arbeiten

Durch Abschmelzen eines Glasstabes im Gebläsebrenner und Abschrecken der dabei entstehenden Glastropfen in Wasser kann man die Bologneser Tränen selbst herstellen.

Durchführung und Beobachtung

Variante 1: Man zwickt mit einer Zange die Glastropfenspitze ab.
Der Glastropfen zerfällt explosionsartig zu staubfeinem Pulver.
Variante 2: Der Versuch wird in einem mit Wasser gefüllten Becherglas durchgeführt.
Das Becherglas wird zertrümmert.

Erläuterung

In der zweiten Variante wird die Druckwelle durch das Wasser auf die Wand des Gefäßes übertragen.

Weitere passende Versuche

7.2

7.2 Bologneser Flasche

Themen für den Unterricht
Glas, Strukturen

Geräte und Chemikalien
Breitkopfnagel, Stück Weichholz, Glassplitter oder spitzes Steinchen, Handschuhe, Schutzbrille, Schutzscheibe
Bologneser Flasche

Hinweise zur Sicherheit
Bei diesem Versuch ist für ausreichenden Splitterschutz zu sorgen

Vorbereitende Arbeiten
Die Bologneser Flasche ist nicht ganz leicht zu bekommen. Das in früheren Auflagen dieses Buches erwähnte Unternehmen Gerresheimer Glashütte existiert nicht mehr. Eventuell kann eine Glasbläserei weiterhelfen.

Durchführung und Beobachtung
Variante 1: Man schlägt mit der Bologneser Flasche einen Breitkopfnagel in ein Stück Weichholz (vorsorglich Splitterschutz verwenden!).
Die Flasche bleibt unbeschädigt.
Variante 2: Man lässt durch den Flaschenhals einen kleinen Glassplitter fallen. Die ganze Flasche wird augenblicklich zertrümmert.

Erläuterung
In zu schnell abgekühlten Glaswaren treten starke Spannungen auf. Die Bologneser Flasche hat eine dickwandige kugelige Form. Sie wird nach dem Herstellen (Glasbläserei) durch Eintauchen in Öl abgeschreckt.
Da die Bologneser Flasche nur innen solche Spannungen aufweist, kann man unbesorgt mit ihr einen Nagel einschlagen, während ein in die Flasche fallen gelassenes spitzes Steinchen die ganze Flasche sofort zerstört.

Weitere passende Versuche
7.1

7.3 Verschimmelndes Aluminium

Themen für den Unterricht
Redox-Reaktionen (elektrochemische Spannungsreihe), Metalle (Amalgam)

Geräte und Chemikalien
Baumwolllappen
Aluminiumblech oder -folie (5 x 5 cm), Quecksilber(II)-chlorid-Lösung (w = 10 %) T+

Hinweise zur Sicherheit
Quecksilber(II)-chlorid ist sehr giftig; 0,5 g können bereits tödlich wirken. Die Empfehlungen zum Umgang mit Quecksilberverbindungen im Kapitel Hinweise zu den Versuchen sind zu beachten.

Durchführung und Beobachtung
Einige Tropfen Quecksilber(II)-chlorid-Lösung werden auf ein Stück Aluminiumblech gegeben und mit einem Lappen verrieben, bis die Fläche wieder trocken erscheint. Nach kurzer Zeit schießen weiße Fasern aus dem Aluminium hervor und bedecken das Blech wie mit einer »Vegetation von Schimmel«.

Erläuterung
Aluminium zeigt ein sehr großes Bestreben, sich mit Sauerstoff zu verbinden. Da es allerdings mit einer fest anhaftenden, zusammenhängenden Oxidschicht bedeckt ist, bleibt es an der Luft beständig und korrodiert nicht. Die Bildung dieser schützenden Aluminiumoxidschicht wird durch Einreihen mit Quecksilberchlorid verhindert bzw. eine schon vorhandene Oxidschicht wird zerstört, da Quecksilber entsteht ($3\ HgCl_2 + 2\ Al \rightarrow 2\ AlCl_3 + 3\ Hg$), welches mit Aluminium ein Amalgam bildet. In einem solchen amalgamierten Aluminiumblech sind zwischen den Aluminiumatomen Quecksilberatome eingebettet. Das Aluminium kann daher die zusammenhängende, schützende Oxidhaut nicht mehr ausbilden. Es oxidiert nun an der feuchten Luft außerordentlich leicht unter Bildung von Aluminiumoxidhydrat.
Aus dem Roman »Onkel Wolfram« von Oliver Sacks [1]: »Ich zeige dir etwas Interessantes« – Onkel Wolfram nahm einen kleineren Aluminiumklumpen mit glatter, glänzender Oberfläche und bestrich ihn mit Quecksilber. Aus heiterem Himmel – wie unter dem Einfluss irgendeiner schrecklichen Krankheit – brach die glatte Oberfläche auf, und mit hoher Geschwindigkeit wuchs eine weiße Substanz heraus, wie eine schwammige Geschwulst, erst einen halben Zentimeter hoch, dann einen Zentimeter, und sie wuchs weiter, bis das Aluminium vollkommen aufgezehrt war. […] »Durch das Einreiben mit Quecksilber wird die Oberflächenschicht zerstört, das Aluminium hat keinen Schutz mehr und verbindet sich in Sekundenschnelle mit dem Sauerstoff.«

Weitere passende Versuche
4.17

7.4 Silberwald und Kupferstacheldraht

C Xn N MIK OHP SV

Themen für den Unterricht

Redox-Reaktionen (elektrochemische Spannungsreiche), Kupfer, Silber

Geräte und Chemikalien

Mikroskop oder Stereolupe oder ggf. OH-Projektor, Objektträger, Pinzette, Pipette
Versuch 1: Feine Eisenwolle, Kupfersulfat-Lösung (w = 10 %) **Xn N**
Versuch 2: Dünnes Kupferblech, Silbernitrat-Lösung (w = 10 %) **C N**

Vorbereitende Arbeiten

Falls sie nicht vorhanden sind, müssen die oben genannten Lösungen hergestellt werden. Das Kupferblech sollte zuvor eventuell gereinigt werden.

Durchführung und Beobachtung

Beide Experimente ermöglichen sowohl bei Beleuchtung von oben als auch von unten unterschiedliche, dabei stets interessante Beobachtungen.
Versuch 1: Das Mikroskop ist zunächst auf etwa 50-fache Vergrößerung eingestellt. Auf den Objektträger kommt ein kleines, flachgedrücktes und dabei auseinander gezupftes Büschel feiner Eisenwolle. Darauf tropft man etwas Kupfersulfat-Lösung.
Bereits mit bloßem Auge erkennt man die unmittelbar einsetzende Rotfärbung der Eisenwolle. Unter dem Mikroskop sieht man an den Drähten dornige Auswüchse, die man mit Phantasie als »Stacheldraht« interpretieren kann. Später kann man den Vergrößerungsfaktor steigern.
Versuch 2: Auch hier sollte zunächst das Mikroskop auf der kleinsten Vergrößerungsstufe eingestellt sein. Ein kleines Stück Kupferblech liegt auf dem Objektträger. An eine der Kanten tropft man Silbernitrat-Lösung.
Mit bloßem Auge erkennt man bald eine dunkle Umrandung. Unter dem Mikroskop zeigen sich filigrane Verästelungen. Von unten beleuchtet erscheint das Objekt als Silhouette, von oben beschienen glänzen die »Bäume« silbrig.

Erläuterung

In beiden Versuchen verdrängte das unedlere Metall das edlere aus der Lösung, die abgeschiedenen Metalle kristallisieren.
Versuch 1 $Fe + Cu^{2+}SO_4^{2-} \rightarrow Fe^{2+}SO_4^{2-} + Cu$
Versuch 2 $Cu + 2\ Ag^{+}(NO_3^{-})_2 \rightarrow Cu^{2+}(NO_3)^{2-} + 2\ Ag$

SV

SPr

7.5 Licht als Gewichtheber

Themen für den Unterricht

Große Moleküle, Gummi, Strukturen

Geräte und Chemikalien

Ein-Kilogramm-Gewicht, Infrarotlampe, Stativ, Waage mit Großdisplay
Frischer Verpackungsgummiring

Vorbereitende Arbeiten

Ein Ein-Kilogramm-Gewicht wird mit möglichst frischem Verpackungsgummiring so an ein Stativ aufgehängt, dass auf die Waagschale ca. 250 g aufstehen. Gegenüber im Abstand von ca. 30 cm befindet sich die Rotlichtlampe.

Durchführung und Beobachtung

I: Die Lampe wird eingeschaltet.
Durch thermische Knäuelung der Makromoleküle kontrahiert der Gummi und die Gewichtsanzeige der Waage zeigt geringere Werte an.
II: Die Lampe wird ausgeschaltet.
Die Waage zeigt wieder höhere Werte an. Dieser Versuch lässt sich beliebig oft wiederholen.

Erläuterung

In der Regel dehnen sich Stoffe bei Temperaturzunahme aufgrund der stärkeren Teilchenbewegung aus. Bei Gummi wird dieser Effekt durch die platzsparende Änderung der Anordnung der Moleküle beim Erwärmen überkompensiert; der Vorgang ist reversibel. Das im hier betrachteten Versuch abweichende Verhalten wird in der Physik gelegentlich als „Anomalie des Gummis“ bezeichnet.

Weitere passende Versuche

1.5

7.6 Hüpfender Kitt

Themen für den Unterricht

Verhalten Nicht-Newtonscher Flüssigkeiten (Dilatanz, Thixotropie), Strukturen

Geräte und Chemikalien

Hammer, Amboss
Borpolysiloxan (»hüpfender Kitt«), normaler Glaserkitt oder Knetgummi (Plastilin)
Man erhält kleine Mengen unter der Bezeichnung »Silly Putty« im Spielwarenhandel.

Vorbereitende Arbeiten

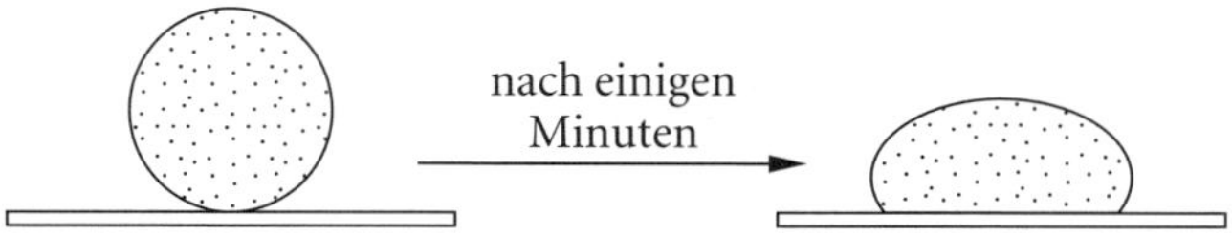

Abb. 18: Hüpfender Kitt

Hier die Übersetzung eines im Internet kursierenden englischsprachigen Rezepts für die Eigenproduktion der Zauberknete.
Man nehme:

- 1 Tasse weißen Kleber
  [»white glue – thick liquid, white glue used by school children in the states (also called elmers glue) has the consistency of thin pancake batter, makes a mess, dries opague, kids love to smear it thinly on their palms, let it dry and pull it off in sheets (not its intended use, but as a teacher, I've seen it all!)«]
- 1 Tasse flüssige Stärke
- Lebensmittelfarbe

Man fülle den weißen Klebstoff und die Lebensmittelfarbe in einen Plastikbecher. Nach und nach kommt unter Rühren die Stärke dazu. Man rührt weiter, bis die Mischung wie Kitt zusammenklebt.
Wenn die Knete zu klebrig ist, muss noch so viel Stärke dazugemischt werden, bis die Masse glatt und gummiartig ist.

Durchführung und Beobachtung

Siehe Tabelle auf der Seite 174.

Erläuterung

Der „hüpfende Kitt" besteht aus Siliconketten, in der Bor-Atome eingebaut sind:

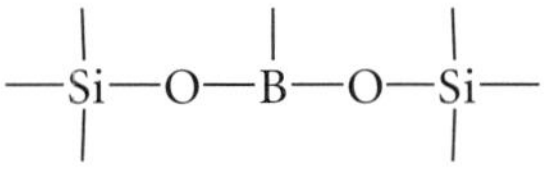

Der Borgehalt beträgt 1 Boratom auf 3 bis 100 Siliciumatome.
Der Siliconkitt verhält sich gegenüber langsam wirkenden Kräften als plastische, leicht knetbare Masse. Bei stoßartigen Kräften aber ist er hochelastisch. Die Rückprallelastizität beträgt mehr als 50 %. Diese hohe Elastizität ist um so erstaunlicher, weil das Material Borpolymethylsiloxan aus verhältnismäßig kurzkettigen Molekülen besteht. Man nimmt zur Erklärung eine vorübergehende Vernetzung an, welche wahrscheinlich da-

Versuch	Siliconkitt	»Normale« Knete
Die Knete zum Quader formen (etwa 3 – 4 cm dick). Dann erst langsam, dann schnell und kräftig mit dem Hammer zuschlagen.	**Langsam:** Es entsteht eine tiefe Delle. **Schnell:** Der Hammer schnellt zurück. Ein Abdruck ist kaum zu sehen.	Sowohl bei langsamem als auch bei schnellem Einwirken entsteht ein tiefe Delle.
Variante des vorigen Versuches: Die Knete wird mit Handkantenschlägen bearbeitet.	**Langsam:** In der Knete bilden sich tiefe Dellen. **Schnell:** Die Hand prallt zurück, die Knete wird kaum verformt.	In beiden Fällen entsteht eine tiefe Delle.
Knete zur Kugel formen und auf den Boden fallen lassen.	Springt wie ein Vollgummiball.	Bleibt am Boden liegen.
Langsam auseinander ziehen.	Lässt sich extrem lang dehnen.	Lässt sich etwas dehnen.
Sehr schnell auseinander ziehen.	Reißt mit einem leichten Knall. Zwei glatte »Schnittstellen«	Die Knete zerreißt. Die »Schnittstelle« ist unregelmäßig geformt.
Abdruck von Reliefs: Die Kneten werden auf Münzen, Gravierungen usw. gepresst und wieder abgezogen.	Es entstehen exakte Abbildungen. Auch feinste Strukturen werden wiedergegeben.	Der Abdruck gelingt nur unvollkommen. Feine Strukturen werden kaum wiedergegeben.
Knete zur »Wurst« formen, auf einen Amboss legen und mit der Kante eines Hammers kräftig darauf hauen.	Die Zauberknete zerspringt wie ein unelastischer Gegenstand in zwei Teile.	Die Knete wird von dem Schlag in zwei Teile geschnitten.
Auf »frische« Zeitung drücken.	Auf der Kontaktfläche entsteht eine deutliche, spiegelverkehrte Abbildung. Auf ein weißes Blatt Papier kann man einen schwachen Abdruck stempeln.	Die Knete verfärbt sich kaum.
Eine große Kugel formen und auf eine glatte Unterlage legen.	Die Zauberknete »zerfließt« innerhalb weniger Minuten.	Die Knete verändert kaum ihre Form.

durch zustande kommt, dass die freien Elektronen am Siloxansauerstoff in die Oktettlücken der Boratome »einschnappen«:

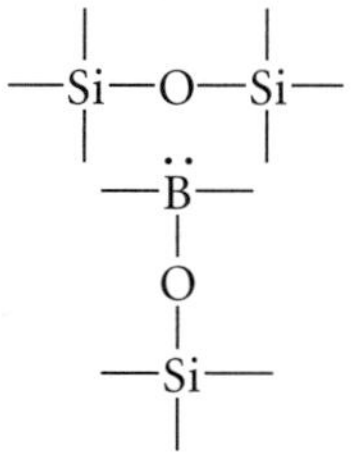

Weitere passende Versuche

Interessante gummielastische Eigenschaften finden sich auch bei Synthese-Kautschuk: Ein Kautschukband (20 cm) wird im gereckten Zustand festgehalten und in Eis eingebettet. Nimmt man nach ca. 10 Sekunden das Band aus dem Eis heraus, so bleibt es im gereckten Zustand. Die elastische Eigenschaft kehrt sofort zurück, wenn man es in heißes Wasser wirft. Dieser Versuch lässt sich beliebig oft wiederholen.

Unter der Bezeichnung »Happy and unhappy balls« sind zwei kleine dunkle Bälle im Handel, die trotz identischen Aussehens und kaum zu unterscheidender Textur unterschiedliches Verhalten zeigen. Lässt man beide Bälle parallel fallen, springt der eine beim Aufprall auf eine harte Unterlage nach Art eines Superballs (»Flummi«) nach oben, während der Partner auf der Stelle liegen bleibt.

N

Xn

7.7 Künstlicher Kaviar

Themen für den Unterricht

Strukturen (Gele)

Geräte und Chemikalien

Tropftrichter, Kristallisierschale (300 mL), Stativmaterial, Glasstab, Büchnertrichter
Kupfersulfat-5-Hydrat **Xn N**, Natriumalginat, destilliertes Wasser

Vorbereitende Arbeiten
Folgende Lösungen werden hergestellt:
Lsg. A: 1 g Natriumalginat werden in 100 mL kochendem Wasser gelöst.
Lsg. B: 8 g Kupfersulfat-5-Hydrat in 100 mL Wasser. Versuchsaufbau nach Abb. 19.

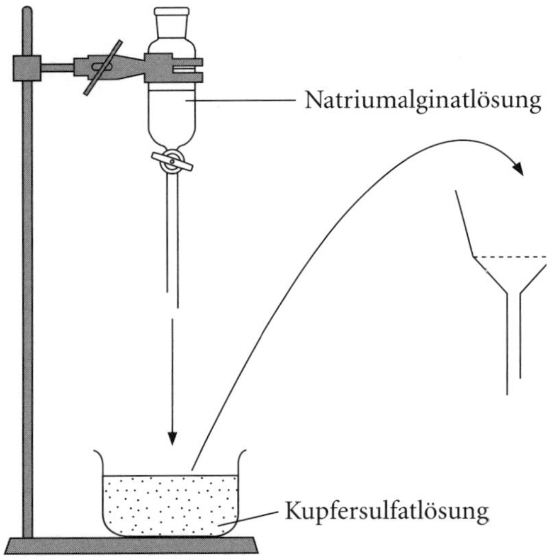

Abb. 19: Herstellung des künstlichen Kaviars

Durchführung und Beobachtung

Man lässt die Natriumalginat-Lösung in die Kupfersulfat-Lösung tropfen. Dabei entstehen kaum sichtbare, kleine Kügelchen, die auf der Kupfersulfat-Lösung schwimmen. Um das Zusammenkleben dieser Kügelchen mit der eintropfenden Flüssigkeit zu vermeiden, rührt man hin und wieder mit einem Glasstab in der Lösung.

Sobald die Natriumalginat-Lösung verbraucht ist, wird die Kupfersulfat-Lösung in einen Büchnertrichter gegossen. Man lässt die Flüssigkeit abfließen und gibt den Rückstand in eine Kristallisierschale.

Es sind durchscheinende, türkisfarbene Kügelchen (Ø ca. 5 mm) entstanden, die in ihrem Aussehen an Froscheier erinnern.

Verwendet man statt Kupfersulfat Silbernitrat, so erhält man durchscheinend weiße Kügelchen, die allerdings nicht so fest und elastisch sind wie die türkisfarbenen. Ähnlich schwammige und unstabile Kügelchen bekommt man beim Eintropfen der Natriumalginat-Lösung in Salzsäure.

Erläuterung

Alginsäure ist ein farbloses, Carboxylgruppen enthaltendes Polysaccharid (Molmasse 100 000 – 240 000 g/mol), welches sich in beträchtlichen Mengen von bis zu 40 % Trockensubstanz in Braunalgen befindet, wo es ähnlich wie die Zellulose eine Stützfunktion ausübt. In kaltem Wasser ist diese Substanz unlöslich, in siedendem Wasser löst sie sich mit schwach saurer Reaktion. Die Alkalisalze und Magnesiumsalze der Alginsäure sind wasserlöslich.

Technische Verwertung finden Alginsäure und Alginate als Verdickungsmittel für Speiseeis, Marmeladen, Fertigsuppen, Leimen, Kosmetika etc.
Ausgehend von der Annahme, dass das Kupfersalz bzw. das Silbersalz der Alginsäure in Wasser unlöslich ist, lässt sich die Kügelchenbildung folgendermaßen erklären: Beim Eintropfen der Natriumalginat-Lösung kommt die Oberfläche der Tropfen mit der Kupfersulfat-Lösung in Berührung. Es bildet sich das unlösliche Kupfersalz der Alginsäure, welches die Tropfen mit einer festen, zusammenhaltenden Schicht überzieht. Daneben bildet sich auf Grund der sauren Reaktion der Kupfersulfat-Lösung vermutlich auch noch die wasserunlösliche Alginsäure. Da das Innere der Tropfen keinen Kontakt mit der Kupfersulfat-Lösung hatte, bleibt es flüssig.

Weitere passende Versuche
1.6, 1.7

F

Xi

DUN

0

7.8 Feuriges Gel

Themen für den Unterricht

Feuer, Strukturen (Gele)

Geräte und Chemikalien

2 Bechergläser (400 mL), Messzylinder, feuerfeste Unterlage
Calciumacetat, Ethanol **F**, Natronlauge (w = 2–10 %) **Xi**, Phenolphthalein-Lösung **F**

Vorbereitende Arbeiten

Folgende Lösungen werden hergestellt:
Lsg. A: Man stellt in einem Becherglas (400 mL) eine gesättigte Calciumacetat-Lösung aus 12 g Calciumacetat in 40 mL Wasser her, der man einige Tropfen verdünnte Natronlauge zufügt, so dass die Lösung schwach basisch reagiert.
Lsg. B: In ein zweites Becherglas (400 mL) kommen 300 mL Ethanol und 2 mL Phenolphthalein-Lösung.

Durchführung und Beobachtung

Das farblose Ethanol wird mit Schwung in die farblose Calciumacetat-Lösung geschüttet. Die Mischung färbt sich rosa und erstarrt zu einem Gel.
Man löscht das Licht und zündet das Gel an. Die Flamme lässt sich nach einiger Zeit wieder löschen, indem man eine feuerfeste Platte auf die Becherglasöffnung legt.

Erläuterung

Zu Beginn liegt eine gesättigte Lösung von Calciumacetat vor. Da dieser Stoff in Ethanol wesentlich weniger löslich ist, fällt das Salz nach Zugabe des Ethanols rasch aus. Dabei entsteht ein Gel, in diesem Fall ein raumgreifendes Gitter aus Calciumacetat mit eingeschlossenem Ethanol.

7.9 Wandernde Stoffe

T

Xn

F

Themen für den Unterricht

Strukturen

Geräte und Chemikalien

2 Reagenzgläser (Ø = 3 cm, Länge 18 cm), 2 passende Stopfen
Campher **F Xn**, Brennspiritus **F**, Chloralhydrat (Trichlorethanal-Hydrat) **T**, Salicylsäurephenylester

Hinweise zur Sicherheit

Salicylsäurephenylester wird beim Auskristallisieren warm!
Da der aromatische Geruch von Campher zu sorglosem Umgang mit dieser Substanz verleiten kann, soll kurz auf seine Giftwirkung hingewiesen werden. In geringer Menge ist Campher anregend, größere Mengen wirken allerdings lähmend auf Atmung, Herztätigkeit und Zentralnervensystem. Für ein Kind ist die Aufnahme von 1 g Campher über die Verdauungswege bereits tödlich. Chloralhydrat findet als Schlafmittel Verwendung. Es ist ein Nervengift. Innerlich eingenommen wirken 0,9 – 12 g tödlich.

Vorbereitende Arbeiten

Die beiden Reagenzgläser werden folgendermaßen präpariert:

Rg. A: Man füllt das Reagenzglas vollständig mit Salicylsäurephenylester (ca. 20 g) und hält es über die Flamme eines Bunsenbrenners. Sobald die Masse flüssig geworden ist (Schmelzpunkt liegt bei 43 °C), erhitzt man noch einige Zeit weiter, um auch die kleinsten Kristalle zu schmelzen. Das Schmelzprodukt nimmt etwa das halbe Volumen des Reagenzglases ein. Man lässt das Reagenzglas abkühlen. Dabei verfestigt sich die Substanz nicht. Sie bleibt ca. 2 – 3 Stunden flüssig und ist relativ beständig gegenüber Bewegung.

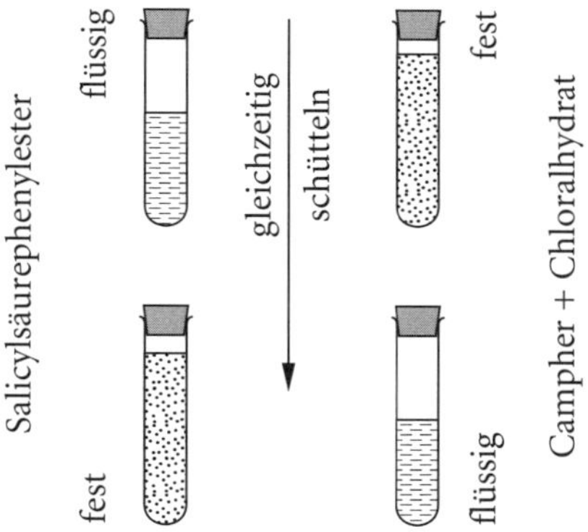

Abb. 20: Wandernde Stoffe

Rg. B: Campher und Chloralhydrat werden fein pulverisiert.
Den Campher feuchtet man vor dem Pulverisieren mit einigen Tropfen Alkohol an.
Das Reagenzglas füllt man zunächst zur Hälfte mit Campher (ca. 15 g), darüber schichtet man das pulverisierte Chloralhydrat (ca. 5 g), so dass das Reagenzglas schließlich zu Dreiviertel gefüllt ist.

Durchführung und Beobachtung

Die beiden Reagenzgläser werden mit den Stopfen verschlossen und dann gleichzeitig kräftig geschüttelt. Die feste Substanz ist flüssig geworden, die flüssige fest. Die beiden Stoffe haben also scheinbar ihren Platz gewechselt.

Erläuterung

Die beim Schütteln des flüssigen Salicylsäurephenylesters entstehenden Kristalle haften am Reagenzglas und täuschen so eine Volumenzunahme vor. Das Volumen der Campher-Chloralhydrat-Mischung nimmt beim Flüssigwerden ab (siehe Abb. 20).

7.10 Blutwunder und Madonnen-Tränen

Themen für den Unterricht

Strukturen (Thixotropie, Dilatanz)

Geräte und Chemikalien

Versuch 1: Reagenzglas, Gummistopfen
Eisen(III)-chlorid **Xn**, Calciumcarbonat, Natriumchlorid, destilliertes Wasser
Versuch 2: Becherglas (100 mL), Rührgefäß (Becherglas oder Kunststoffbecher), großes Reagenzglas oder Standzylinder
Tomatenketchup, Kochsalz, Wasser

Vorbereitende Arbeiten

Das Gelingen von Versuch 1 hängt stark vom optimalen Mischungsverhältnis der Substanzen ab. Unbedingt vorher ausprobieren!

Durchführung und Beobachtung

Versuch 1: Imitation eines Blutwunders
»In einem Becherglas versetzt man 50 mL Wasser mit 25 g Eisen(III)-chlorid, 10 g Calciumcarbonat und 1,7 g Natriumchlorid. Nun liegt ein kompakter, rostroter Stoff vor, den man sich mit Fantasie als altes, geronnenes Blut vorstellen kann. Auch bei leichtem Schwenken ändert sich nichts am Aussehen. Nach heftigem Schütteln wird der Inhalt hingegen dünnflüssig, um nach ein bis zwei Minuten Ruhe wieder zu „gerinnen". Ein großes Reagenzglas wird zur Hälfte mit der Mischung gefüllt und mit einem Gummistopfen fest verschlossen.« [1]
Versuch 2: Die Tränen der Madonna
Man gibt 2,5 g Kochsalz in das Becherglas (100 mL), gießt 50 mL Wasser darüber und löst es unter Rühren vollständig auf.
In das Rührgefäß kommen etwa 100 mL Tomatenketchup. Dann wird kleinen Portionen so viel von der Kochsalzlösung untergerührt, bis die Masse gerade eben fließt ist (Richtwert: 1 mL Kochsalzlösung für 10 mL Tomatenketchup).
Erneut wird Tomatenketchup hinzugeben, bis die Masse so eben fest ist. Das Ganze gibt man in das hohe, enge Glasgefäß und verschließt. Der Behälter wird intensiv geschüttelt. Die dickflüssige Masse wird für kurze Zeit dünnflüssig; anschließend verfestigt sie sich wieder.

Erläuterung

Madonnentränen und Blutwunder gehören zu den zahlreichen Wundererscheinungen, die Tausende von Gläubigen an die magischen Orte locken. Schon lange bemüht sich die Wissenschaft um rationale Erklärungen dieser Phänomene.
Das beim »Blutwunder von Neapel« wirkende normalerweise geronnene Blut des heiligen Januarius soll sich Ostern stets spontan verflüssigen – andernfalls droht Unheil! Die Zeitschrift »Bild der Wissenschaft« beschreibt in ihrer Ausgabe 1/1992 eine Rezeptur für

ein Gemisch, das, normalerweise steif, bei Erschütterung für kurze Zeit dünnflüssig wird. Die in unserem Versuch verwendeten Chemikalien standen auch schon im Mittelalter zur Verfügung.

In beiden Versuchen liegen dickflüssige Gele vor, »die bei plötzlichem Druck oder bei Erschütterungen spontan zum dünnflüssigen Sol-Zustand wechseln, um kurz darauf wieder zum Gel-Zustand zurückzukehren«. Dieses Verhalten heißt Thixotropie. Bei Zahncremes und Dispersionsfarben ist thixotropes Verhalten sogar erwünscht, um scheinbar unvereinbaren Erfordernissen Rechnung zu tragen: Die Creme soll leicht aus der Tube kommen, aber nicht von der Zahnbürste fließen. Und die Dispersionsfarbe soll dem Druck der Malerrolle keinen allzu großen Widerstand entgegensetzen, aber nach dem Auftragen keine Tropfen bilden. Negativ tritt die Thixotropie bei tonigem Baugrund in Erscheinung.

Das Gegenteil der Thixotropie ist die Dilatanz. Leichtbewegliche Suspensionen (zum Beispiel aus Stärke und Wasser) werden durch schnelles Einwirken von Druck schlagartig zu einer relativ steifen Masse.

Hinweis zur Präsentation

Das eindrucksvolle Schildern einer passenden Geschichte bereichert den Vortrag, z. B. die Legende aus dem Buch »Chemagie« [2].

7.11 Magisches Pulver

T

N

2

Themen für den Unterricht
Entropie, Strukturen

Geräte und Chemikalien
2 Reagenzgläser
Blei(II)-nitrat **T N**, Kaliumiodid

Vorbereitende Arbeiten
In das eine Reagenzglas füllt man 2 g Blei(II)-nitrat, in das andere 2 g Kaliumiodid.

Durchführung und Beobachtung
Der Inhalt der beiden Reagenzgläser wird zusammengeschüttet und die Mischung kräftig geschüttelt.
Die weiße Mischung färbt sich gelb.

Erläuterung
Beim Mischen der beiden Substanzen bildet sich das gelbe Bleiiodid. Es liegt hier eine Reaktion im festen Zustand vor.

Weitere passende Versuche
4.18

C

Xn

F

CAM

3

7.12 Nylon-Seil-Trick

Themen für den Unterricht

Kunststoffe, Makromoleküle, chemische Reaktion (Teilchenkollision)

Geräte und Chemikalien

3 Bechergläser (100 mL), Pinzette, Trichter, Stativmaterial, zwei Glasstäbe, Stopfen
Hexamethylendiamin **C**, Adipinsäuredichlorid **C** oder Sebacinsäuredichlorid **C**, Hexan **F Xn**, Phenolphthalein-Lösung **F**, destilliertes Wasser

Vorbereitende Arbeiten

Versuchsaufbau nach Abb. 21, die beiden Glasstäbe werden zweckmäßigerweise jeweils in einen durchbohrten Stopfen geschoben, welcher dann am Stativ befestigt wird. Um eine genügend große Fallhöhe für den Nylonfaden zu erreichen, spannt man das Becherglas, in das die beiden Lösungen kommen, am oberen Ende einer Stativstange ein.

Folgende Lösungen werden hergestellt:

Lösung A: In einem kleinen Becherglas werden etwa 2 mL Adipinsäuredichlorid (oder Sebacinsäuredichlorid) in 50 mL Hexan gelöst. Man erhält eine braungelbe Lösung.

Lösung B: In einem anderen Becherglas löst man ca. 2 g Hexamethylendiamin in 50 mL Wasser. Rotfärbung erreicht man durch Zugabe von etwas Phenolphthaleinlösung.

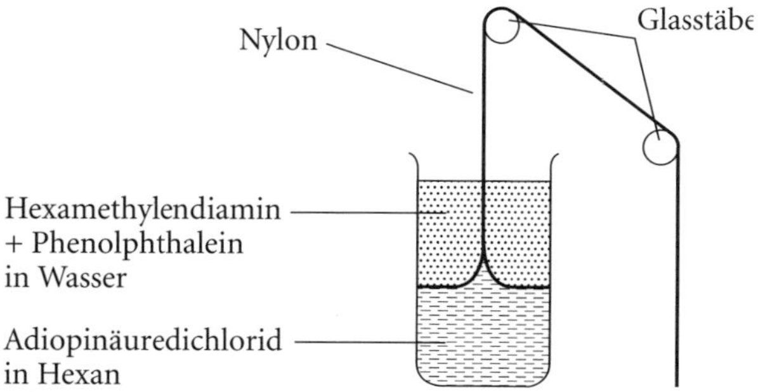

Abb. 21: Nylonherstellung

Durchführung und Beobachtung

Lösung B wird in das eingespannte Becherglas gegeben. Dann wird mit Hilfe eines Trichters vorsichtig Lösung A auf Lösung B geschichtet (siehe Abb. 21).

An der Berührungsstelle der beiden Lösungen entsteht eine dünne Haut, die man mit der Pinzette in der Mitte der Oberfläche erfasst und aus der Lösung zieht. Da die Haut sich augenblicklich neu bildet, lässt sich ein zusammenhängender Faden herausziehen, der viele Meter lang wird. Sollte der Faden reißen, kann man mit der Pinzette einen neuen Faden aus der Lösung ziehen.

Dieser Faden wird so über zwei Glasstäbe gelegt, dass er alleine durch sein Eigengewicht nach unten sinkt (siehe Abb. 10) und sich dabei langsam aus der Lösung zieht. Das nötige Eigengewicht wird bei einer Fadenlänge von ca. 2 m erreicht. Man lässt ihn daher von einem hohen Stativ auf den Fußboden fallen. Weil der Faden nicht trocken ist, empfiehlt es sich, eine alte Zeitung unterzulegen. Der Versuch ist beendet, wenn das Becherglas leer ist.

Erläuterung

An der Berührungsstelle der beiden Lösungen bildet sich unter Abspaltung von HCl Nylon (Grenzflächenkondensation).

$$n\,H_2N{-}(CH_2)_6{-}NH_2 + n\,Cl{-}\overset{\displaystyle O}{\overset{\|}{C}}{-}(CH_2)_8{-}\overset{\displaystyle O}{\overset{\|}{C}}{-}Cl \longrightarrow$$

Hexamethylendiamin — Sebacinsäuredichlorid

$$\left[{-}NH{-}(CH_2)_6{-}NH{-}\overset{\displaystyle O}{\overset{\|}{C}}{-}(CH_2)_8{-}\overset{\displaystyle O}{\overset{\|}{C}}{-}\right]_n + 2n\,HCl$$

6,10-Nylon = Polyhexamethylensebacinsäurediamid

Die beiden Zahlen geben die Anzahl der Kohlenstoffatome in den monomeren Ausgangsstoffen an. Die unverzweigten Moleküle des Nylons bilden untereinander Wasserstoffbrücken aus:

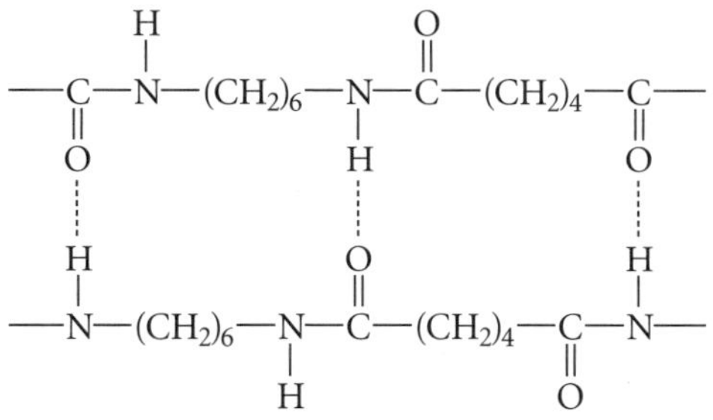

Nylon 6,6

Weitere passende Versuche

7.13

Xn

CAM

OHP

2

7.13 Kollisionen in der Petrischale

Themen für den Unterricht
Reaktionskinetik (Teilchenkollision)

Geräte und Chemikalien
3 Petrischalen, Spatel
Destilliertes Wasser, Kaliumhexacyanoferrat(II), Ammonium- oder Kaliumthiocyanat **Xn**, Eisen(III)-chlorid **Xn**; weitere Chemikalien nach Bedarf

Durchführung und Beobachtung
Drei Petrischalen werden halb mit Wasser gefüllt.
In Schale 1 gibt man an den gegenüberliegenden Innenrändern jeweils eine Spatelspitze Kaliumhexacyanoferrat(II) und Eisen(III)-chlorid. Nach einiger Zeit bildet sich in der mittleren Zone der ansonsten farblosen Flüssigkeit eine blaue Linie. Bei Umrühren färbt sich der gesamte Inhalt tief blau.
Schale 2 erhält auf die gleiche Weise Ammonium- oder Kaliumthiocyanat und Eisen(III)-chlorid. Hier ist ähnliches wie in Schale 1 »in Rot« zu beobachten.
In Schale 3 gibt man an die Ränder jeweils eines Drittel-Segmentes der Petrischale eine Spatelspitze Kaliumhexacyanoferrat(II), Ammonium- oder Kaliumthiocyanat und Eisen(III)-chlorid. Es entsteht sowohl eine rote als auch eine blaue Linie. Zwischen den Stoffproben von Kaliumhexacyanoferrat(II) und Ammonium- bzw. Kaliumthiocyanat ist keine Verfärbung zu beobachten.

Erläuterung
Eine wesentliche Voraussetzung für chemische Reaktionen zwischen zwei Stoffen ist die Kollision ihrer Teilchen. Im Wasser breiten sich die gelösten Ionen durch Diffusion etwa gleich schnell aus und kollidieren deshalb auf halbem Wege miteinander. In unserem Fall reagieren sie zu farbigen Stoffen.
Bei der Reaktion zwischen Kaliumhexacyanoferrat(II) und Eisen(III)-chlorid entsteht u. a. ein blauer Farbstoff (Berliner Blau): Eisen(III)-hexacyanoferrat(III)
$4\ Fe^{3+} + 3\ Fe(CN)_6^{4-} \rightarrow Fe_4[Fe(CN)_6]_3 \downarrow$
Die Reaktion zwischen Thiocyanaten und Eisen(III)-chlorid ruft Rotfärbung durch Eisenthiocyanat hervor:
$[Fe(H_2O)_6]^{3+} + 3\ SCN^- \rightarrow [Fe(SCN)_3(H_2O)_3] + 3\ H_2O$

Weitere passende Versuche
4.19, 7.12

7.14 Der chemische Rorschach-Test

Xn

CAM

SV

2

Themen für den Unterricht

Reaktionskinetik (Teilchenkollision)

Geräte und Chemikalien

Filterpapier oder dickes, saugfähiges Papier, Fläschchen mit Tropfpipetten (oder kurzem Glasstab)

Destilliertes Wasser, ferner Lösungen von Chemikalien, die miteinander unter Farbänderungen miteinander reagieren, z. B. Kaliumhexacyanoferrat(II) bzw. Ammonium- oder Kaliumthiocyanat **Xn** mit Eisen(III)-chlorid **Xn** oder Phenolphthalein mit Natriumcarbonat

Vorbereitende Arbeiten

Man stellt die Lösungen aus der gewünschten Chemikalie und destilliertem Wasser in beschrifteten Fläschchen mit Tropfpipetten bereit.

Durchführung und Beobachtung

Man tropft auf Fließpapier in einem gewissen Abstand die Lösungen von Chemikalien, die miteinander reagieren sollen. Es sind viele Kombinationen – auch aus mehr als zwei Komponenten – denkbar, z. B. Kaliumhexacyanoferrat(II) mit Eisen(III)-chlorid (»Berliner Blau«), Ammonium- oder Kaliumthiocyanat mit Eisen(III)-chlorid (Rotfärbung) oder Natriumcarbonat mit Phenophthalein (Rotfärbung).

Man kann die Ausbreitungsrichtung der Substanzen beeinflussen, indem man in das Papier geometrische Muster schneidet. Dadurch ergeben sich interessante und ästhetisch ansprechende Motive, die z. B. an Blüten erinnern.

Erläuterung

Damit die verwendeten Stoffe miteinander reagieren können, müssen sie in Kontakt treten. Als »Vermittler« fungieren die Kapillarkräfte der Papierfasern. Sie führen die adsorbierten Stoffe zusammen.

Beim psychologischen Rohrschach-Test wird ein Tintentropfen auf die innere Knicklinie eines in der Mitte geknickten Papierstücks gebracht, das anschließend zusammengefaltet wird. Nach dem Aufklappen sieht man einen zufällig entstandenen symmetrisch geformten Farbklecks, den die Testperson deutet. Die Aussage wird anschließend »psychologisch« interpretiert.

Weitere passende Versuche

7.13

8.1 Wasserscheues Gewebe

Themen für den Unterricht
Polare und unpolare Eigenschaften, Hydrophobie, Lotusblüten-Effekt

Geräte und Chemikalien
Becherglas (50 mL)
Wasser, Sand, siliconisierte Verbandsgaze.

Durchführung und Beobachtung
I: Auf ein leicht gespannt gehaltenes Stück siliconisierte Verbandsgaze schüttet man Sand. Der Sand fällt durch.
II: Auf das grobmaschige Gewebe gießt man vorsichtig 20 bis 40 mL Wasser. Das Wasser bleibt als Riesentropfen auf der Gaze liegen
III: Man stößt leicht gegen das Gewebe. Das Wasser läuft heraus.

Erläuterung
Unter Siliconen versteht man eine große Gruppe von Verbindungen mit folgender allgemeiner Formel: $-(-SiR_2-O-)_n-$ (R: organische Gruppe). Sie bilden Öle, Pasten, «Fette«, gummiartige Massen und Harze.
Gegenstände (Gewebe, Papier, Ziegelsteine etc.), die mit bestimmten Silicon-Lösungen behandelt worden sind, werden von Wasser nicht benetzt. Diese hydrophobe Wirkung lässt sich vermutlich auf eine orientierte Adsorption der Siliconmoleküle zurückführen. Die hydrophile SiO-Gruppe wendet sich der ebenfalls hydrophilen Oberfläche Gegenstand zu, während sich die hydrophobe organische Gruppe umgekehrt ausrichtet und eine wasserabweisende Schicht bildet.
Zahlreiche Pflanzen haben Blätter, die mit einer wachshaltigen Cuticula beschichtet sind. Diese lassen Wasser herabperlen. Das Blatt der Lotuspflanze stand Pate für den nach ihr benannten Lotuseffekt. Auch mit Ruß beschichtetes Papier lässt sich nicht benetzen.

Weitere passende Versuche
8.2, 8.3

8.2 Trockene Flüssigkeit

Themen für den Unterricht
Polare und unpolare Eigenschaften, Hydrophobie, Lotusblüten-Effekt

Geräte und Chemikalien
Becherglas, Textil-Taschentuch
Bärlappsporen (Lycopodium), Wasser oder Tinte

Vorbereitende Arbeiten
Ein Becherglas wird mit Wasser oder Tinte gefüllt.

Durchführung und Beobachtung
I: Man taucht einen Finger in die Flüssigkeit. Der Finger wird nass bzw. farbig.
II: Man schüttet Bärlappsporen auf die Flüssigkeit und taucht dann einen Finger hinein. Der Finger wird nicht benetzt und bleibt trocken.
III: Ein Taschentuch wird kräftig mit Bärlappsporen (Lycopodium) eingerieben. Die Farbe des Gewebes soll so beschaffen sein, dass man die gelbe Farbe der Bärlappsporen nicht bemerkt. Man hält das Taschentuch an den vier Ecken fest, so dass es die Form eines Beutels bekommt und schüttet dann ein Glas Wasser hinein. Es fließt kein Wasser heraus.

Erläuterung
Siehe Versuch 8.1.

Weitere passende Versuche
8.1, 8.3

8.3 Die zwei Seiten der Stearinsäure

Themen für den Unterricht
Polare und unpolare Eigenschaften, Hydrophobie, Lotusblüten-Effekt

Geräte und Chemikalien
Glaswanne, Reagenzglas mit Halter, Gasbrenner, Spritzflasche
Stearinsäure, Wasser

Durchführung und Beobachtung
Ein Reagenzglas wird zur Hälfte mit Stearinsäure gefüllt und diese über dem Gasbrenner geschmolzen. Die Schmelze verteilt man gleichmäßig auf eine Wasseroberfläche, z. B. in einer Glaswanne. Anschließend entnimmt man die entstandene Platte, hält sie schräg und lässt aus der Spritzflasche jeweils einige Tropfen Wasser über die Fläche laufen.
Bei der zuvor dem Wasser zugewandten Seite bleiben einige Wassertropfen hängen. An der anderen Seite perlt das Wasser komplett ab.

Erläuterung
Stearinsäure-Moleküle haben jeweils ein polares (hydrophiles) und ein unpolares (lipophiles) Ende; Stearinsäure eignet sich deshalb als Emulgator. Beim Auftreffen des flüssigen Stearins orientieren sich die hydrophilen »Köpfe« zum Wasser hin, während die lipophilen Bereiche in die Luft ragen. Dieser Zustand wird durch das Erstarren des Stearins konserviert.

Weitere passende Versuche
8.1, 8.2

8.4 Alkohol, Kaffee und Wasser

Themen für den Unterricht
Lösungen, Oberflächenspannung

Geräte und Chemikalien
Beide Versuche: Petrischale, zwei Pipetten
Versuch 1: Ethanol **F**, Wasser, Teeblätter (oder andere leichte Pulver bzw. Granulate wie Schwefelblüte oder gemahlener Pfeffer)
Versuch 2: Ethanol **F**, Kaffeebrühe oder mit Lebensmittelfarbstoff gefärbtes Wasser

Vorbereitende Arbeiten
Versuch 2: Man stellt ein wenig Kaffeebrühe her.

Durchführung und Beobachtung
Versuch 1: Man tropft langsam Wasser in der Nähe des Schalenrandes in die Petrischale, bis der Boden des Gefäßes etwa zur Hälfte von der sich ausbreitenden Flüssigkeit bedeckt ist. In die gegenüber liegende Zone gibt man langsam Ethanol, bis sich die beiden Flüssigkeiten gerade eben berühren. Zur Unterstützung des optischen Eindrucks kann man auf den Grenzbereich auch einige Teeblätter oder ein leichtes Pulver (Schwefel, Pfeffer) streuen.
Im Grenzbereich vermischen sich die beiden Flüssigkeiten unter Bildung von Strömungen und Wirbeln, die sogar die aufgestreuten Partikel bewegen.
Versuch 2: Der Boden der Petrischale wird etwa 2 mm hoch mit Kaffeebrühe bedeckt. Tropft man nun in die Mitte etwas Ethanol, wird kurzfristig der Glasboden sichtbar, so dass das Licht des OHP hindurchscheinen kann. Später schließt sich das »Sichtfenster« wieder. [1]
Ein weiteres interessantes Phänomen kann man mit Teeblättern zeigen: Lässt man diese lose im heißen Wasser ziehen, bewegen sie sich aufgrund der Wärmeströmung umher. Sobald man einige Tropfen Zitronensaft hinzufügt, schwimmen sie in ihrer Gesamtheit an die Oberfläche. Die Ursache hierfür könnte eventuell der Kalkgehalt des Wassers sein: Das Kalk reagiert mit den sauren Bestandteilen des Zitronensaftes unter anderem zu Kohlenstoffdioxid. An den Teeblättern haftende Gasbläschen sorgen dann für zusätzlichen Auftrieb.

Erläuterung
Dieser in älteren Experimentierbüchern als »Kampf in der Untertasse« bezeichnete Effekt hängt mit der Veränderung der Oberflächenspannung des Wassers und des Alkohols einher, die beim Mischprozess stattfindet.

F
Xn
N
SV

8.5 Elektrische Leitfähigkeit und Musik

Themen für den Unterricht

Elektrochemie (Leitfähigkeit gelöster Elektrolyte)

Geräte und Chemikalien

Selbst hergestellter Tongenerator oder käufliches Spezialgerät (»Chemophon« bei der Firma Urhammer-Lehrmittel, Brunswiker Straße 40, 24105 Kiel)
Hexan **F Xn N**, destilliertes Wasser, Leitungswasser, wasserlösliches Salz oder Säure

Vorbereitende Arbeiten

Falls man nicht auf das käuflich zu erwerbende Gerät zurückgreifen will, kann man sich an der hier wiedergegebenen Bauanleitung eines Tongenerators orientieren.
Das Gerät funktioniert optimal, wenn kein Ton erklingt, solange zwischen den Elektroden keine leitfähige Verbindung besteht, bei deren Kurzschluss hingegen ein hochfrequentes Pfeifen ertönt.

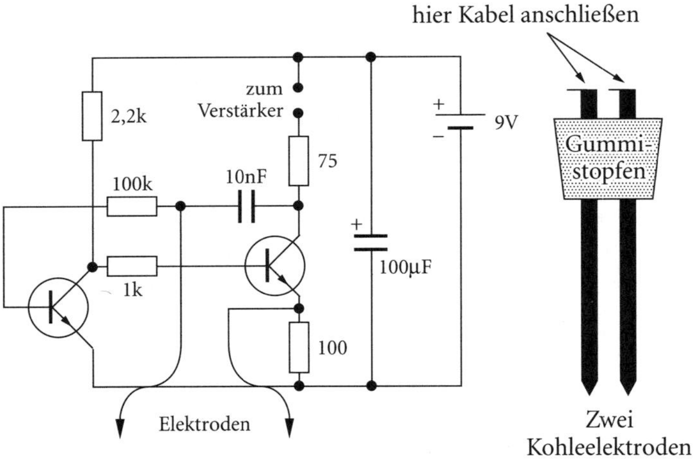

- 2 Transistoren npn-Universal (z. B. BC 546 oder BC 107)
- Widerstand 75 Ohm
- Widerstand 100 Ohm
- Widerstand 1 Kiloohm
- Widerstand 2,2 Kiloohm
- Widerstand 100 Kiloohm
- Kondensator 10 nF
- Elektrolytkondensator 100 µF
- Lautsprecher 0,2 W/8 Ohm oder Anschluss für Verstärker

Durchführung und Beobachtung

Um vergleichbare Messbedingungen zu schaffen, sollten die Elektroden bei der Überprüfung der Flüssigkeiten stets den gleichen Abstand und die gleiche Eintauchtiefe haben.
Man schaltet das Gerät ein und taucht das Elektrodenpaar nacheinander in Hexan, destilliertes Wasser, Leitungswasser und in schwache sowie stark konzentrierte Lösungen eines Salzes oder einer Säure.

- Bei Hexan ist kein Ton aus dem Lautsprecher zu vernehmen.
- Allenfalls ein tiefes Brummen ertönt bei destilliertem Wasser.
- Leitungswasser bewirkt Töne deutlich höherer Frequenz, die in der stark verdünnten Salzlösung noch steigt und in der konzentrierten Lösung schon fast im Ultraschallbereich liegt.

Hinweis

»Ertrunkener Walkman«: Taucht man ein an eine Verstärkeranlage angeschlossenes, billiges Kassetten-Abspielgerät bei Betrieb in destilliertes Wasser, funktioniert es hörbar meist problemlos weiter. In Leitungswasser oder gar Salzlösung treten erhebliche Störungen auf.

Erläuterung

Die elektrische Leitfähigkeit von Flüssigkeiten nimmt mit dem Anteil darin gelöster Elektrolyte zu.

Die Tonfrequenz des Tongenerators hängt vom elektrischen Widerstand zwischen den beiden Elektroden ab. Je geringer der Widerstand (je höher also die Leitfähigkeit) ist, desto höher ist der Ton. Besonders eindrucksvoll zeigt sich der Unterschied bei destilliertem Wasser und Leitungswasser.

Das Gerät reagiert auch auf den unterschiedlichen Widerstand trockener und feuchter Hände (primitiver »Lügendetektor«) und auf kurze und dicke bzw. lange und dünne Bleistiftstriche (Graphit) auf Papier.

Strom-schlag

8.6 Glas leitet elektrischen Strom

Themen für den Unterricht

Elektrochemie (Leitfähigkeit geschmolzener Elektrolyte)

Geräte und Chemikalien

2 Isolatoren mit Tonnenfüßen, 2 große Nägel, Gasbrenner, Glühlampe 230 V~/100 W, Sicherheitsschalter, drei Experimentierkabel
Glasrohr (10 cm lang, Ø 6 bis 8 mm)

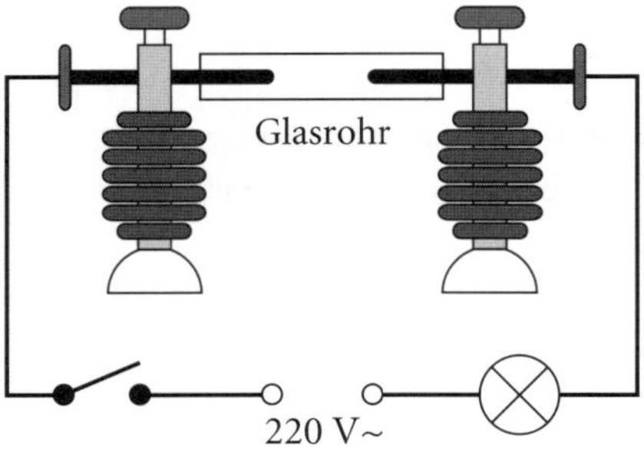

Hinweise zur Sicherheit

Elektrisch isolierende Gummihandschuhe verwenden.

Vorbereitende Arbeiten

Mit der abgebildeten Apparatur lässt sich die Leitfähigkeit geschmolzenen Glases zeigen. Dabei überbrückt man mit einem etwa 10 cm langes Glasrohr zwei an den Isolatoren befestigte Nägel. Die in Reihe geschaltete Glühlampe hat eine wichtige Funktion: Sie begrenzt die maximal mögliche Stromstärke.

Durchführung und Beobachtung

Im Bereich zwischen und neben den beiden Nagelspitzen wird bei eingeschaltetem Strom das Glas mit dem Gasbrenner zum Schmelzen gebracht.
Das geschmolzene Glas glüht hell auf. Auch die Glühlampe beginnt zu leuchten. Nun kann man den Brenner entfernen. Das Glas wird durch die Wärmewirkung des elektrischen Stroms auf der erforderlichen Temperatur gehalten. Man kann auch durch Verschieben eines Isolators vorsichtig den Abstand zwischen den beiden Nagelspitzen variieren.

Erläuterung

Gläser sind Gemische verschiedener Ionenverbindungen (Silikate), die in der Schmelze den elektrischen Strom leiten. Aufgrund seines im Vergleich zum Experimentierkabel hohen elektrischen Widerstands erhitzt sich das Glasrohr durch die Wärmewirkung des elektrischen Stroms so stark, dass es mit weißem Licht glüht.

8.7 Elektrisches Zünden eines Bleistifts

Themen für den Unterricht

Stoffeigenschaften (elektrische Leitfähigkeit), Kohlenstoff (Graphit), Feuer (Entzündungstemperatur)

Geräte und Chemikalien

Stromversorgungsgerät, 2 Isolatoren mit Tonnenfüßen, zwei (ggf. drei) Experimentierkabel, Bleistiftspitzer, ggf. elektrisches Messgerät (Ohmmeter oder Amperemeter)
Unlackierter Bleistift mit weicher Graphitmine (z. B. Stärke B)

Durchführung und Beobachtung

Man klemmt einen an beiden Enden angespitzten Bleistift so zwischen die Isolatoren, dass guter elektrischer Kontakt zwischen den Metallteilen und der Bleistiftmine gesichert ist. Man reguliert die elektrische Gleich- oder Wechselspannung allmählich von 0 auf 25 Volt. Der Bleistift erwärmt sich offenkundig und beginnt zu qualmen. Später geht das Holz in Flammen auf. Die rot glühende Mine wird nach dem Abbrand des Holzes sichtbar und bleibt erhalten.

Erläuterung

Bleistiftminen bestehen aus einem stark komprimierten Gemisch aus Graphit und Beimischungen (z. B. Tonmineralien); je härter die Mine ist, desto geringer ist der Graphitanteil.

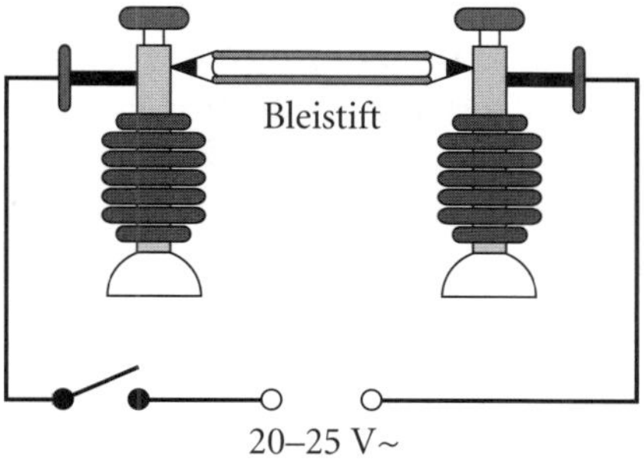

Um die Leitfähigkeit des Graphits in Abhängigkeit von seiner Temperatur zu zeigen, kann man entweder ein Ohmmeter parallel zum Stromkreis (an den beiden Isolatoren) anschließen oder ein Amperemeter mit einem dritten Experimentierkabel in den hierfür unterbrochenen Stromkreis »in Reihe« einbauen.

Graphit ist ein relativ guter elektrischer Leiter. Sein Kristallgitter besteht aus sandwichartig übereinander liegenden Schichten aus hexagonal angeordneten C-Atomen, die sich leicht gegeneinander verschieben lassen. Die vier Elektronen eines C-Atoms (2s- und 2p-Elektronen) hybridisieren zu sp2. Drei davon bilden lokalisierte σ-Bindungen zwischen den C-Atomen des »Sechsecks«. Ein hybridisiertes Elektron geht ein in delokalisierte π-Molekülorbitale, was schließlich auch zu der guten elektrischen Leitfähigkeit führt, die parallel zu den Schichten um den Faktor 105 größer ist als senkrecht dazu.
Mit dem Amperemeter bzw. Ohmmeter lässt sich zeigen, dass beim Graphit (im Gegensatz zu Metallen) die elektrische Leitfähigkeit mit steigender Temperatur zunimmt.

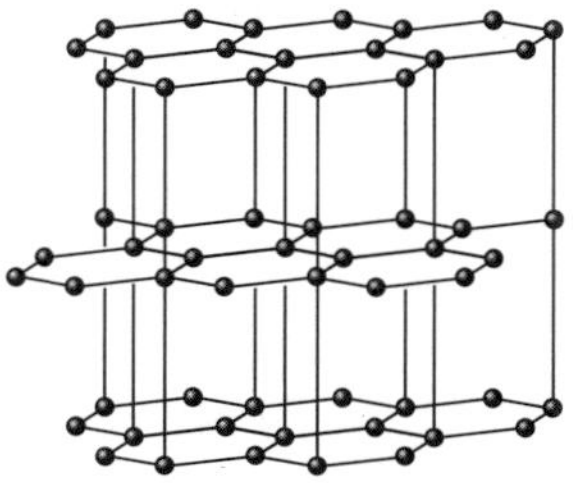

Kristallstruktur von Graphit

OHP

SV

8.8 Der Bleistiftspitzer im Salzbad

Themen für den Unterricht

Redox-Reaktionen, Elektrochemie (Galvanische Elemente, »Opferanoden«, elektrochemische Spannungsreihe)

Geräte und Chemikalien

Versuch 1: Petrischale, zwei Krokodilklemmen, zwei Experimentierkabel und Gerät zur Messung der elektrischen Spannung

Bleistiftspitzer mit Korpus aus Magnesiumlegierung (also einer der gängigen silberfarbenen Anspitzer), destilliertes Wasser, Natriumcarbonat **Xi**

Versuch 2: Becherglas (100 mL)

Bleistiftspitzer (s. o.), destilliertes Wasser, Kochsalz

Durchführung und Beobachtung

Versuch 1: In einer Petrischale löst man 1 – 3 Spatelspitzen Natriumcarbonat in destilliertem Wasser auf.

Die Stahlklinge wird von dem Anspitzer abgeschraubt. Über jeweils eine Krokodilklemme und ein Kabel verbindet man die Klinge mit dem Plus-Anschluss und das Griffstück mit Minus-Anschluss des Messgerätes.

Sobald Klinge und Griffstück gleichzeitig in die Salzlösung tauchen, zeigt das Gerät eine elektrische Spannung an.

Versuch 2: Der Bleistiftspitzer wird wieder zusammenmontiert, anschließend komplett für längere Zeit in das Becherglas mit einer starken Natriumchlorid-Lösung (etwa ein gehäufter Teelöffel auf 100 mL Wasser) gelegt und etwa alle 15 Minuten auf seinen Zustand überprüft.

An den Berührungsstellen von Klinge und Griffstück entstehen eventuell kleine Gasblasen. Nach einigen Minuten erhält das Griffstück eine raue Oberfläche. Später zeigen sich deutliche Korrosionserscheinungen. Zum Schluss ist das Griffstück komplett zerfallen, während die Stahlklinge unversehrt bleibt.

Die beiden Versuche lassen sich noch erweitern. Man kann vergleichend untersuchen, wie sich die Bestandteile des Bleistiftspitzers einzeln und gemeinsam in unterschiedlichen Lösungen, z. B. Ammoniak-Lösung, verhalten. [1]

Erläuterung

Das überwiegend aus Magnesium bestehende Griffstück bildet zusammen mit der Stahlklinge ein Lokalelement. Da Magnesium unedler ist als Eisen, geht es in Lösung.

An der Kathode (Magnesium) findet folgende Reaktion statt: $Mg \rightarrow Mg^{2+} + 2\ e^-$

Reaktion an der Anode (Stahlklinge): $6\ H_3O + 6\ e^- \rightarrow 6\ H_2O + 3\ H_2\uparrow$

Blöcke aus Magnesium werden als elektrochemische Rostschutzmaßnahme (»Opferanode«; korrekter: kathodischer Korrosionschutz) an die im Wasser eintauchenden Stahlkörper von Ozeanschiffen montiert. Aus Eisenrohren bestehende Pipelines werden nach dem gleichen Prinzip geschützt.

Weitere passende Versuche

2.12

8.9 Eine Batterie für jeden Haushalt

Themen für den Unterricht

Redox-Reaktionen, Elektrochemie (Galvanische Elemente, »Opferanoden«, elektrochemische Spannungsreihe)

Geräte und Chemikalien

Wahlweise Leuchtdiode (falls verfügbar: mit weißem Licht hellleuchtend), Solarmotor mit Propeller, elektrisches Messgeräte (Spannung) und andere Elektrogeräte mit geringer elektrischer Leistung; ferner Glaswanne, Filterpapier oder Filz, Experimentierkabel, Krokodilklemmen, evtl. Glasscheibe
Holzkohle (möglichst große Stücke mit wenigstens einer ebenen Fläche), Aluminiumfolie oder Getränkedose aus Aluminium, Filterpapier, Kochsalz, Wasser

Durchführung und Beobachtung

Man legt ein etwa 10 cm^2 großes Stück Aluminiumfolie auf eine Glasscheibe oder eine andere nichtmetallische wasserfeste Unterlage. Darüber kommen mehrere Lagen mit konzentrierter Natriumchlorid-Lösung getränktes Filterpapier oder eine ebenfalls getränkte Filzschicht. Ganz oben liegt ein Stück Holzkohle, das nicht zu dick sein sollte, um den elektrischen Widerstand gering zu halten.
Man presst das Gebilde leicht zusammen und schließt an die Aluminiumfolie und die Holzkohle ein Messgerät an. Es zeigt deutlich eine gewisse elektrische Spannung an. Eine Leuchtdiode (ohne Vorwiderstand; Polung beachten!) oder ein Solarmotor mit Propeller lassen sich bereits mit dieser primitiven Zelle betreiben.
Durch Hintereinander-Schaltung mehrerer Zellen und sorgfältigerer Montage lässt sich die Effektivität der Stromquelle steigern. Dieses Prinzip ist allerdings aufgrund des mit der Anzahl der galvanischen Elemente zunehmenden Innenwiderstands nicht beliebig erweiterbar.
Die Aluminiumfolie kann durch eine Aluminium-Getränkedose ersetzt werden. Der Deckel wird entfernt, in das Innere kommt die Kohle-Elektrode. Eventuell muss vorher die auf der Innenwand befindliche Lackschicht mit feinem Schleifpapier entfernt werden.
Eine für den Antrieb eines Katamarans taugliche Aluminium-Luftbatterie wird an folgender Stelle beschrieben: H. W. Bechtoldt u. a.: Die Aluminium-Luft-Batterie als Antrieb für einen Katamaran. In: PdN-ChiS 5/50, Jg. 2002.

Erläuterung

Bei der hier beschriebenen Aluminium-Luft-Batterie finden folgende Reaktionen statt:
Kathode $Al \rightarrow Al^{3+} + 3\ e^-$
Anode $O_2 + 2\ H_2O + 4\ e^- \rightarrow 4\ OH^-$
Die Aluminium-Folie bildet demnach die Kathode. An der Holzkohle wird der aus der Luft stammende Sauerstoff reduziert.

C

SV

8.10 Faradays Motor

Themen für den Unterricht

Redox-Reaktionen, Elektrochemie (Galvanische Elemente, »Opferanoden«, elektrochemische Spannungsreihe), Induktion

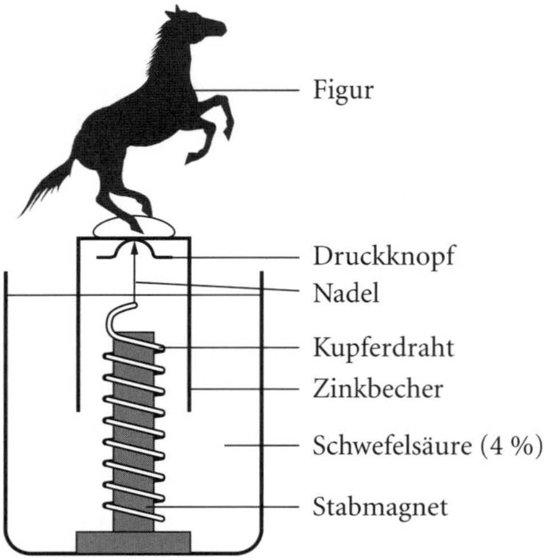

Geräte und Chemikalien

Kleine Figur aus Kunststoff oder Pappe, Nadel, blanker Metalldruckknopf, Stabmagnet, Becherglas (100 – 250 mL)
Zinkbecher (z. B. aus Batteriezelle); blanker, dicker Kupferdraht, Schwefelsäure (w = 4 %) C

Durchführung und Beobachtung

Um einen Stabmagneten, der auf einen Fuß geklebt ist, werden einige Windungen blanker, dicker Kupferdraht gewickelt.
Die Nadel ist sorgfältig mit dem Draht verlötet. Ein blanker kleiner Metalldruckknopf dient als Drehlager für den Zinkbecher. Die oben angebrachte Figur darf nicht viel wiegen.
Die fertige Apparatur wird in das Becherglas mit Schwefelsäure getaucht. Damit die Luft aus dem Zinkbecher entweichen kann, sollten oben ein kleines Loch gebohrt sein.
Der Zinkbecher müsste nun rotieren. Mögliche Fehlerquellen sind schlechte Kontakte an der Lötstelle bzw. zwischen der Nadel und dem Druckknopf oder ein zu schwacher Magnet.

Erläuterung

»Der Zinkbecher und der Kupferdraht bilden zusammen mit der Schwefelsäure ein galvanisches Element. Der Stabmagnet [besitzt] ein Magnetfeld, das auch den Zinkbecher durchdringt. Daraus resultiert eine Lorentzkraft, die in Richtung des Zylinderumfanges wirkt.
Im Zinkbecher fließt ein elektrischer Strom in senkrechter Richtung. Auch dieser erzeugt eine Lorentzkraft. Die beiden Kräfte sorgen dafür, dass sich der Becher dreht.
Auch die Flüssigkeit rotiert, weil in ihr Ionen vom Kupfer zum Zink und umgekehrt fließen. Auch wenn Sie den Zinkbecher abbremsen, dreht sich der Elektrolyt weiter.
Die Rotation hört auf, wenn das unedlere Metall (Zink) durch elektrochemische Korrosion in Lösung gegangen ist. Oder bereits vorher, wenn sich der Kupferdraht mit Zink überzogen hat. Das lässt sich nicht vermeiden. Der Überzug lässt sich aber leicht entfernen.« [1]

9.1 Flüssiger Stickstoff

Themen für den Unterricht

Aggregatzustände, Luft bzw. Stickstoff, Stoffeigenschaften (Strukturen)

Geräte und Chemikalien

Dewar-Gefäß (1 – 2 L), Teekessel, Tiegelzange (Kunststoff), Hammer, stabile Unterlage, wärmeisolierende Schutzhandschuhe, gläserner Teekessel
Flüssiger Stickstoff, Banane, Sekt, Eisblock, Luftballons, Gummiball, Blume (Rose, Nelke), Zigarette, Eisenwolle oder Stahlfeder, Holz- oder Zeichenkohle

Hinweise zur Sicherheit

Der Umgang mit flüssigem Stickstoff oder flüssiger Luft erfordert aufgrund der extrem niedrigen Temperaturen besondere Umsicht. Wärmeisolierende Schutzhandschuhe sollten auf alle Fälle dabei sein.

Vorbereitende Arbeiten

Vor der Präsentation legt man einige luftgefüllte Ballons in den Stickstoff und lässt sie dort im geschrumpften Zustand.

Durchführung und Beobachtung

Mit flüssiger Luft lässt sich eine Serie unterhaltsamer Versuche präsentieren.

1. Die Luftballons werden aus dem Dewar-Gefäß geholt. An der warmen Luft dehnen sie sich rasch aus.
2. Eine Banane wird mindestens eine Minute lang in den flüssigen Stickstoff getaucht. Sie wird dann dazu benutzt, um einen Nagel in ein Stück Balsaholz einzuschlagen.
3. Eine Blume lässt sich einfrieren und dann in viele Splitter zerschlagen.
4. Ein hohler Gummiball wird 30 – 60 Sekunden in den flüssigen Stickstoff eingetaucht. Man achte darauf, dass er durch Drehen gleichmäßig abkühlt. Der Ball kann dann an einer Wand zerschlagen werden.
5. Express-Sektkühlung: Bereits ein Tropfen flüssiger Luft kühlt ein Glas lauwarmen Sekt auf die richtige Trinktemperatur.
6. »Siedender Tee«: Ein gläserner Teekessel wird mit etwas flüssiger Luft befüllt. Auf einen Eisblock gestellt siedet die Luft unter starker Dampfentwicklung.
7. »Zigarettenanzünder«: In einen Eisblock bohrt man eine kleine Vertiefung, in die man etwas flüssige Luft gibt. Nach etwa 5 Minuten kann man eine glimmende Zigarette darüber halten. Diese wird aufflammen.
8. »Feuerwerk«: Ein Bausch Eisenwolle oder eine Stahlfeder wird zum Glühen gebracht und über die Oberfläche flüssiger Luft gehalten, die sich in einem kleinen Schälchen befindet. Durch die dort hohe Sauerstoffkonzentration verbrennt das Eisen unter lebhaftem Funkensprühen.
9. »Kunstschnee«: Man hält ein glimmendes Stück Holzkohle (am besten Zeichenkohle) über eine Schale mit etwas flüssiger Luft. Die Kohle flammt hell auf. Dabei ent-

steht recht viel Kohlenstoffdioxid, das aufgrund der Kälte sofort zu Trockeneis erstarrt und als »weißer Schnee« herabrieselt.

Erläuterung

In der Kälte ändern sich die mechanischen Stoffeigenschaften deutlich. Ein Beispiel: Bei Zimmertemperatur biegsame Gegenstände werden bei tiefer Temperatur spröde.
Versuch 7 und 8: Aufgrund seines niedrigeren Siedepunktes verdampft zuerst der Stickstoff aus dem Gasgemisch Luft, so dass die Sauerstoffkonzentration zunimmt.

Weitere passende Versuche

3.3

Xn

N

T

CAM

9.2 Uri-Geller-Löffel

Themen für den Unterricht

Metalle (Legierungen), Aggregatzustände, Schmelztemperatur

Geräte und Chemikalien

Thermoskanne, Tasse

Woodsches Metall **Xn**, Kaffee (etwa 70 °C), Zucker

Woodsches Metall kann man im Chemikalienhandel beziehen, aber auch selbst herstellen: In einem Eisen- oder Porzellantiegel erhitzt man ein Gemisch aus je 12,5 g Zinn und Cadmium **Xn N**, 25 g Blei **T** und 50 g Wismut unter ständigem Rühren, bis eine homogene Schmelze entsteht.

»Das Zusammenschmelzen in einem Porzellantiegel auf Tondreieck über der offenen Flamme empfiehlt sich nach langer Erfahrung nicht, da sich Komponenten des Gemisches unter Ausstoßen brauner Dämpfe leicht entzünden und zu Asche verglühen. Sollten sich beim Zusammenschmelzen doch Oxidschlacken auf der flüssigen Legierung gebildet haben, so kann man diese durch Eingießen der Schmelze in heißes Wasser leicht trennen.« [1]

Hinweise zur Sicherheit

Aufgrund seines Blei- und Cadmiumgehalts ist mit Woodschem Metall sorgfältig umzugehen. Der Kaffee darf selbstverständlich nicht mehr für Genusszwecke verwendet werden.

Vorbereitende Arbeiten

Aus Woodschem Metall wird ein Löffel hergestellt, indem man die Metallschmelze in eine Gipsform gießt. Einfacher ist es aber, das verflüssigte Metall auf eine feuerfeste Unterlage in Löffelform auszugießen, was nach einiger Übung gut gelingt.

Durchführung und Beobachtung

Aus der Thermoskanne wird heißer Kaffee in die Tasse geschüttet. Nun gibt man einen Löffel Zucker hinzu und rührt um.

Der eingetauchte Teil des Löffels ist scheinbar verschwunden.

Erläuterung

Uri Geller war in den 1970er Jahren ein prominenter Fernsehgast, dessen Spezialität darin bestand, per »Fernwirkung magischer Kräfte« berührungsfrei Löffel zu verbiegen. Es gibt viele leichtschmelzende Legierungen (Eutektika); auch viele Schüler kennen das Lötzinn mit seiner Schmelztemperatur von etwa 180 °C. Das Woodsche Metall schmilzt bereits bei 60 °C. Gelegentlich wird die Legierung in Thermo-Sicherungen eingesetzt.

Xn

C

Xi

9.3 Alternative Energie

Themen für den Unterricht

Aquotisation, Enthalpie, Latentwärmespeicher

Geräte und Chemikalien

3 Reagenzgläser, Reagenzglasständer, 3 Stopfen, ggf. Thermometer (Messbereich bis 100 °C)
Ammoniumchlorid **Xn**, wasserfreies Calciumchlorid **Xi**, Natriumhydroxid **C**

Vorbereitende Arbeiten

In das erste Reagenzglas wird 1 g Ammoniumchlorid, in das zweite 1 g wasserfreies Calciumchlorid und in das dritte 1 g festes Natriumhydroxid gegeben.

Durchführung und Beobachtung

Alle Reagenzgläser werden mit etwa 10 mL Wasser gefüllt, verschlossen und geschüttelt. Man lässt einige Zuschauer die Temperatur der drei Reagenzgläser feststellen.
Die Reagenzgläser mit Natriumhydroxid bzw. Calciumchlorid fühlen sich heiß an, das Glas mit Ammoniumchlorid kalt.

Erläuterung

Abkühlung bedeutet Aufnehmen von Wärmeenergie aus der Umgebung. Ammoniumchlorid nimmt beim Auflösen zusätzliche (Wärme-)Energie auf, weil seine Gitterenergie höher ist als die Hydratationsenergie. Bei Natriumhydroxid verhält es sich umgekehrt.
Löst man wasserfreies $CaCl_2$ in Wasser, so wird eine beachtliche Energie frei. Ein Beispiel: Bei 11,1 g $CaCl_2$ in 16 mL Wasser steigt die Temperatur etwa von 18 °C auf 88 °C. [1]
$CaCl_2 + 6\ H_2O \rightarrow CaCl_2 \cdot 6\ H_2O$ bzw. $[Ca(H_2O)_6]\ Cl_2$
Aus dem hydratisierten Calciumchlorid lässt sich das wasserfreie Salz zurückgewinnen, indem man es in einer Porzellanschale erhitzt, bis das Kristallwasser verdampft. Calciumchlorid kann also als Wärmespeicher (Latentwärmespeicher) verwendet werden.

Weitere passende Versuche

9.4

C

Xi

Xn

9.4 Minus 30 °C in 30 Sekunden

Themen für den Unterricht
Enthalpie, Entropie, Latente Wärme

Geräte und Chemikalien
2 Abdampfschalen, Glasstab
Bariumhydroxid-8-Hydrat **C Xn**, Ammoniumthiocyanat **Xn**

Vorbereitende Arbeiten
In die eine Abdampfschale wird etwa 30 g Bariumhydroxid, in die andere 15 g Ammoniumthiocyanat gegeben.

Durchführung und Beobachtung
Die beiden weißen Pulver werden zusammengeschüttet und mit dem Glasstab bzw. dem Thermometer oder Temperaturfühler gut vermischt.
Stellt man das Reaktionsgefäß auf einen nassen Schwamm, so gefriert er sofort an.
Das Reaktionsgemisch wird zunehmend dünnflüssiger und lässt sich demonstrativ in ein anderes Gefäß schütten. Es kühlt beim Flüssigwerden sehr stark ab, außerdem ist deutlich ein Geruch von Ammoniakgas **Xi** wahrnehmbar.
Weitere spontane, endotherme Reaktionen findet man bei H. Schmidkunz in NiU-Chemie Heft 2 1990 und in NiU-Chemie Heft 41, 1997

Erläuterung
$Ba(OH)_2{\cdot}8\ H_2O$ **s** + $2NH_4SCN$ **s** $\rightarrow$ $Ba(SCN)_2$ **aq** + $2NH_3$ **g** + $10H_2O$ **l**
Das Reaktionsgemisch löst sich in dem freigesetzten Wasser. Gleichzeitig tritt eine Temperaturerniedrigung um etwa 55 °C ein. Bei einer Zimmertemperatur von 20 °C erreicht man somit im Reaktionsgefäß bis zu etwa – 35 °C.
Die »Triebkraft« dieser spontan ablaufenden, stark endothermen Reaktion ist die enorme Entropiezunahme: Aus zwei festen Stoffen entsteht jeweils ein gelöster, ein gasförmiger und ein flüssiger Stoff.

Hinweise zur Präsentation
Stellt man das Reaktionsgefäß auf einen feuchten Schwamm, so friert dieser fest. Man kann auch ein kleines Reagenzglas mit Wasser in das Reaktionsgemisch stellen.

Weitere passende Versuche
9.3

CAM

OHP

9.5 Schnelles Kristallwachstum

Themen für den Unterricht
Löslichkeit

Geräte und Chemikalien
Erlenmeyerkolben, Kristallisierschale, Bunsenbrenner, Dreifuß, Drahtnetz, Filtriermaterial, Watte
Natriumsulfat-10-Hydrat, destilliertes Wasser, Eis

Vorbereitende Arbeiten
100 mL destilliertes Wasser und 100 g Natriumsulfat-10-Hydrat werden in einen Erlenmeyerkolben gegeben und unter Umschütteln solange erwärmt, bis sich das Salz aufgelöst hat. Die Lösung nimmt ein Volumen von ca. 160 mL ein. Man filtriert die warme Lösung in einen zweiten Erlenmeyerkolben, verschließt diesen mit einem Wattebausch und erhitzt bis zum Sieden. Den heißen Erlenmeyerkolben stellt man zum Abkühlen in eine mit Eiswasser gefüllte Kristallisierschale. Nach ca. 15 Minuten ist die Lösung genügend abgekühlt – ihre Temperatur beträgt dann etwa 15 °C –, so dass man zur Versuchsdurchführung übergehen kann.
Lösungen von Natriumsulfat neigen zur Übersättigung. Die Durchführung des Versuches muss nicht sofort nach der 15-minütigen Abkühlungszeit stattfinden. Man kann die verschlossene Lösung ca. 1 Stunde im Eiswasser stehenlassen – sie hat dann eine Temperatur von etwa 5 °C –, bevor man den Versuch vorführt. Länger sollte man allerdings nicht warten, da sie dann meistens von selbst auskristallisiert.

Durchführung und Beobachtung
Man nimmt den Erlenmeyerkolben mit der abgekühlten Lösung erschütterungsfrei aus dem Eiswasser, entfernt den Wattebausch und wirft einen kleinen Natriumsulfatkristall hinein.
Aus dem hineingeworfenen Kristall wachsen nach allen Richtungen Kristallnadeln in die Lösung, welche innerhalb weniger Sekunden den Kolbeninhalt in eine eisartig aussehende Masse verwandeln. Um zu zeigen, dass der Inhalt fest geworden ist, kann man den Erlenmeyerkolben mit der Öffnung nach unten halten.

Erläuterung
Die Tabelle zeigt, wie viel Gramm $Na_2SO_4 \cdot 10\ H_2O$ sich bei bestimmten Temperaturen in 100 g Wasser lösen.

0 °C	10 °C	15 °C	20 °C	25 °C	30 °C	34 °C
12,6 g	23,04 g	36 g	58,35 g	98,5 g	184 g	412 g

Beim Abkühlen der im Versuch verwendeten Lösung auf 15 °C müssten demnach 100 g – 36 g = 64 g Natriumsulfat-10-Hydrat auskristallisieren. Da aber das Filtrieren und Kochen der Lösung zu einer Entfernung von Kristallisationspunkten geführt hat, erhält man eine übersättigte Lösung. Diese befindet sich in einem sehr labilen Zustand. Bei Erschütterung oder bei Zugabe eines Kristallisationskernes kristallisiert das überschüssig gelöste Salz sofort aus.

In unterschiedlichen Größen erhält man in Apotheken, im Sanitärhandel und in Sportgeschäften Taschenwärmer auf Natriumacetatbasis. In siedendem Wasser wird das Kunststoffkissen samt Inhalt mehrere Minuten erhitzt. Nach dem Abkühlen bleibt die Schmelze auch unterhalb der Schmelztemperatur flüssig, bis sie durch das Knicken eines ebenfalls im Beutel enthaltenen Blechstreifens den »Impuls« zum Auskristallisieren bekommt. Auch hier wird erhebliche Kristallisationswärme frei.

Spontane Krisstallisation erreicht man auch mit einer unterkühlten Schmelze von Natriumthiosulfat-Pentahydrat. Das Salz schmilzt bei einer Temperatur von 48 °C. Die Schmelze lässt man erkalten, Gibt man einen Impfkristall in die »unterkühlte« Schmelze, so tritt sofort die Kristallisation ein. Das Reaktionsgefäß erwärmt sich von der frei werdenden Gitterenergie.

Die Kristallisation kann auch in einer Petrischale vorgenommen werden.

10.1 Verzögerter, aber heftiger Sonnenaufgang

Themen für den Unterricht
Feuer (chemisch gebundener Sauerstoff), Redox-Reaktionen, Magnesium

Geräte und Chemikalien
Erlenmeyerkolben (250 mL), feuerfeste Unterlage, Reibschale, Pistill, Pipette
Kaliumpermanganat **O Xn N**, Magnesiumpulver **F**, Glycerol (Glycerin)

Vorbereitende Arbeiten
In der Reibschale werden 15 g Kaliumpermanganat zerrieben.

Hinweise zur Entsorgung
Die Rückstände versetzt man mit Wasser und Natriumcarbonat; anschließend lässt man sedimentieren und dekantieren. Feststoff: 2, Flüssigkeit: 0

Durchführung und Beobachtung
Das pulverisierte Kaliumpermanganat wird mit 7,5 g Magnesiumpulver im Erlenmeyerkolben vermischt. Das Gemisch wird auf die feuerfesten Unterlage geschüttet und zu einem »Vulkankegel« geformt; dort, wo beim natürlichen Vorbild der Krater wäre, drükkt man mit der Spatelspitze eine kleine Vertiefung ein. In diese tropft man mit der Pipette etwa 1 mL Glycerin.
Die Reaktion startet nach einigen Sekunden mit Rauchentwicklung. Nach einigen weiteren Sekunden setzt Funkensprühen ein, zum Schluss gibt es einen grell leuchtenden Lichtblitz.

Erläuterung
Rauchentwicklung und Funkensprühen treten auch dann ein, wenn man Kaliumpermanganat mit Glycerin ohne weitere Zusätze reagieren lässt. Dabei entsteht neben Kohlenstoffdioxid und Wasser unter anderem Kalium(VI)-manganat, Mangan(II)-oxid und Mangan(III)-oxid.
Der Lichtblitz geht auf die durch das Kaliumpermanganat geförderte Verbrennung des Magnesiums zurück; die Zeitverzögerung entsteht, weil für die Aktivierung erst einmal die erforderliche Wärmeenergie aus der Kaliumpermanganat-Glycerin-Reaktion entstehen muss.
$5\,Mg + 2\,KMnO_4 \rightarrow 5\,MgO + K_2O + 2\,MnO$

10.2 Mittagskanonen – zu jeder Zeit einsatzbereit

Themen für den Unterricht

Feuer (Entzündungstemperatur), Explosionen, Knallgas

Geräte und Chemikalien

Variante 1: Leere Getränkedose, ggf. kleiner Keil (Zahnstocher genügt), Holzspan
Variante 2: Zusätzlich eine zweite, größere Weißblechdose (z. B. Kaffeedose)
Wasserstoff F+ aus der Flasche

Hinweise zur Sicherheit

Sicherheitsabstand einhalten; Mund und Ohren entweder gleichzeitig öffnen oder gleichzeitig schließen.

Vorbereitende Arbeiten

In die Mitte des Bodens der Getränkedose bohrt man ein winziges Loch (maximal 1 mm Durchmesser). Die größere Dose für Variante 2 hat im Boden eine größere Öffnung (etwa 1 cm).

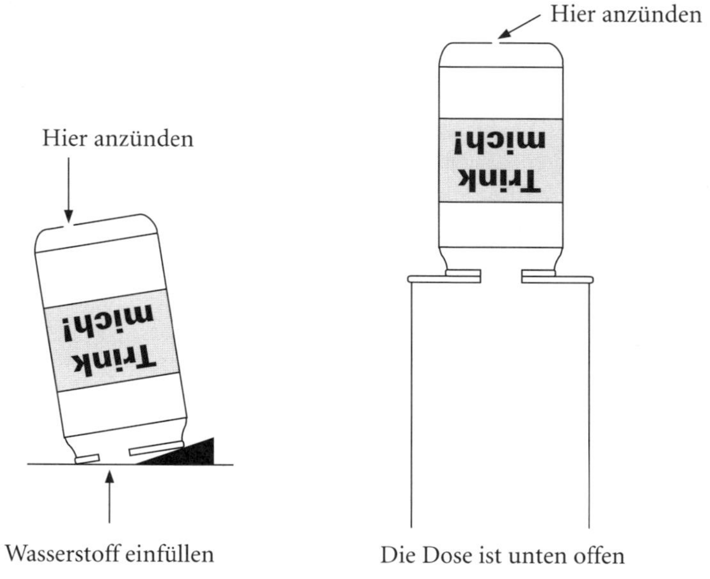

Durchführung und Beobachtung

Mittagskanonen waren im 18. Jahrhundert verbreitete, mit einer kleinen Kanone kombinierte Sonnenuhren. Dabei war ein Brennglas so montiert, dass um 12.00 Uhr mittags durch die gebündelten Sonnenstrahlen eine Ladung Schießpulver entzündet, so das ein lauter Knall ertönt. Gelegentlich kann man auch heute noch in Museumsläden (z. B. der vom Deutschen Museum, München) nachgebaute, funktionsfähige Modelle kaufen.
Das hier vorgestellte Experiment hat den Vorteil, zeit- und wetterunabhängig zu sein.
Variante 1: Die Getränkedose wird mit dem Boden nach oben gedreht, von unten mit Wasserstoff aus der Gasflasche gefüllt und auf den Tisch gestellt. Wenn man die Dose über eine Fuge platziert, wie sie Experimentiertische mit Steinauflage haben, kann auf den in der Abbildung wiedergegebenen Keil (z. B. Zahnstocher) verzichtet werden.

Man zündet das aus dem kleinen Loch austretende Wasserstoffgas mit einem brennenden Holzspan und – wartet, ggf. mehrere Minuten. Unter Umständen meint man, die Zündung sei nicht erfolgreich gewesen, weil dabei nur ein sehr leiser Knall hörbar und die Wasserstoffflamme auch im abgedunkelten Raum kaum sichtbar ist.
Nach längerer Zeit (0,5 bis 3 Minuten) vernimmt man ein leises, hohes Pfeifen, das nach einiger Zeit tiefer und zunehmend bedrohlicher klingt – das ist das Signal, dass in wenigen Sekunden die Explosion ertönen und die Dose hochfliegen wird.
Variante 2: Wie abgebildet stellt man die beiden zuvor mit Wasserstoff gefüllten Dosen übereinander und zündet wieder oben an.
Im Unterschied zu Variante zwei folgt auf die erste recht schnell eine zweite, in der größere Dose stattfindende Explosion.

Erläuterung

Der leichte Wasserstoff strömt kontinuierlich aus der Dose. Das Defizit wird durch nachströmende Luft ausgeglichen.
Nach einer Weile hat sich in der Dose ein Knallgasgemisch gebildet. Die Flamme schlägt nach unten durch, das Gemisch explodiert.
Wetterstationen verwenden häufig einen Sonnenschreiber. Dieser besteht aus einer als Sammellinse fungierenden Glaskugel und einer dahinter montierten Schiene, in die hitzeempfindliches Papier mit einer aufgedruckten Zeitskala eingelegt wird. Bei Sonnenscheinphasen hinterlässt das gebündelte Sonnenlicht bei der jeweiligen Zeit Brandspuren; dazu muss das Gerät natürlich richtig justiert sein. Fixiert man bei der 12-Uhr-Markierung einen kleinen (!) Böller, erhält man eine primitive Mittagskanone. Es könnte auf diese Weise auch eine Zündschnur in Betrieb gesetzt werden, die mit einem mit Wasserstoff gefüllten Ballon verbunden ist.

Xn C O CAM 1

10.3 Iod-Uhr

Themen für den Unterricht

Reaktionskinetik (Zeit, Konzentration), Redox-Reaktionen

Geräte und Chemikalien

Erlenmeyerkolben (300 mL), Waage, Messzylinder
Kaliumiodat **Xn O**, Natriumsulfit **Xn**, Schwefelsäure **C**, Stärke-Lösung (w = 1 %)

Vorbereitende Arbeiten

Folgende Lösungen werden hergestellt:
Lsg. A: 0,25 g Kaliumiodat in 150 mL Wasser
Lsg. B: 0,1 g Natriumsulfit, 0,5 mL Schwefelsäure (c = 3 mol/l) und 8 mL Stärke-Lösung (w = 1 %) in 142 mL Wasser

Durchführung und Beobachtung

Die beiden farblosen Lösungen werden zusammengegossen.
Nach ca. 15 Sekunden färbt sich die Lösung blauschwarz.

Erläuterung

Im sauren Milieu finden in zwei aufeinander folgenden Stufen Redox-Reaktionen zwischen den Iodid- und Sulfit-Ionen statt:

$$\overset{+5}{J}O_3^- + 3\,\overset{+4}{S}O_3^{2-} \rightarrow \overset{-1}{I^+} + 3\,\overset{+4}{S}O_4^{2-}$$

$$\overset{+5}{I}O_3^- + 5\,\overset{-1}{I^-} + 6\,H^+ \rightarrow 3\,\overset{0}{I_2} + 3\,H_2O$$

Das elementare Iod wird durch die Sulfit-Ionen rasch reduziert werden:

$$\overset{0}{I_2} + \overset{+4}{S}O_3^{2-} + H_2O \rightarrow 2\,\overset{-1}{I^-} + 2\,H^+ + \overset{+6}{S}O_4^{2-}$$

Wenn die Sulfit-Ionen »aufgebraucht« sind, bleibt auch elementares Iod in der Lösung. Die ebenfalls enthaltene Stärke-Lösung bewirkt die typische tiefblaue, fast schwarze Färbung.

Hinweise zur Präsentation

Statt die beiden Lösungen in einem Erlenmeyerkolben reagieren zu lassen, kann man auch mehrere kleine Reaktionsgefäße verwenden, die man nebeneinander aufstellt. In diese Gefäße gibt man zunächst Lösung A, anschließend Lösung B. Die Gefäßreihe färbt sich plötzlich – von einer Seite beginnend – blauschwarz.

N Xn T+ Xi O

10.4 Iod-Uhr spezial

Themen für den Unterricht
Komplexe, Reaktionskinetik (Zeit, Konzentration), Redox-Reaktionen

Geräte und Chemikalien
Magnetrührer, 3 Bechergläser (200 mL), 6 Bechergläser (100 mL), Waage, Pipette
Natriumhydrogensulfit **Xn**, Kaliumiodat **O**, Kaliumchlorat **O Xn**, Stärke, Quecksilberchlorid T+ N, Bleinitrat **T O N**, Kaliumiodid

Vorbereitende Arbeiten
Folgende Lösungen werden hergestellt:
A 1 g Kaliumiodat in 100 mL Wasser
B 1,3 g Natriumhydrogensulfit in 100 mL Wasser
C 5 g Kaliumchlorat in 100 mL Wasser
D 1,3 g Quecksilberchlorid in 100 mL Wasser
E 1,6 g Bleinitrat in 100 mL Wasser
F 33 g Kaliumiodid in 100 mL Wasser
G 10,4 g Natriumhydrogensulfit in 100 mL Wasser

Durchführung und Beobachtung
In allen der folgenden vier Varianten werden die angegebenen Lösungen jeweils in ein 200 mL Becherglas geschüttet und mit dem Magnetrührer kontinuierlich gemischt.
Variante 1: 30 mL A + 110 mL Wasser + 6 mL D + 45 mL B
Die Lösung ist zunächst farblos und durchsichtig, färbt sich aber später orange. Nach einiger Zeit wird sie wieder farblos.
Variante 2: 30 mL A + 100 mL C + 7,5 mL D + 45 mL B (evtl. etwas Stärke-Lösung)
Die farblose Lösung färbt sich nach einiger Zeit schmutzig orange, danach dunkelbraun bzw. – bei Zugabe von Stärke – blau.
Variante 3: 30 mL A + 30 mL Wasser + 90 mL E + 45 mL B
Beim Zusammengießen der Lösungen entsteht eine weiße Suspension. Nach einiger Zeit wird die Suspension gelb. Schließlich wird die Suspension wieder weiß wie zu Anfang des Versuches.
Variante 4: Folgende Lösungen werden in ein 200 mL Becherglas geschüttet und mit dem Magnetrührer kontinuierlich gemischt:
30 mL G + 45 mL F + 75 mL C
Die Färbung der Lösung erfolgt in den Schritten hell gelb – gelb – farblos – gelb – rotorange.

Erläuterung
Zu Variante 1: $3\ Na^+HSO_3^- + K^+IO_3^- \rightarrow 3\ Na^+HSO_4^- + K^+I^-$
Gleichzeitig mit der Bildung von I- erscheint das schwerlösliche HgI_2 als orangefarbene Suspension. Während die Konzentration der Iodid-Ionen weiter wächst, entsteht das

komplexe Tetraiodo-mercurat(II)-Ion. Wenn also zu viel $HgCl_2$ zugefügt wurde, verschwindet die orange Farbe der Suspension nicht vollständig.
Zu Variante 3: $[HgI_4]^{2-}$ Tetraiodomercurat(II)-Ion
Bei der Reaktion von Kaliumiodid und Natriumhydrogensulfit entsteht I^-, das mit dem reichlich vorhandenen Pb^{2+} zum gelben Bleiiodid reagiert. Daneben bildet sich auch SO_4^{2-}. Die Suspension wird wieder weiß, weil das Bleiiodid vom schlechter löslichen Bleisulfat ersetzt wird.
Sind zu wenig Bleiionen anwesend, bildet sich kein Bleiiodid und die Suspension wird nicht gelb. Falls die Konzentration von Pb^{2+} hingegen zu hoch ist, wandelt sich nicht das gesamte Bleiiodid zu Bleisulfat um. Die gelbe Farbe der Suspension verschwindet dann nicht vollständig.

C

T

N

Xn

!!!

5

10.5 Synthetische Golduhr

Themen für den Unterricht

Reaktionskinetik (Zeit), Löslichkeit

Geräte und Chemikalien

2 Erlenmeyerkolben (300 mL), Messzylinder, Waage
Natriumarsenit **T N**, Eisessig **C**, Natriumthiosulfat-5-Hydrat **Xn**

Hinweise zur Sicherheit und zur Entsorgung

Vorsicht beim Umgang mit Natriumarsenit. Es gehört zu den Giften der Abteilung 1 des Giftgesetzes. Arsen und seine Verbindungen sind sehr giftig, schon 0,3 g As_2O_3 können tödlich wirken.
Arsenhaltige Reste müssen in einem speziellen Behälter gesammelt und über ein professionelles Unternehmen entsorgt werden.
Eine ähnliches Experiment ohne diesen problematischen Stoff ist der Versuch 10.6.

Vorbereitende Arbeiten

Folgende Lösungen werden hergestellt:
A: 3 g Natriumarsenit und 16,5 mL Eisessig in 150 mL Wasser
B: 30 g Natriumthiosulfat in 150 mL Wasser

Durchführung und Beobachtung

Die beiden Lösungen werden vereinigt. Der Zeitraum bis zum Erscheinen der gelben Farbe lässt sich durch Variieren der Konzentrationen der Reaktionsteilnehmer verändern. Nach ca. 30 Sekunden färbt sich die farblose Lösung golden.

Erläuterung

$$\underset{\text{farblos}}{2\,AsO_2^-} + \underset{\text{farblos}}{S_2O_3^{2-}} + H_2O \rightarrow 2\,AsO_4^{3-} + \underset{\text{golden}}{2\,S} + 2\,H^+$$

Die »goldene« Färbung entsteht durch kolloidalen Schwefel

Weitere passende Versuche

10.6

Xi

Xn

DUN

OHP

10.6 Untergehende Sonne mit Capri-Blau

Themen für den Unterricht

Reaktionskinetik (Konzentration, RGT-Regel), Redox-Reaktionen, Lösungen, Kolloide, Streuung

Geräte und Chemikalien

Versuch 1: »Untergehende Sonne«

Diaprojektor, Rundkolben (250 mL), Leinwand, Stativmaterial, 2 Erlenmeyerkolben

Salzsäure (w = 5–10 %) **Xi**, destilliertes Wasser, Natriumthiosulfat-5-Hydrat **Xn**

Versuch 2: »Capri-Blau«

Etwa 1 m langes und 2 cm dickes Glasrohr (an einem Ende zugeschmolzen), lichtundurchlässige Hülle (Pappe, Klebeband), Spiegel

Destilliertes Wasser

Vorbereitende Arbeiten

Versuch 1: »Untergehende Sonne«

Folgende Lösungen werden hergestellt:

A: 10 mL verd. Salzsäure in 90 mL destilliertes Wasser

B: 2 g Natriumthiosulfat-5-Hydrat in 100 mL destilliertes Wasser.

Der Rundkolben wird unmittelbar vor die Linse gestellt (s. Abb. 22).

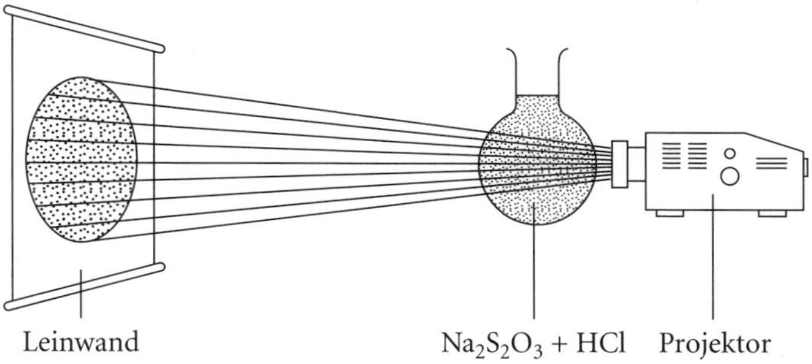

Abb. 22: Untergehende Sonne

Versuch 2: »Capri-Blau«

Man füllt ein einseitig zugeschmolzenes langes Glasrohr mit destilliertem Wasser. Das Glasrohr ist lichtdicht mit schwarzem Papier oder Gewebeband umhüllt. Der Boden und die untersten 3 cm bleiben durchsichtig.

Durchführung und Beobachtung

Versuch 1: »Untergehende Sonne«:

Nachdem das Licht gelöscht worden ist, schaltet man den Diaprojektor ein und schüttet die beiden Lösungen in den Rundkolben. Der zunächst auf der Leinwand erscheinende helle Kreis zeigt – ähnlich wie die untergehende Sonne – allmählich eine Farbänderung über Gelb, Orange, Rot, Dunkelrot. Parallel dazu färbt sich der Inhalt des Rundkolbens bläulich, später blassgelb.

Der Versuch lässt sich auch sehr gut mit einem Overheadprojektor durchführen. Zu diesem Zweck deckt man die Arbeitsfläche mit einem Stück Pappe ab, in welches man ein kreisrundes Loch geschnitten hat. Auf diese Öffnung wird eine Kristallisierschale gestellt, in die man dann die beiden Lösungen gießt.

Der Raum sollte gut verdunkelt sein. Passende Begleitmusik unterstreicht den Vorgang akustisch.

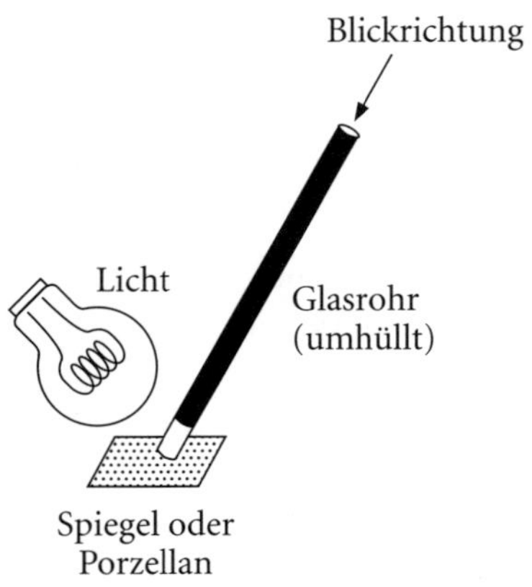

Versuch 2: »Capri-Blau«
Eine einfache »**Capri-Grotten-Simulation**« ist folgendermaßen möglich:
Man stellt das mit Wasser gefüllte Rohr schräg auf einen Spiegel, der am Boden liegt und von der Sonne oder einer künstlichen Lichtquelle angestrahlt wird.
Wenn man von oben durch die Röhre blickt, erscheint das Wasser tiefblau. [1]

Erläuterung
Versuch 1: »Untergehende Sonne«:
Das Thiosulfation reagiert mit dem Wasserstoffion, wobei die Geschwindigkeit dieser Reaktion konzentrationsabhängig ist:
$S_2O_3^{2-} + 2\,H^+ \rightarrow S\downarrow + SO_2\uparrow + H_2O$
Der langsam kolloid ausfallende Schwefel bewirkt durch Lichtabsorption bzw. Streuung die beobachtbare Farbänderung im Kolben und auf der Projektionsfläche.
Versuch 2: »Capri-Blau«
Die Blaufärbung entseht durch Streuung. Auch das Blau des Himmels beruht auf der Streuung des Lichts.

Weitere passende Versuche
10.5

C Xn F O CAM

10.7 Red Botle als Sundowner, blue Bottle für blaue Stunden

Themen für den Unterricht

Farbstoffchemie, Säuren und Laugen (Indikatoren), Redox-Reaktionen

Geräte und Chemikalien

Beide Versuche (je einmal): Rundkolben (1000 mL) mit Korkring oder Flasche mit Glasstöpsel (siehe Abb.), Stopfen, ggf. Messzylinder (500 mL), Waage, ggf. Phenolphthalein-Lösung **F**

Beide Kolben: Glucose, festes Natriumhydroxid **C**, destilliertes Wasser

Kolben 1: Farbstoff Resazurin (Bezugsquelle: Sigma-Aldrich Chemie GmbH, Eschenstrasse 5, D-82024 Taufkirchen, *www.sigmaaldrich.com/Area_of_Interest/Europe_Home/Germany.html*)

Kolben 2: Methylenblau **Xn**, ggf. Phenolphthalein-Lösung **F**, Sauerstoff **O** und Stickstoff

Vorbereitende Arbeiten

Kolben 1: 20 g Glucose und anschließend 12 g Natriumhydroxid in 400 mL Wasser lösen. Eine Spatelspitze Resazurin hinzufügen, Kolben verschließen, kräftig schütteln und warten bis die rote Farbe verschwindet.

Kolben 2

Lösung 1: 0,2 g Methylenblau in 100 mL Wasser

Lösung 2: Im Rundkolben löst man erst 40 g Glucose, dann 5 g Natriumhydroxid in 400 mL Wasser.

Man fügt ca. 5 mL der Lösung 1 zu Lösung 2 hinzu, schüttelt und wartet. Nach kurzer Zeit ist das Gemisch farblos.

Durchführung und Beobachtung

Zuerst wird die farblose Lösung 1 kräftig geschüttelt. Es zeigt sich eine intensive rote Farbe, die nach einer Weile wieder verschwindet.

Sogleich schüttelt man Lösung 2, sie färbt sich tiefblau. Lässt man sie ruhig stehen, ver-

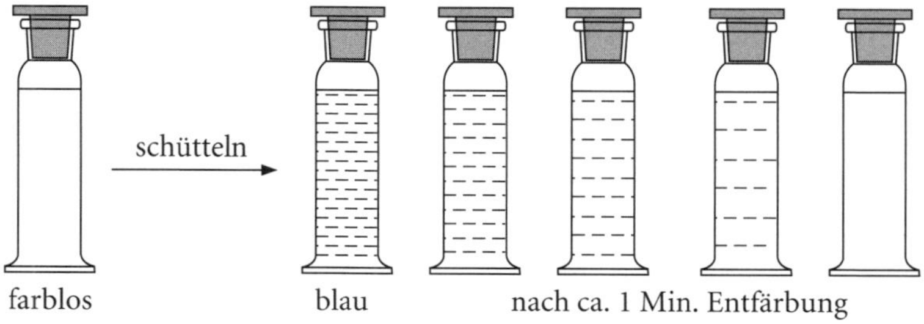

Abb. 23: Blue-bottle-Experiment

schwindet nach etwa 1 Minute von unten beginnend die blaue Farbe und die Lösung wird wieder farblos.
Bei erneutem Schütteln tritt die rote bzw. blaue Farbe wieder auf. Diese Versuche lassen sich mehrmals wiederholen.
Der Zeitpunkt, bei dem die durch Schütteln hervorgerufene Farbe wieder verschwindet, ist von der NaOH-Konzentration abhängig. Bei hoher NaOH-Konzentration erfolgt der Farbumschlag von blau bzw. rot nach farblos schneller, bei niedriger Konzentration langsamer.
Fügt man der Lösung 2 etwas Phenolphthalein hinzu, bekommt sie eine rote Färbung, die beim Schütteln nach blauviolett umschlägt. Nach einiger Zeit färbt sich die Lösung – von unten beginnend – wieder rot.
Die entscheidende Rolle des Sauerstoffs lässt sich leicht zeigen, indem man die im Kolben enthaltene Luft zunächst durch Stickstoff, anschließend durch reinen Sauerstoff ersetzt. In der Stickstoffatmosphäre ist auch nach kräftigem Schütteln keine Blaufärbung zu beobachten, während bei Anwesenheit reinen Sauerstoffs die Blaufärbung intensiver als bei Luft wird und außerdem auch längere Zeit erhalten bleibt.

Erläuterung

Lösung 1: »Der Farbstoff Resazurin (7-Hydroxy-3H-phenoxazin-3on-N-oxid-natriumsalz) oxidiert die Glucose zur Gluconsäure (die Aldehydgruppe wird zur Carboxylgruppe), dabei wird der Farbstoff zum farblosen Dihydro-Resazurin reduziert. Durch das Schütteln gelangt Sauerstoff in die Lösung, der das farblose Dihydro-Resazurin wieder in den roten Farbstoff Resazurin oxidiert. Diese Vorgänge wiederholen sich, bis die Glucose vollständig oxidiert wurde.« [1]
Lösung 2: Die Farbänderung beruht auf der Überführung von Methylenblau in die Leukoform, die vom Luftsauerstoff wieder in die oxidierte blaue Form überführt wird:

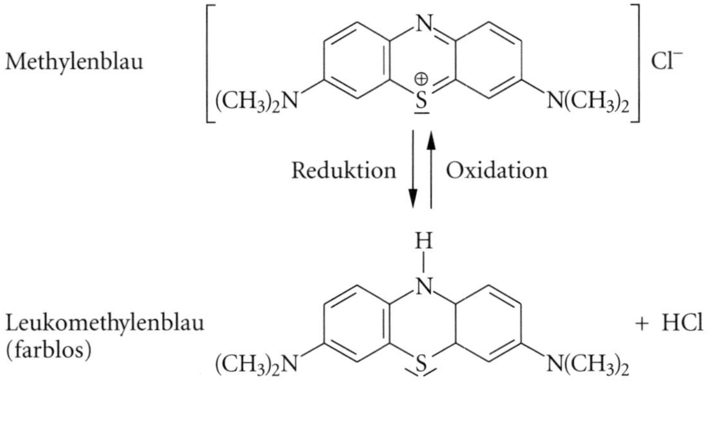

Der Traubenzucker hat eine Aldehydgruppe, die zur Carboxylgruppe oxidiert wird:
(Mb → Methylenblau, MbH_2 → Leukomethylenblau)

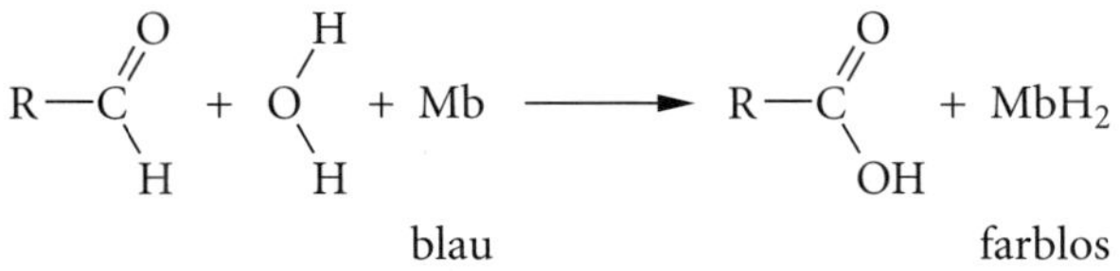

Die Leukoform wird vom Luftsauerstoff zu Methylenblau oxidiert.

C

Xn

N

CAM

10.8 Das pulsierende Sektglas

Themen für den Unterricht

Reaktionskinetik (oszillierende Reaktionen)

Geräte und Chemikalien

Sektglas (oder Kelchglas), Becherglas (250 mL), drei Kolbenpipetten (10 mL), Vollpipette oder Messzylinder (50 mL)
Perhydrol (Wasserstoffperoxid-Lösung w = 35 %) **C**, konzentrierte Salzsäure **C**, Kupfer(II)-chlorid-2-Hydrat **Xn N**

Vorbereitende Arbeiten

Das Kelchglas sollte etwa 12 Stunden mit Natronlauge (w = 37 %) gefüllt und anschließend mehrmals mit destilliertem Wasser ausgespült werden.
Man stellt im Becherglas eine Lösung aus 10 mL Wasser, 50 mL Salzsäure und 10 g Kupferchlorid bereit.

Durchführung und Beobachtung

Zur vorbereiteten Lösung werden 10 mL der Wasserstoffperoxid-Lösung gegeben. Das Gemisch wird sofort in das Kelchglas überführt.
»Innerhalb der ersten 2 – 3 Minuten wird die Gasentwicklung in der Lösung langsam stärker, es bildet sich eine Schaumkrone aus, wobei sich die Lösung kontinuierlich erwärmt. Dann können über einen Zeitraum von mehreren Minuten oszillierende Gasfreisetzungsschübe in der Lösung beobachtet werden, bei denen sich auch die Schaumkrone in Pulsen vergrößert und wieder zusammenfällt. Im weiteren Verlauf nimmt die Frequenz der Oszillation zu. Dabei überlagern sich die Gasfreisetzungsschübe, in dem bereits eine erneute Gasfreisetzung einsetzt, bevor die Blasen aus dem vorigen Schub aufgestiegen sind. Häufig wird dann nur noch eine starke Gasentwicklung beobachtet. Dabei entweichen Salzsäuredämpfe, und die Gasentwicklung kommt nach dem Verbrauch des Wasserstoffperoxids zum Erliegen. Die Lösung ist nun intensiv grün gefärbt. Nach dem Abkühlen liegt wieder die Ausgangsfärbung vor.« [1]

Erläuterung

Hier kann nur eine verkürzte Interpretation erfolgen; eine ausführliche Deutung ist in der angegebenen Literaturquelle zu finden.
Schritt 1: Durch die von der Kupferchlorid-Lösung katalysierte Zersetzung von Wasserstoffperoxid wird Sauerstoff freigesetzt, der sich löst.
Schritt 2: Die Gaslösung ist bald gesättigt, anschließend sogar übersättigt.
Schritt 3: Allmählich entstehen Blasenkeime. Es bilden sich erste Blasen.
Schritt 4: Die Blasen werden größer, gleichzeitig findet starke Neubildung von Blasen statt. Durch ihr schnelles Oberflächenwachstum treten die Sauerstoffmoleküle so schnell aus der Lösung in die Blasen, dass sich der »Nachschub« durch die Zerfallsreaktion nicht mehr schnell genug entwickeln kann.

Schritt 5: Die Blasen steigen auf und verlassen die Lösung. Die Übersättigungsgrenze ist nun deutlich unterschritten; die Lösung wird „ruhig“.
Schritt »neu 1«: Die nach wie vor ablaufende Zerfallsreaktion führt zu einem erneuten Ansteigen der Sauerstoffkonzentration. Der Prozess beginnt von neuem.

F+

Xn

DUN

10.9 Ein alkoholisches Kaminfeuer

Themen für den Unterricht

Reaktionskinetik (oszillierende Reaktion), Redox-Reaktionen, Alkanole, Alkanale

Geräte und Chemikalien

Erlenmeyerkolben (250 mL), T-Stück aus Edelstahlblech (Maße richten sich nach dem Kolben; siehe Abbildung), Tiegelzange, Gasbrenner, ggf. Heizplatte
Kupferdraht (Länge ca. 20 cm, Ø 2 bis 3 mm), Ethanol **F**, ggf. Fuchsinschweflige Säure

Hinweise zur Sicherheit

Etliche verbreitete Anleitungen basieren auf der Verwendung des giftigen Methanols. Das Experiment funktioniert aber auch mit Ethanol zuverlässig.

Vorbereitende Arbeiten, Durchführung und Beobachtung

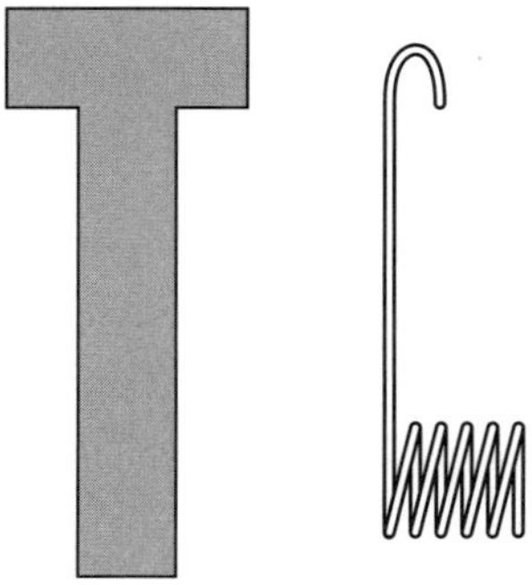	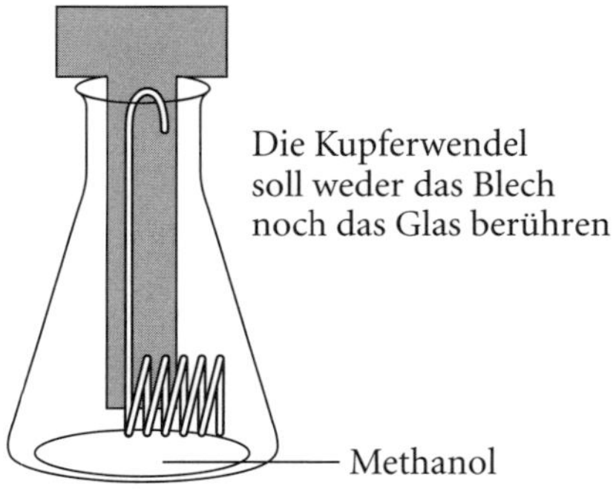
Aus einem etwa 1 mm starken Blech schneidet man ein T-förmiges Stück. Es soll im Erlenmeyerkolben hängen und etwa 5 mm über dem Boden enden. Das eine Ende des Kupferdrahtes wird zu einer Wendel mit ca. 5 Windungen von etwa 1 cm Durchmesser geformt. Das gerade Ende mit Haken sollte so bemessen sein, dass die Wendel im Kolben etwa 1 cm über dem Boden hängt.	In den Erlenmeyerkolben kommen etwa 10 mL Ethanol, der unter dem Abzug auf einer Heizplatte leicht erwärmt wird, aber nicht sieden soll. Nun hängt man das Blech in den Kolben. Die Kupferwendel wird nun solange mit einer Zange in die Brennerflamme gehalten, bis sie rot glüht. Dann wird sie gemäß Abbildung in den Kolben gehängt. Es kann zu einer deutlichen, aber harmlosen Verpuffung kommen.

Nach einer kurzen Verpuffung glüht das Kupfer kontinuierlich weiter, bis das gesamte Ethanol umgesetzt ist. Dabei »flackert«die Oberfläche des Metalls in changierenden Farben.
Das entstehende Ethanal **Xn**, **F+** weist man mit fuchsinschwefliger Säure (Schiffs Reagenz) nach.

Erläuterung

Vor dem Blech steigen die erhitzen Gase nach oben, dahinter strömt frische Luft nach unten (Kamineffekt). Auf der Oberfläche des als Katalysator wirkenden Kupferdrahtes wird Ethanol zu Ethanal **F+ Xn** oxidiert.

$C_2H_5OH + \frac{1}{2} O_2 \rightarrow C_2H_4O + H_2O$

Xn C O N CAM

10.10 Oszillierende Iod-Uhr

Themen für den Unterricht
Fotochemie, Reaktionskinetik, Redox-Reaktionen

Geräte und Chemikalien
Magnetrührer, schmales, hohes Becherglas (400 mL), Tiegelzange, Bunsenbrenner; ggf. Projektor oder Magnesiumband und UV-Brille
Natriumiodat **O**, Schwefelsäure **C**, Malonsäure **Xn**, Mangan(II)sulfat **Xn N**, Stärke, Wasserstoffperoxid (w = 10 %) **C**, destilliertes Wasser

Hinweise zur Sicherheit
Falls das Magnesiumband zum Einsatz kommt, sollte die UV-Brille eingesetzt werden.

Vorbereitende Arbeiten
Folgende Lösungen werden hergestellt:
Lösung 1: 1,5 g Natriumiodat und 10 mL Schwefelsäure (c = 1 mol/L) in 100 mL destilliertem Wasser.
Lösung 2: 1 g Malonsäure und 1,5 g Mangansulfat und 10 mL Stärke-Lösung (w = 1 %) in 100 mL destilliertem Wasser.
Lösung 3: 135 mL Wasserstoffperoxid (w = 10 %).

Durchführung und Beobachtung
Man gießt die drei farblosen Lösungen in das auf dem Magnetrührer stehende Becherglas. Damit die Oszillation gleichmäßig in der gesamten Lösung erfolgt, wird diese kontinuierlich durch den Magnetrührer gemischt.
Die Lösung oszilliert für 10 – 15 Minuten zwischen farblos und blau. Der blaue Zustand dauert etwa 10 Sekunden, der farblose 5 Sekunden.
Im Endzustand kann die Lösung farblos oder blau sein. Ist sie farblos, so lässt sich auf

Grund einer fotochemischen Reaktion durch kurzes Bestrahlen mit einem Projektor oder Abbrennen eines kurzen Stücks Magnesiumband neben dem Becherglas ein Farbumschlag nach blau herbeiführen.

Erläuterung

Es gibt keine einfache Erklärung für den Mechanismus dieser oszillierenden Reaktion. Eine ausführliche Deutung findet man in [1] oder [2].

Weitere passende Versuche

10.11

C

O

Xn

CAM

10.11 Rot-Blau-Oszillation

Themen für den Unterricht

Reaktionskinetik (oszillierende Reaktionen)

Geräte und Chemikalien

Schmales, hohes Becherglas (400 mL), Magnetrührer, Stück weiße Pappe DIN A 4, Messzylinder, fünf Bechergläser (150 – 200 mL)
Kaliumbromat **O**, Malonsäure, konzentrierte Schwefelsäure **C**, Natriumbromid, destilliertes Wasser, Ferroin **Xn**

Vorbereitende Arbeiten

Folgende Lösungen werden hergestellt:

A 5,2 g Kaliumbromat in 80 mL destilliertes Wasser
B 15,6 g Malonsäure in 100 mL Wasser
C 1,2 g Natriumbromid in 40 mL destilliertem Wasser
D 14 mL konzentrierte Schwefelsäure in 70 mL destilliertem Wasser
E 2 mL Ferroin-Lösung ($C=\frac{1}{40}$ M)

Durchführung und Beobachtung

Die Reaktion wird am besten in einem hohen, engen Glasgefäß durchgeführt, damit nicht aufgrund einer zu großen Weglänge das gesamte Licht adsorbiert wird. Benutzt man dennoch ein breites Gefäß, sollte man weniger Indikator verwenden. Um die Farbänderung des Ferroins aus der Ferne besser sichtbar zu machen, empfiehlt es sich, einen weißen Hintergrund aufzustellen.
Die Lösungen A, B C und D werden in das auf dem Magnetrührer stehende Gefäß gegeben. Erst nachdem die dabei entstehende bräunliche Färbung (Brom) verschwunden ist (nach ca. ½ Min.) wird Lösung E (Ferroin) hinzugegeben. Dadurch färbt sich die gesamte Lösung rot. Um die Ausbildung räumlicher Strukturen zu vermeiden, wird das Reaktionsgemisch mit dem Magnetrührer fortlaufend mäßig gemischt. Allerdings darf die Rührgeschwindigkeit nicht zu hoch sein, da sonst der Effekt des Versuches ausbleibt.
Da beim vorliegenden Versuch als Zwischenprodukt Brom **T** entsteht, welches den Ferroin-Indikator zerstört, ist es empfehlenswert, einige weitere Tropfen Ferroin zu der Lösung zu geben, wenn sie schon einige Zeit oszilliert hat.
Das Reaktionsgemisch zeigt über eine Stunde lang einen Farbwechsel zwischen hellrot und hellblau. Der Farbumschlag nach Blau erfolgt plötzlich, wohingegen die blaue Farbe nur langsam in die rote übergeht. Die rote Phase dauert 3 – 40 Sekunden, die blaue 5 – 10 Sekunden.

Erläuterung

»Eine Oszillation kann auftreten, so lange die Haupt-Reaktion, die freiwillig abläuft und das ganze System »antreibt«, sich weit außerhalb des Gleichgewichtes befindet. Weiterhin

sind mehrere gekoppelte Reaktionen nötig, wobei diese unterschiedliche Kopplungskonstanten haben. Man kann dies vergleichen mit einer Standuhr: Die Gewichte (= Gesamtreaktion) treiben die Uhr (das System) an, der Pendel schwingt zwischen zwei Zuständen. Den gekoppelten Reaktionen entspricht in diesem Modell das Wechselspiel aus kinetischer und potentieller Energie.
Die Gesamtreaktion ist bei der Belousov-Zhabotinsky-Reaktion eine Bromierung der Malonsäure:
$2\ Br^- + BrO_3^- + 3\ H^+ + 3\ HOOC\text{-}CH_2\text{-}COOH \rightarrow 3\ HOOC\text{-}CHBr\text{-}COOH + 3\ H_2O$

Es treten jedoch zahlreiche Zwischenprodukte auf, u. a. Brom (vor allem zu Beginn) und CO_2, es kommt daher gegen Ende zur Bildung kleiner Gasbläschen. Das System pendelt ständig zwischen einem oxidierenden und reduzierenden Milieu.« [1]
Eine ausführliche Diskussion über den Mechanismus der vorliegenden Reaktion findet sich in der Zeitschrift »Chemie in unserer Zeit« [2].

Weitere passende Versuche

10.10

T
Xi
C
VER
5

11.1 Das Giftgas aus der Toilettenschüssel

Themen für den Unterricht
Chlorgas

Geräte und Chemikalien
Erlenmeyerkolben (1000 mL)
WC-Reinigungspulver (enthält meist Natriumhydrogensulfat) **Xi**, chlorhaltiger Sanitärreiniger **C** (z. B. Domestos, Chlorix), Wasser

Hinweise zur Entsorgung
Den pH-Wert des Gemischs feststellen, ggf. neutralisieren, anschließend Natriumthiosulfat-Lösung hinzugeben.

Durchführung und Beobachtung
In den Erlenmeyerkolben gibt man etwa 200 mL Wasser und die einem Esslöffel entsprechende Menge WC-Reinigungspulver und schwenkt das Gemisch ein wenig. Anschließend kommen etwa 20 mL chlorhaltiger Sanitärreiniger hinzu.
Der Gasraum über der Flüssigkeit verfärbt sich gelblich-grün. Wenn das Gemisch nicht unter dem Abzug stünde, wäre typischer Chlor-Geruch wahrnehmbar.

Erläuterung
Sanitärreiniger enthalten als wirksame Substanzen Tenside und Natriumhypochlorit. WC-Reinigungspulver wiederum sind stark sauer, um Kalk und »Urinstein« aus der Toilettenschüssel zu entfernen. Kommen beide Reinigungsmittel zusammen, entsteht unter anderem Chlorgas.
$2\ ClO^- + 4\ H^+ \rightarrow 2\ H_2O + Cl_2 \uparrow$

Weitere passende Versuche
Chlorgas entsteht auch dann, wenn man Natriumhydrogensulfat enthaltende WC-Reiniger zusammen mit Kochsalz (Natriumchlorid) erhitzt.

11.2 Gestank durch Reibung

C

(T)

Xn

Themen für den Unterricht

Reaktionskinetik (Teilchenkollisionsmodell), Ammoniak

Geräte und Chemikalien

Reibschale, Pistill

Festes Natriumhydroxid C, Ammoniumhydrogencarbonat **Xn**

Durchführung und Beobachtung

In eine Reibschale gibt man ein Plätzchen Natriumhydroxid und eine Spatelspitze Ammoniumhydrogencarbonat. Nun zerreibt man die beiden Stoffe mit dem Pistill.

Es verbreitet sich ein stechender Geruch nach Ammoniakgas T.

Erläuterung

Natriumhydroxid reagiert mit Ammoniumhydrogencarbonat unter Bildung von Ammoniakgas.

$NH_4HCO_3 + 2\ Na(OH) \rightarrow NH_3 + Na_2CO_3 + 2\ H_2O$

F+ | T | Xn | Versuch 1 N | Versuch 1 C

11.3 Gefangenes Gas

Themen für den Unterricht

Schwefelwasserstoff

Geräte und Chemikalien

Versuch 1: Kippscher Gasentwickler, 2 gewinkelte Glasröhren mit Hahn, Schlauch, Erlenmeyerkolben, Stopfen, Filtriermaterial, Reibschale mit Pistill, Schutzhandschuhe, Schutzbrille

Hydrochinon **Xn N**, Salzsäure (w = 10 %) **C**, Eisensulfid, destilliertes Wasser; ggf. Schwefelblüte, festes Paraffin, Kaliumcarbonat

Versuch 2: Reagenzglas

Gasbrenner, Paraffin (fest), Schwefelpulver

Versuch 3: Gasbrenner, Porzellantiegel

Kaliumcarbonat **Xn**, Schwefelpulver

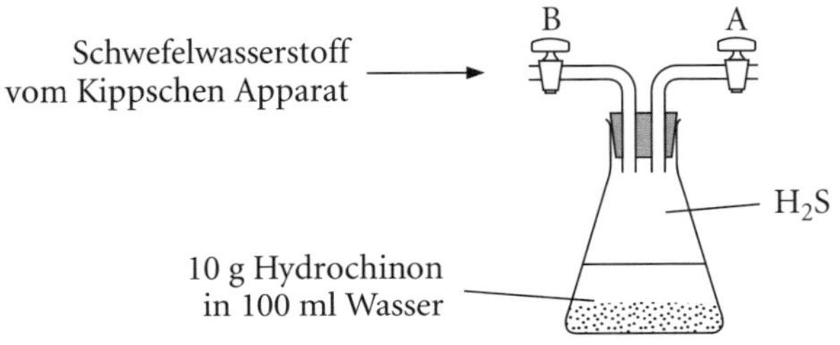

Abb. 24: Darstellung einer Hydrochinon-H_2S-Einschlußverbindung

Hinweise zur Sicherheit

Versuch 1: Vorsicht bei der Schwefelwasserstoffherstellung! Schwefelwasserstoff **F+ T+ N** ist ein farbloses Gas mit unangenehmem Geruch, der allerdings in sehr hoher Konzentration den Geruchssinn betäubt. Es ist ein gefährliches Gift wie die Blausäure. Unmittelbare Einatmung des Gases (2 mg/L) kann zu plötzlichem Tod durch Atemlähmung führen. Für gewöhnlich verhindert aber sein außerordentlich unangenehmer Geruch, dass bedenkliche Mengen eingeatmet werden.

Hydrochinon wirkt ätzend. Besonders schädlich wäre ein Kontakt mit der Horn- oder Bindehaut des Auges. Daher sind Schutzhandschuhe und Schutzbrille erforderlich.

Vorbereitende Arbeiten

Versuch 1: Zur Herstellung von Schwefelwasserstoff wird ein Kippscher Apparat mit Salzsäure (w = 10%) und Eisensulfid beschickt. Man kann auch eine einfache Gasentwicklungsapparatur aus einem Erlenmeyerkolben und einem Tropftrichter verwenden. Man bereitet eine warm gesättigte Hydrochinon-Lösung, indem man 10 g Hydrochinon in 100 mL warmen Wasser löst. Auf (!) diese Lösung leitet man Schwefelwasserstoff (siehe Abb. 24). Hahn A wird nach Verdrängen der Luft geschlossen, Hahn B bleibt geöffnet, so dass ein leichter Schwefelwasserstoffdruck auf der Lösung vorhanden ist. Man schüttelt den Kolben etwas. Die beim Abkühlen entstehenden Kristalle werden abfiltriert und getrocknet, bis kein Schwefelwasserstoffgeruch mehr wahrnehmbar ist.

Durchführung und Beobachtung

Versuch 1: Einige Kristalle werden in der Reibschale zerrieben. Der charakteristische Geruch von Schwefelwasserstoff entsteht.

Versuch 2: Auf wenig riskante Weise lässt sich der Geruch von Schwefelwasserstoff zeigen, indem man in einem Reagenzglas Schwefel gemeinsam mit etwa der gleichen Menge festem Paraffin erhitzt.

Versuch 3: Wenn man 1 Teil Schwefel mit 2 Teilen Kaliumcarbonat im zugedeckten Tiegel auf etwa 250 °C erhitzt, entsteht ein Gemisch aus Kaliumpentasulfid und Kaliumthiosulfat. Auf Luftabschluss bei der Herstellung ist unbedingt zu achten, weil sonst der Schwefel verbrennt.

Das Produkt riecht intensiv nach dem durch Zersetzung entstehenden Schwefelwasserstoff. Der Geruch lässt sich noch steigern, wenn man den Stoff in leicht angesäuertem Wasser verteilt.

Erläuterung

Versuch 1: Hydrochinon bildet mit Schwefelwasserstoff kristalline Hydrochinon-Addukte (siehe Abb. 25), die praktisch unbegrenzt haltbar sind. Sie ermöglichen bei Versuchen eine bequeme Handhabung des Schwefelwasserstoffes ohne größere Geruchsbelästigung. Durch das Zerreiben der Kristalle wird der Kristallkäfig zerstört und Schwefelwasserstoff entweicht.

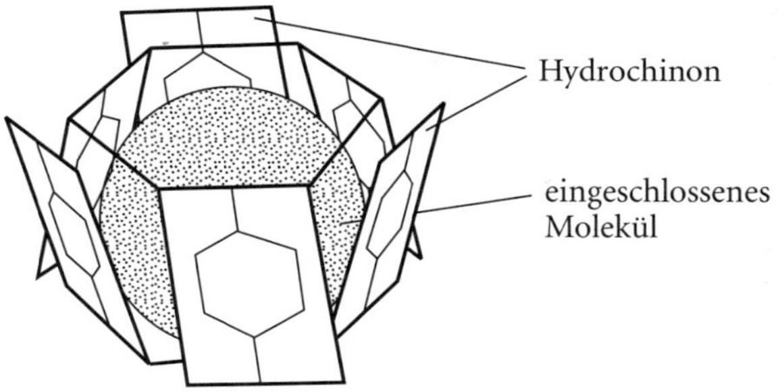

Abb. 25: Hydrochinon-Addukt

Versuch 2: Das selbst hergestellte Paraffin-Schwefel-Produkt ist unter der Bezeichnung Sulfidogen auch als Fertigprodukt im Handel. Die Entstehung des Schwefelwasserstoffs durch Erhitzen erfolgt nach folgender Gleichung [1]:

$C_nH_{2n+2} + (n+1)\ S \rightarrow (n+1)\ H_2S + nC$

Versuch 3: Das in Versuch 3 entstandene Gemisch wird als »Schwefelleber« für Schwefelbäder und zum Beizen von Edelmetallen eingesetzt; auf Kupfer zum Beispiel bildet sich ein dunkler Überzug aus Kupfersulfid.

11.4 Butter-Birne

Themen für den Unterricht

Chemische Reaktionen (Produkte mit neuen Eigenschaften), Esterkondensation

Geräte und Chemikalien

Pilzheizhaube, Rundkolben (500 mL), Rückflusskühler, Liebig-Kühler, Vorlage, Siedesteinchen
Butansäure (Buttersäure) **C**, Isopentanol (3-Methyl-1-butanol, Isoamylalkohol) **Xn**, konzentrierte Schwefelsäure **C**

Vorbereitende Arbeiten

Die Versuchsapparatur aus Pilzheizhaube, Rundkolben und Rückflusskühler wird aufgebaut.

Durchführung und Beobachtung

Unter dem Abzug werden im Rundkolben 50 mL Butansäure und 60 mL Isopentanol vermischt, dann kommen 50 mL konzentrierte Schwefelsäure hinzu.
Man lässt das Gemisch etwa 10 Minuten lang sieden.
Anschließend muss es noch destilliert werden. Dazu verwendet man die gängige Apparatur mit langem Luftkühler oder Liebig-Kühler. Die Destillation wird abgebrochen, sobald sich in der Vorlage etwa 20 mL Destillat gesammelt haben und im Kolben starke Nebel entstehen.
Das Destillat wird zur Reinigung mit 500 mL Wasser geschüttelt, dann im Scheidetrichter abgetrennt. In einer Abdampfschale wird es leicht eingedampft, dadurch entweichen die scharf riechenden Bestandteile.
Der typische, unangenehme Geruch der Butansäure nach ranziger Butter ist einem Duft gewichen, der entfernt an Birnen erinnert.

Erläuterung

Butansäure verbreitet einen sehr unangenehmen Gestank. Von der Schwefelsäure katalysiert reagierten in einer sogenannten Esterkondensation Butansäure und Isopentanol unter Abspaltung von Wasser zu Butansäureisoamylester (Butansäureisopentylester).

$$C_3H_7-COOH + C_5H_{12}O \xrightarrow{\text{Schwefelsäure}} C_3H_7-COO-C_5H_{11} + H_2O$$

11.5 Die übermächtige zweite Brausetablette

Themen für den Unterricht

Löslichkeit von Gasen, Kohlenstoffdioxid und Kohlensäure

Geräte und Chemikalien

Glaswanne, Mess- oder Standzylinder (500 – 1000 mL)
Mehrere Brausetabletten (z. B. Vitamintablette)

Vorbereitende Arbeiten

Da mehrere Variablen (Gesamtmenge und Temperatur des Wassers, Zusammensetzung der Tablette, Volumen des Messzylinders) das Ergebnis beeinflussen, sollte das Experiment unbedingt vor der Präsentation ausprobiert werden.

Durchführung und Beobachtung

Der Standzylinder wird randvoll mit Wasser gefüllt und mit der Öffnung nach unten in die zur Hälfte mit Wasser gefüllte Glaswanne gestellt. Unter den Zylinder schiebt man schnell eine Brausetablette und beobachtet, bis sie sich vollständig aufgelöst hat. Das sich entwickelnde Gas sollte möglichst vollständig in den Zylinder gelangen.
Das sprudelnde Gas verdrängt einen Teil des im Zylinder enthaltenen Wassers; im oberen Teil des Gefäßes sammelt sich Gas. Man markiert den »Pegelstand« und schiebt eine zweite Brausetablette in den Zylinder.
Schon bald stellt man fest, dass sich diesmal ein mehrfach so großes Gasvolumen im Zylinder sammelt wie bei der ersten Tablette.

Erläuterung

Brausetabletten enthalten u. a. Citronensäure oder Weinsäure und Natriumhydrogencarbonat. Die beiden Stoffe reagieren in gelöstem Zustand unter Bildung von Kohlenstoffdioxid.
Beide Tabletten setzen im Wasser etwa gleich viel Kohlenstoffdioxid frei. Bei der ersten Tablette löst sich noch recht viel davon im Wasser, während beim Auflösen der zweiten Tablette schon eine (fast) gesättigte Lösung vorliegt.

»Z«

SV

»V«

11.6 Rezepte zur Gaumenfreude

»Z« in der Symbolleiste: Gefahr von Zahnschäden
»V« in der Symbolleiste: Verspeisen
Die Vorführung der beschriebenen Experimente ist mit viel Arbeit und Konzentration verbunden. Die beiden letzten Versuche dienen daher zur Stärkung des erschöpften Experimentators. Es versteht sich von selbst, dass nur mit absolut reinen Chemikalien und Geräten gearbeitet werden darf.

Themen für den Unterricht

Kohlenhydrate, Pyrolyse

Geräte und Chemikalien

Versuch 1: Gasbrenner, Dreifuß mit Drahtnetz bzw. Tondreieck, Porzellanschale, Tiegelzange, Glasstab, Aluminiumfolie, Schutzbrille
Gemisch gesättigter Triglyceride (Butter), α-D-Glucopyranosyl-β-D-fructofuranosid (Zucker).
Versuch 2: Gasbrenner Dreifuß mit Drahtnetz, Becherglas (400 mL), Rührstab, Spatel, Aluminiumfolie, Kalandrierwalze, scharfe Platte aus nicht-oxidierendem Stahl
Wasserhaltiges gesättigtes Triglyceridgemisch, α-D-Glucopyra-nosyl-β-D-fructofuranosid, lecithinhaltiges Lipoid-Protein-Gemisch, 4-Hydroxy-3-methoxybenzaldehyd-Saccharose-Gemisch, Ammoniumhydrogencarbonat, Natriumchlorid, Polysaccharidgemisch aus Amylose und Amylopektin
Versuch 3 und 4: Gasbrenner, Dreifuß mit Drahtnetz, Becherglas (400 mL) oder Aluminiumfolie, Rührstab aus Holz
Saccharose, Natriumhydrogencarbonat, Citronensäure

Hinweise zur Sicherheit und zur Entsorgung

Die Entsorgung der Produkte erfolgt durch Verkostung. Um größere gesundheitliche Schäden zu vermeiden, sollte man anschließend sofort gründlich die Zähne putzen!

Durchführung und Beobachtung

Versuch 1: Partieller thermischer Abbau von α-D-Glucopyranosyl-β-D-Fructofuranosid (Saccharose) unter Einschluss gesättigter Triglyceride (Palmin)
5 g eines Gemisches gesättigter Triglyceride, dem die Vitamine A, D, E und F in geringen Mengen beigegeben sind, werden in einer Porzellanschale auf dem Drahtnetz bzw. dem Tondreieck mit der gerade noch leuchtenden Flamme des Gasbrenners unter ständigem Rühren (Porzellanschale mit Tiegelzange festhalten) mit dem Glasstab bis zum Sieden erhitzt. (Vorsicht! Gefahr von Verbrennungen durch Verspritzen!) Dann gibt man unter andauerndem Rühren 20 g α-D-Glucopyranosyl-β-D-fructofuranosid hinzu und erhitzt vorsichtig weiter, bis eine homogene, hellbraungefärbte Masse entstanden ist. (Verkohlung vermeiden, gegebenenfalls Brenner vorher kurzzeitig entfernen). Der Brenner wird dann ausgestellt, die Porzellanschale mit Hilfe der Tiegelzange vom Drahtnetz bzw.

Tondreieck genommen und ihr Inhalt auf ein in Form eines Backblechs gefaltetes Stück Aluminiumfolie gegossen.

Nach dem Erkalten des Reaktionsproduktes wird ein kleines Stück davon abgebrochen und vorsichtig auf seinen Geschmack geprüft. Falls dieser nicht unangenehm erscheint, sollte das gesamte Reaktionsprodukt redlich geteilt werden, um es dann einer weiteren Reihe enzymatisch gesteuerter Abbaureaktionen im Magen-Darm-Trakt zu unterwerfen. Der Experimentator ist nun gestärkt für das nächste Experiment.

Die Porzellanschale muss noch heiß sofort von allen Resten gründlich befreit werden, indem sie unter fließendem Wasser ausgewaschen und anschließend abgetrocknet wird. Auch alle anderen Geräte, die mit der Masse in Berührung gekommen sind (z. B. Glasstab, Tiegelzange) sind ebenso sorgfältig zu reinigen.

Versuch 2: Partialthermolyse eines homogenisierten Triglycerid-Saccharid-Protein-Gemischs

Man erwärmt auf Dreifuß und Drahtnetz in einem 400 mL Becherglas mit dem Gasbrenner 25 g einer 80 %-igen wässrigen Emulsion gesättigter und vitaminierter Triglyceride gerade zum Schmelzen, entfernt dann den Brenner und fügt unter ständigem Rühren nacheinander 25 g α-D-Glucopyranosyl-β-D-fructofuranosid, 1 Löffel eines stark lecithin-haltigen Lipoid-Protein-Gemischs, 100 mg eines Gemisches von 4-Hydroxy-3-methoxy-benzaldehyd mit Saccharose, 20 mg Ammoniumhydrogencarbonat, 5 mg Natriumchlorid sowie 50 g eines Polysaccharidgemischs von Amylose und Amylopektin hinzu.

Wenn die Masse sehr zähflüssig geworden ist, wird sie vollständig dem Becherglas entnommen und auf einem 30 mal 30 großen Stück Aluminiumfolie solange mechanisch bearbeitet-nötigenfalls spatelweise weiters Amylose-Amylopektin-Gemisch zusetzen, bis sie nicht mehr an der Unterlage haftet und zu einer maximal 0,5 cm dicken Folie kalandriert werden kann. Diese wird anschließend mit Hilfe von scharfen Platten aus nichtoxidierendem Stahl durch Zerschneiden geformt und dann 10 – 15 min. lang bei 200 °C im Trockenschrank zur Reaktion gebracht. Alle verwendeten Geräte sind unterdessen mit Hilfe von Tensiden gründlich zu reinigen.

Versuch 3: Explodierende Bonbons

Bei diesem und dem folgenden Versuch kann man die unter Umständen schwer zu entfernende Verschmutzung des Becherglases vermeiden, indem man aus zweimal gefalteter Aluminiumfolie eine Art »Pfanne« formt und diese auf das Drahtnetz legt.

Unter vorsichtigem Rühren wird ein Gemisch aus Saccharose (ca. 80 %), Citronensäure (ca. 12 %) und Natriumhydrogencarbonat (ca. 8 %) auf kleiner Flamme so schwach erwärmt, dass der Zucker gerade eben schmilzt, weil sonst die hier unerwünschte Reaktion aus Versuch 4 einsetzt.

Man lässt die Schmelze erstarren und abkühlen. Dann wird sie in kleine Bröckchen zerteilt. Wenn alles gut geklappt hat, explodieren die Geschmacksproben unter prasselndem Geräusch. sobald sie im Mund mit Speichel in Berührung kommen.

Versuch 4: Wohlschmeckender Montageschaum

Auch bei diesem Versuch darf man nur gelinde erhitzen, weil die Gefahr des Anbrennens groß ist.

Unter ständigem Rühren wird Saccharose zum Schmelzen gebracht. Man entfernt die

Flamme und rührt schnell ein Gemisch aus Citronensäure und Natriumcarbonat hinein. Die Mengenverhältnisse sollten denen aus Versuch 3 entsprechen.
Es entsteht ein voluminöser, blassgelber Schaum, der nach dem Abkühlen erstarrt und an Polyurethan-Montageschaum erinnert. Der Geschmack allerdings ist je nach Mischungsverhältnis der beteiligten Substanzen köstlich sauer oder seifig.

Quellennachweis

1.1 Das Quecksilberherz

H. Brandl: Trickkiste Chemie. Bayerischer Schulbuch Verlag. München 1998

G. Langhammer: Versuche zur physikalischen Chemie. Berlin 1956, S. 319

G. Meyendorf: Laborgeräte und Chemikalien. Köln 1975, S. 42, S. 116,8.238

Holleman/Wiberg: Lehrbuch der Anorganischen Chemie. Berlin 1976, 81. – 90. Auflage, S. 30 f

R. Kaltofen, R. Opitz, K. Schumann, J. Ziemann: Tabellenbuch Chemie. Leipzig 1968, 5. Auflage, S. 446

H. W. Roesky, K. Möckel: Chemische Kabinettstücke. VCH, Weinheim 1994

1.2 Der Tanz der Mottenkugeln

L. de Vries: Vom Basteln zum Experiment. München 1973, S. 72

1.3 Ein pH-Muskel

M. Braun: Demonstrationsversuche zur Gestalt organischer Makromoleküle. In: Chemie, Experiment + Didaktik, hrsg. von: *Maas/Vögtle*, Band l, Heft 6, Juni 1975, S. 171 f

1.4 Kollagen-Muskel

A. Opiatka: Mechanochemische Modellsysteme. In: Chemie in unserer Zeit, 7. Jahrg. 1973, Nr. 3, S. 91

1.5 Materie mit Gedächtnis

M. Kratz: Das Blutwunder von Neapel. AOL Verlag, Lichtenau 1998, Blatt 027 und 028

1.6 Chemischer Garten

Bukatsch/Glöckner (Hrsg.): Experimentelle Schulchemie • Physikalische Chemie II, Band 4/II, Köln 1973, S. 256 f

M. Kratz: Das Blutwunder von Neapel, a. a. O., Blatt 026

1.7 Harmlose Seeschlangen

E. Große: Biologie im Experiment. Aulis Verlag Deubner, Köln 1990

Bukatsch/Glöckner (Hrsg.): Experimentelle Schulchemie, Band 7. *O. Krätz* (Autor): Historische chemische und physikalische Versuche. Aulis Verlag Deubner, Köln 1979

M. Kratz: Das Blutwunder von Neapel, a. a. O. Blatt 026

Römpp/Raaf: Chemische Experimente die gelingen. Stuttgart 1976, 8. Auflage, S. 167 f

1.8 Schaumstoffpilze

H. Niermann: Makromoleküle als Kunststoffe. Bayer AG, Leverkusen, S. 68, S. 36, S. 40

H. R. Christen: Einführung in die Chemie Frankfurt/M. 1971, 6. Auflage, S. 407

K. Häusler: Natur und Technik, Chemie, Band 2 München 1975, 5. Auflage, S. 125

1.9 Kohle aus der Retorte
H. Stapf: Chemische Schulversuche, Teil 3 Berlin 1962, S. 204

1.10 Pharao-Schlange
M. Braun: Chemie im Fasching-Karneval Seminar für Chemie, PH Neuss, S. 6
Bukatsch/Glöckner (Hrsg.): Experimentelle Schulchemie, Anorganische Chemie, Band 3/1. Köln 1971, S. 13
[2] *R. Lemke:* Aarons Stab und die »Schlange des Pharao«. Chemie in der Schule 45 (1998) 2
Römpp/Raaf: Chemische Experimente die gelingen, a. a. O. S. 98 f
[1] *H. Schmidkunz, Karin Schlagheck:* Die schwarze Schlange aus der weißen Tablette. In: NiU-Chemie 10 (1999) Nr. 54 S. 41

1.11 Viel Schaum
H. Brandl: Trickkiste Chemie, a. a. O.

1.12 Transsylvanischer Eisbecher
H. W. Roesky, K. Möckel: Chemische Kabinettstücke, a. a. O.
M. Schwab: Chemieshow des Armin-Knab-Gymnasiums. Unveröffentlichtes Manuskript

2.1 Feuer ohne Streichholz
Bukatsch/Glöckner (Hrsg.): Experimentelle Schulchemie • Anorganische Chemie, Band 3/1. Köln 1971, S. 163
W. Flörke: Unfallverhütung im naturwissenschaftlichen Unterricht. Heidelberg 1967, 3. Auflage 101 f
S. Nick, I. Parchmann, R. Demuth (Hrsg.): Chemisches Feuerwerk. Aulis Verlag Deubner, Köln 2001

2.2 Selbstentzündung durch Wasser
S. Bailey u. a.: Producing ..., a. a. O., S. 525
H. Römpp: Chemische Experimente die gelingen, a. a. O. S. 81
Rheinboldt/Schmitz-DuMont: Chemische Unterrichtsversuche. Dresden und Leipzig 1962, S. 363
Holleman/Wiberg: Lehrbuch ..., a. a. O., S. 299 f
M. Kratz: Das Blutwunder, a. a. O., Blatt 010
H. W. Roesky, K. Möckel: Chemische Kabinettstücke, a. a. O.
W. Flörke: Unfallverhütung ..., a. a. O., S. 50

2.3 Feuer ausschütten
M. Kratz: Das Blutwunder, a. a. O., Blatt 009

2.4 Aluminiumbromid auf die Schnelle
S. Nick, I. Parchmann, R. Demuth (Hrsg.): Chemisches Feuerwerk, a. a. O. S. 151 (Autor: Prof. Mag. *V. Obendrauf*)

2.5 Funkengarbe

Stapf/Hradetzky: Chemische Schulversuche, Teil 3. Volk und Wissen, Berlin 1966, S. 143 f

[1] *M. Kratz:* Das Blutwunder, a. a. O., Blatt 037

2.6 Violette Flammenerscheinung

[1] *Bukatsch/Glöckner* (Hrsg.): Experimentelle Schulchemie • Anorganische Chemie, Band 3/1.1 Köln 1971, S. 171

2.8 Gefährliches Filterpapier

Braun/Häusler/Krieger: Anorganische Chemie München 1972, 2. Auflage, S. 138 f

W. Flörke: Unfallverhütung ..., a. a. O., S. 37, S. 47, S. 90, S. 93

G. Meyendorf: Laborgeräte ..., a. a. O., S. 188 f, S. 244 f, S. 196, S. 242 f, S. 116

H. Remy: Lehrbuch der Anorganischen Chemie, Band I Leipzig 1965, 12. Auflage, S. 757 f

Schröter/Lautenschläger/Bibrack/Städtler: Chemie Fakten und Gesetze. Leipzig 1973, Lizenzausgabe für die Buch- und Zeit-Verlagsgesellschaft mbH Köln, 5. Auflage, S. 227 f

R. Kaltofen u. a.: Tabellenbuch ..., a. a. O., S. 444

2.9 Wachs brennt ohne Docht

M. Kratz: Das Blutwunder, a. a. O., Blatt 007

2.10 »Löschen« eines Fettbrandes

[1] *M. Kratz:* Das Blutwunder, a. a. O., Blatt 008

[2] Uni Bielefeld (*dc2.uni-bielefeld.de/dc2/tip/index.html*)

2.11 Feuererscheinungen unter Wasser

[1] Quelle: NiU »Magnesiumfackel«

[2] *V. Obendrauf:* Ethin-Blitze unter Wasser. In: *Nick, Parchmann, Demuth* (Hrsg.): Chemisches Feuerwerk. Aulis Verlag Deubner, Köln 2001]

2.12 Der brandgefährliche Bleistiftspitzer

P. Pfeifer: Praxisorientierter Chemieunterricht – konkret. In NiU-Chemie 31

M. Kratz: Experimente als Hausaufgaben • Chemie. Aulis Verlag Deubner, Köln 1998

M. Kratz: Cola verdaut Fleisch AOL Verlag, Lichtenau 1997

2.13 Blitze unter Wasser

Römpp/Raaf: Chemische ..., a. a. O., S. 97 f

Holleman/Wiberg: Lehrbuch ..., a. a. O., S. 909

2.14 Feuer durch Ausblasen

Vorführung auf einer MNU-Tagung

2.15 Fliegendes Feuer

Bukatsch/Glöckner (Hrsg.): Experimentelle Schulchemie • Band 7 – Historische chemische und physikalische Versuche. Köln 1979, S. 39

2.16 Wunderkerzen

Römpp/Raaf: Chemische ..., a. a. O., S. 84 f

M. Kratz: Das Blutwunder, a. a. O., Blatt 012

2.17 Vulkan

[1] *M. Adelheim, E.-G. Höhn:* Zur Demonstration der thermischen Zersetzung von $(NH_4)_2Cr_2O_7$ – in: NiU-Chemie 4-1993 Nr. 17 S. 37 ff

S. Bailey, A. Bailey, Andersen, Koski, Rechtsteiner: Producing a Chemistry Magie Show – in: Journal of Chemical Education, Volume 52, Number 8, August 1975, S. 525

G. Meyendorf: Laborgeräte ..., a. a. O., S. 182

Holleman/Wiberg: Lehrbuch ..., a. a. O., S. 872

2.18 Feuer essen

Bukatsch/Glöckner (Hrsg.): Experimentelle Schulschemie • Band 7: Historische chemische und physikalische Versuche, Köln 1979, S. 44

2.19 Brennender Schneeball

Bukatsch/Glöckner (Hrsg.): Experimentelle Schulchemie Band 7 • *O. Krätz* (Autor): Historische chemische und physikalische Versuche, Köln 1979

2.20 Der Diamant, ein nicht ganz billiger Brennstoff

Vorführung auf einer MNU-Tagung

2.21 Weiterschießen einer Kerzenflamme

Bukatsch/Glöckner (Hrsg.): Experimentelle Schulchemie Band 7 • *O. Krätz* (Autor): Historische chemische und physikalische Versuche, Köln 1979, S. 48 f

[1] *F. R. Kreißl, O. Krätz:* Feuer und Flamme, Schall und Rauch. Wiley-VCH, Weinheim 1999, S. 222

2.22 Schnell Rauchen, effektiv Lüften

M. Kratz: Cola verdaut Fleisch, a. a. O. Blatt 4.05

2.23 Badet der Herr lau? Oder lieber heiß?

[1] *M. Kratz*

[2] *H. W. Roesky, K. Möckel:* Chemische Kabinettstücke, a. a. O., S. 35

2.24 Überraschungswatte

Bukatsch/Glöckner (Hrsg.): Experimentelle Schulchemie: Organische Chemie II, Band 6/1. Köln 1975, S. 164 f

Rheinboldt/Schmitz-DuMont: Chemische ..., a. a. O., S. 329
Stapf/Hradetzky: Chemische Schulversuche, Teil III. Berlin 1962, völlig neu bearb. und erw. Auflage des Buches, S. 224 f
M. Kemp, J. Joyce: Whizbang chemistry in: Chemtech, April 1979, S. 212

2.25 Rote Stichflamme

S. Bailey u. a.: Producing ..., a. a. O., S. 525
H. Remy: Lehrbuch der Anorganischen Chemie, a. a. O., S. 976 f
Holleman/Wiberg: Lehrbuch ..., a. a. O., S. 701
W. Flörke: Unfallverhütung ..., a. a. O., S. 88 f und S. 59 f
G. Meyendorf: Laborgeräte ..., a. a. O., S. 186 f und S. 243 f

2.26 Bengalisches Feuer

Bukatsch/Glöckner (Hrsg.): Experimentelle Schulchemie • Anorganische Chemie, Band 3/1, Köln 1971, S. 13
Bukatsch/Glöckner (Hrsg.): Experimentelle Schulchemie Band 7 • *O. Krätz* (Autor): Historische chemische und physikalische Versuche, Köln 1978
[1] *www.kopfball-online.de/experimente/ exp010520_b.html*

2.27 Der unverbrannte Faden

L. de Vries: Vom Basteln ..., a. a. O., S. 118 f

2.28 Feuerfestes Taschentuch

S. Bayley u. a.: Producing ..., a. a. O., S. 525

3.1 Allerlei Rauch

Braun/Häusler/Krieger: Anorganische ..., a. a. O., S. 92
H. Remy: Lehrbuch ..., Band I, a. a. O., S. 88
W. Flörke: Unfallverhütung ..., a. a. O., S. 88
Römpp/Raaf: Chemische ..., a. a. O., S. 93
Bukatsch/Glöckner (Hrsg.): Experimentelle Schulchemie • Anorganische Chemie, Band 3/1. Köln 1971, S. 142 f
Das Experiment: Chemische Zaubertricks. In: Chemie in unserer Zeit, 9. Jahrg., 1975, Nr. 6, S. 193
[1] *B. Geue, F. Wien:* Chemagie. Attroc Verlag, Bad Mergentheim 1997. Diesem Buch wurde die Versuchsskizze mit freundlicher Genehmigung der Autoren entnommen.

3.2 Rauchringe

G. Niese: Spiele und Experimente. Goldmanns Jugend Taschenbücher, Band Ju 17, S. 70f
M. Braun: Umweltschutz experimentell München 1974, S. 71 f
[1] *M. Kratz:* Cola verdaut Fleisch, a. a. O. Blatt 4.04

3.3 Wie im Film! Trockeneis-Nebel

St. Albrecht: Glühendes Trockeneis. In: *Nick/Parchmann/Demuth* (Hrsg.): Chemisches Feuerwerk. Aulis Verlag Deubner, Köln 2001

4.1 Fluoreszierende Schrift

Nach einer persönlichen Mitteilung von Herrn Dr. *Franz*, PH Neuss

4.2 Fluoreszierende Wolken

Bukatsch/Glöckner (Hrsg.): Experimentelle Schulchemie • Physikalische Chemie II, Band 4/II. Köln 1973, S. 156 f, S. 199 f, S. 159

4.3 Schreiben mit Licht

H. Dietle: Das Mikroskop in der Schule Stuttgart 1979,8. 110 ff
S. Krauter: Das Leben im Wassertropfen Stuttgart 1981, S. 17 f
Strasburger: Lehrbuch der Botanik Stuttgart 1978, S. 441 f

4.4 Leuchtschrift mit Phosphor

Holleman/Wiberg: Lehrbuch ..., a. a. O., S. 429
Römpps chemisches Lexikon, Band 3. Hrsg. von: *E. Ühlein*, München 1974, S. 660 ff
Römpps chemischen Lexikon, Band 1. Hrsg. von: *E. Ühlein*, München 1974, S. 146
[1] *Bukatsch/Glöckner* (Hrsg.): Experimentelle Schulchemie Band 7 • *O. Krätz* (Autor): Historische chemische und physikalische Versuche, Köln 1978

4.5 Schwebende Flamme

K. Häusler: Natur und Technik, Chemie, Band I, München. 1976, 5. Auflage, S. 113
K. Häusler: Natur und Technik, Chemie, Band l, Lehrerhandbuch. München 1976, 2. Auflage, S. 152
Holleman/Wiberg: Lehrbuch ..., a. a. O., S. 430

4.6 Kalte Flamme

Bukatsch/Glöckner (Hrsg.): Experimentelle Schulchemie • Physikalische Chemie II, Band 4/II, Köln 1973, 8.211

4.7 Phosphorlampe

Die Phosphorlampe. in: Naturw. i. Unterricht Köln 1965, S. 132
K. Häusler: Natur und Technik, Chemie 2, a. a. O., S. 101
R. Kaltofen u. a.: Tabellenbuch..., a. a. O., S. 422

4.8 Kaltes Licht

Bukatsch/Glöckner (Hrsg.): Experimentelle Schulchemie • Physikalische Chemie II, Band 4/II. Köln 1973, S. 212
M. Braun: Fasching ..., a. a. O., S. l
K.-D. Gundermann: Chemilumineszenz organischer Verbindungen. Berlin 1968, S. 63 ff

K.-D. Gundermann: Chemilumineszenz. In: Chemie in unserer Zeit, Weinheim 1970, S. 55 ff

4.9 Lumineszenz mit Pyrogallol

Bukatsch/Glöckner (Hrsg.): Experimentelle Schulchemie • Physikalische Chemie II, Band 4/11, Köln 1973, S. 156 f, S. 212

4.10 Tribolumineszenz

H. Brandl: Trickkiste Chemie, a. a. O. S. 18 f

4.11 Grüne Gurken leuchten gelb

H. Brandl: Trickkiste Chemie, a. a. O. S. 18 f
M. Kratz: Das Blutwunder von Neapel, a. a. O. Blatt 0.75
[1] Experimenteller Vortrag von *D. Schlichting*

4.13 Farben aus dem Nichts

Bukatsch/Krätz/Probeck/Schwankner: So interessant ist Chemie, a. a. O. S. 165 f
M. Kratz: Das Blutwunder von Neapel, a. a. O. Blatt 55
M. Kratz: Experimente als Hausaufgaben • Physik. Aulis Verlag Deubner, Köln 1998, Blatt Op 5

4.14 Kupfer – Silber – Gold

M. Braun: Elektrochemie. Düsseldorf 1976, S. 49
W. Flörke: Unfallverhütung ..., a. a. O., S. 31
H. Remy: Lehrbuch der Anorganischen Chemie, Band II. Leipzig 1961, 11. Auflage, S. 512
[1] *H. Brandl:* Trickkiste Chemie. Bayerischer Schulbuch Verlag, München 1998, S. 184

4.15 Verkupfern mit einem Schlag

M. Braun: Elektrochemie, a. a. O., S. 54, S. 21
H. Leyerzapf: Was ist Korrosion? In: Der Mathematische und Naturwissenschaftliche Unterricht (MNU), 21. Band, Heft I, 1. Januar 1968, S. 23 ff
Cuny: Grundlagen der Chemie Hannover 1974, 8. Auflage, S. 116
G. Ühlein (Hrsg.): Römpps chemisches Lexikon, Band 2, München 1974, S. 635
H. Remy: Lehrbuch ..., a. a. O., S. 889 ff

4.16 Falschgeld

Bukatsch/Glöckner (Hrsg.): Experimentelle Schulchemie • Anorganische Chemie, Band 3/1, Köln 1971, S. 145
R. Kaltofen: Tabellenbuch ..., a. a. O., S. 447
Holleman/Wiberg: Lehrbuch ..., a. a. O., S. 832

4.17 Versilbertes Glas

Römpp/Raaf: Chemische ..., a. a. O., S. 162 f
G. Meyendorf: Laborgeräte ..., a. a. O., S. 116

Holleman/Wiberg: Lehrbuch ..., a. a. O., S. 799

4.18 Goldregen

[1] *www.seilnacht.tuttlingen.com/versuche/stoffab.html*

5.1 Schaugläser

Bukatsch/Glöckner (Hrsg.): Experimentelle Schulchemie Band 7 • *O. Krätz* (Autor): Historische chemische und physikalische Versuche, Köln 1978, S. 46
[1] Historisches Rezept (Quelle: N. N.)
[2] *www.uni-ulm.de/uni/fak/natwis/sroel/exp/edm0101.html*
[3] *J. Voigt:* Modellversuch zum Verhalten polarer und unpolarer Lösungsmittel • Gestreifte Flüssigkeit. NiU-C 8 (1997), Nr. 38, S. 51
[4] *J. Voigt:* a.a.O., S. 52

5.2 Buntes Gewebe

A. Jenette: Farbe, Farbstoffe, Färben. Aus: Praxis-Schriftenreihe, Abt. Chemie, Bd. 13, Köln, Versuch 35
Bukatsch/Glöckner (Hrsg.): Experimentelle Schulchemie • Physikalische Chemie II, a.a.O., S. 167
H. Beyer: Lehrbuch der organischen Chemie Stuttgart 1973, 17. Auflage, S. 517 f

5.3 Blaue Rose

Nach Prof. *Kabuß*, Universität Freiburg (Information durch Prof. Dr. *Schmidkunz*)
Bukatsch/Glöckner (Hrsg.): Experimentelle Schulchemie Band 7 • *O. Krätz* (Autor): Historische chemische und physikalische Versuche, Köln 1978, S. 49 f

5.4 Die bunte Welt der Tomaten

[1] Teilweise zitiert aus Manuskript von Prof. Dr. *Schmidkunz,* nach: *D. Kolb:* Chem. Educ., Vol. 65, 11, S. 1004 ff (1988). Auch die Formeln und die Reaktionsgleichung stammen aus diesem Manuskript.
H. Brandl: Trickkiste Chemie, a. a. O., S. 155 f

5.7 Bunte Schrift

S. Bailey u. a.: Producing ..., a. a. O., S. 524
Holleman/Wiberg: Lehrbuch ..., a. a. O., S. 932 ff
[1] *Michael Kratz:* Das Blutwunder von Neapel, a. a. O. Blatt 017 und 022

5.8 Sympathetische Tinte

Bukatsch/Glöckner (Hrsg.): Experimentelle Schulchemie • Anorganische Chemie, Band 3/1, Köln 1971, S. 207 f
Holleman/Wiberg: Lehrbuch ..., a. a. O., S. 938
R. Hanson: Chemistry is Fun, Not Magie in: Journal of chemical Education Volume 53, Number 9, Sept. 1976, S. 577 f
H. Remy: Lehrbuch ..., Band II, a. a. O., S. 352 f

5.9 Wärmeempfindliche Bilder

Holleman/Wiberg: Lehrbuch ..., a. a. O., S. 838
Klikorka/Klazar/Zastera/Horak: Einführung in die präparative anorganische Chemie Leipzig 1963, S. 327 f
M. Braun: Fasching ..., a. a. O., S. 3
R. Kaltofen u. a.: Tabellenbuch ..., a. a. O., S. 447
G. Meyendorf: Laborgeräte ..., a. a. O., S. 137, S .250
W. Flörke: Unfallverhütung ..., a. a. O., S. 89

5.10 Unbeständige Schrift

Bukatsch/Glöckner (Hrsg.): Experimentelle Schulchemie • Physikalische Chemie II, Band 4/II, Köln 1973, S. 162
[1] *Bukatsch/Krätz/Probeck/Schwankner:* So interessant ist Chemie, a. a. O., S. 35
Holleman/Wiberg: Lehrbuch ..., a. a. O., S. 374

5.12 Zaubertintenfleck

Privatmitteilung von Herrn *Melber*, BASF-Ausbildungslaboratorium

5.13 Elektrisch schreiben und radieren

[1] *M. Kratz*: Das Blutwunder von Neapel, a. a. O., Blatt 022

5.14 Nobilische Ringe

M. Kratz: Das Blutwunder von Neapel, a. a. O. Blatt 023 (nach: *A. Neuberger:* Heitere Wissenschaft. Ullstein Verlag, Berlin 1923)

5.15 Mineralisches Chamäleon

M. Braun: Das mineralische Chamäleon. Skript, Seminar für Chemie, PH Neuss
M. Kemp, J. Joyce: Whizbang chemistry Chemtech, April 1979, S. 213
Holleman/Wiberg: Lehrbuch ..., a. a. O., S. 905 ff

5.16 Wasser-Traubensaft

S. Bailey u. a.: Producing ..., a. a. O., S. 524
Römpp/Raaf: Organische Chemie im Probierglas Stuttgart 1975, 13. Auflage, S. 146 ff

5.17 Bier zum Abgewöhnen und Getränke auf Wunsch

[1] Prof. Dr. *H. Schmidkunz*, Dr. *A. Brink*, *V. Brandt:* Die Herstellung eines »vollsynthetischen hellen Bieres« – ein chemisches Kabinettstückchen. In: Chemkon, 1/1994
[2] *M. Kratz:* Das Blutwunder von Neapel, a. a. O. Blatt 019 (nach einer Mitteilung von *B. Stilke*)

5.18 Acht Farben in einer Lösung

Privatmitteilung von Herrn *Melber*, BASF-Ausbildungslaboratorium
Holleman/Wiberg: Lehrbuch ..., a. a. O., S. 724, S. 931

5.19 Geheimnisvolles Wasser
P. Götz, Th. Jäger: Einführungskurs in die Chemie in: Naturw. i. Unterricht Köln 1970, S. 382 ff

5.20 Sechs Farben auf einen Streich
Privatmitteilung von Herrn *Melber*, BASF-Ausbildungslaboratorium

5.21 Ein roter Farbstoff aus Holz
Persönliche Mitteilung von Prof. Dr. *Schmidkunz*

6.1 Gasorgeln
F. R. Kreißl, O. Krätz: Feuer und Flamme, Schall und Rauch. Wiley-VCH, Weinheim 1999, S. 133

6.2 Tönendes Eisensulfid
H. Brandl: Trickkiste Chemie, a. a. O., S. 233
M. Kratz: Das Blutwunder von Neapel, a. a. O., Blatt 015

6.3 He für Tenor und Sopran, SF6 für Alt und Bass
M. Kratz: Das Blutwunder von Neapel, a. a. O. Blatt 68

6.4 Klirrendes Becherglas
[1] *H. Brandl:* Trickkiste Chemie, a. a. O., S. 236
[2] Römpp Lexikon Chemie (CD Version 2.0), Thieme Verlag 1999

6.5 Chlorknallgas
G. Meyendorf: Laborgeräte ..., a. a. O., S. 136, S. 250
Braun/Häusler/Krieger: Anorganische ..., a. a. O., S. 88 f
Stapf/Rossa: Chemische Schulversuche, Teil l Berlin 1972, 5. Auflage, S. 70 f
Holleman/Wiberg: Lehrbuch ..., a. a. O., S. 243
[1] *V. Obendrauf:* Experimentalvortrag

6.6 Explodierender Seifenschaum
Cuny: Grundlagen ..., a. a. O., S. 111
Stapff/Rossa: Chemische Schulversuche, Teil l, a. a. O., S. 52
Holleman/Wiberg: Lehrbuch ..., a. a. O., S. 56 ff

6.7 Donnerflamme
Rheinboldt/Schmitz-DuMont: Chemische ..., a. a. O., S. 186
Bukatsch/Glöckner (Hrsg.): Experimentelle Schulchemie • Organische Chemie I, Band 5, Köln 1974, S. 5
Braun/Häusler/Krieger: Anorganische ..., a. a. O., S. 150

6.8 Knallsilber

Braun/Häusler/Krieger: Organische Chemie München 1972, 2. Auflage, S. 49 f
Stapf/Hradetzky: Chemische Schulversuche, Teil 3, a. a. O., S. 45
Gerhard Meyendorf: Laborgeräte ..., a. a. O., S. 136
R. Kaltofen u. a.: Tabellenbuch ..., a. a. O., S. 418
K. Häusler: Natur und Technik, Chemie 2, a. a. O., S. 26

6.9 Knallerbsen

Rheinboldt/Schmitz-DuMont: Chemische ..., a. a. O., S. 314
M. Braun: Fasching ..., a. a. O., S. 2
Holleman/Wiberg: Lehrbuch ..., a. a. O., S. 46

6.10 Chemie ist ein Hammer!

Auf Anregung von Prof. Dr. *Schmidkunz*: *F. Johannsmeyer* u. a.: Die chemische Reaktion im Anfangsunterricht – ein Hammer? CHEMKON, Wiley-VCH GmbH, Weinheim 2002

6.11 Mehl – ein gefährlicher Sprengstoff

M. Kratz: Das Blutwunder von Neapel, a. a. O., Blatt 013

6.12 Wasserkraft

M. Kratz: Cola verdaut Fleisch , a. a. O., Blatt 1.11

7.1 Unheimliche Träne

M. Braun: Fasching ..., a. a. O., S. 6

7.2 Bologneser Flasche

M. Braun: Fasching ..., a. a. O., S. 6
Holleman/Wiberg: Lehrbuch ..., a. a. O., S. 571

7.3 Verschimmelndes Aluminium

Bukatsch/Glöckner (Hrsg.): Experimentelle Schulchemie • Anorganische Chemie, a. a. O., S. 23
Kaltofen, Opitz, Schumann, Ziemann: Tabellenbuch, a. a. O., S. 446
Holleman/Wiberg: Lehrbuch …, a. a. O., S. 645
[1] *Oliver Sacks:* Onkel Wolfram. Rowohlt Verlag, Reinbek 2002, S. 48 f

7.4 Silberwald und Kupferstacheldraht

M. Kratz: Das Blutwunder von Neapel, a. a. O., Blatt 025

7.5 Licht als Gewichtheber

Privatmitteilung von Herrn *Melber,* BASF-Ausbildungslaboratorium

7.6 Hüpfender Kitt

Michael Braun: Fasching ..., a. a. O., S. 6

Bukatsch/Glöckner (Hrsg.): Experimentelle Schulchemie • Organische Chemie III, a. a. O., S. 100
Privatmitteilung von Herrn *Melber* (BASF)
M. Kratz: Das Blutwunder von Neapel, a. a. O., Blatt 067

7.7 Künstlicher Kaviar

M. Braun: Fasching ..., a. a. O., S. 6
Dr. *O.-A. Neumüller:* Römpp Chemie-Lexikon, Stuttgart 1972, 7. Auflage, Band l, S. 104 f

7.8 Feuriges Gel

S. Bailey u. a.: Producing ..., a. a. O., S. 524

7.9 Wandernde Stoffe

H. Günther: Experimentierbuch für Jungen Stuttgart 1922, 2. – 11. Auflage, S. 173 ff

7.10 Blutwunder und Madonnen-Tränen

[1] *M. Kratz:* Das Blutwunder von Neapel, a. a. O., Blatt 003
[2] *B. Geue, F. Wien:* Chemagie. Attroc Verlag, Bad Mergentheim 1997

7.11 Magisches Pulver

R. Hanson: Chemistry is Fun, Not Magie. In: Journal of Chemical Education, Volume 53, Number 9, Sept. 1976

7.12 Nylon-Seil-Trick

Braun/Häusler/Krieger: Organische ..., a. a. O., S. 135
H. Niermann: Makromoleküle ..., a. a. O., S. 59

7.13 Kollisionen in der Petrischale

M. Minssen (Hrsg.), *T. Popp, W. de Vos:* Strukturbildende Prozesse bei chemischen Reaktionen und natürlichen Vorgängen. IPN Universität Kiel, o. J.

7.14 Der chemische Rorschach-Test

G. Harsch, H. H. Bussemas: Bilder, die sich selber malen. DuMont, Köln 1985

8.1 Wasserscheues Gewebe

M. Braun: Fasching ..., a. a. O., S. 10
Persönliche Mitteilung von Frau *Naucke*, PH Neuss
M. Neutert: 100 Tricks und Zaubereien Hamburg 1976, S. 114f
Bukatsch/Glöckner (Hrsg.): Experimentelle Schulchemie • Organische Chemie III, a. a. O., S. 183f

8.2 Trockene Flüssigkeit

Römpp/Raaf: Chemische Experimente ..., a. a. O., S. 183 f

8.4 Alkohol, Kaffee und Wasser

M. Gressmann, W. Mathea: Die Fundgrube für den Physik-Unterricht. Cornelsen Scriptor, Berlin 1996

8.5 Elektrische Leitfähigkeit und Musik

M. Kratz: Das Blutwunder von Neapel, a. a. O., Blatt 070

8.6 Glas leitet elektrischen Strom

M. Kratz: Das Blutwunder von Neapel, a. a. O., Blatt 075
M. Kratz: Experimente als Hausaufgaben • Chemie, a. a. O. Blatt C-At 1

8.7 Elektrisches Zünden eines Bleistifts

M. Kratz: Das Blutwunder von Neapel, a. a. O., Blatt 075 (nach einem Experimentalvortrag von *M. Volkmer*)
[1] Lexikon der Physik (CD-ROM). Spektrum Verlag, Heidelberg 1998/99, Stichwort »Graphit«

8.8 Der Bleistiftspitzer im Salzbad

M. Kratz: Experimente als Hausaufgaben • Chemie, a. a. O. Blatt C-El 5
P. Pfeifer: Praxisorientierter Chemie-Unterricht – konkret. In: NiU-C 31 01/1996

8.9 Eine Batterie für jeden Haushalt

J. Bublath: Die Knoff-Hoff-Show (Fernseh-Sendung)

8.10 Faradays Motor

[1] *M. Kratz:* Das Blutwunder von Neapel, a. a. O., Blatt 023 (nach einem Script der Gerwerblichen Berufschule I, Ostring 25 in Bochum)

9.1 Flüssiger Stickstoff

S. Bailey u. a.: Producing ..., a. a. O., S. 524. Zitiert nach folgender Übersetzung: Das Experiment: Chemische Zaubertricks. In: Chemie in unserer Zeit, 9. Jahrg., 1975, Nr. 6, S. 191
Michael Kratz: Das Blutwunder von Neapel, a. a. O., Blatt 036

9.2 Uri-Geller-Löffel

[1] *F. Bukatsch:* Der »Uri-Geller-Löffel«. in: Naturw. i. Unterricht, Köln 1974, S. 390 f

9.3 Alternative Energie

R. Hanson: Chemistry is ..., a. a. O., S. 577
Prof. Dr. *H. Schmidkunz*, Universität Dortmund, nach einer privaten Mitteilung
Prof. Dr. *H. Schmidkunz* (Hrsg.): Chemische Energiespeicherung. NiU-C 6/99 Heft 54.

9.4 Minus 30 °C in 30 Sekunden

Prof. Dr. *Heinz Schmidkunz*, Universität Dortmund, nach einer privaten Mitteilung

Prof. Dr. *H. Schmidkunz*: Spontane endotherme Reaktion fester, kristalliner Stoffe. In: MiU-Ch. 1 (1990) Nr. 2

9.5 Schnelles Kristallwachstum
Römpp/Raaf: Chemische ..., a. a. O., S. 165 f

10.1 Verzögerter, aber heftiger Sonnenaufgang
F. R. Kreißl, O. Krätz: Feuer und Flamme, Schall und Rauch, a. a. O. S. 120

10.2 Mittagskanonen – zu jeder Zeit einsatzbereit
M. Kratz: Cola verdaut Fleisch, a. a. O., Blatt 1.17

10.3 Iod-Uhr
S. Bailey u. a.: Producing ..., a. a. O., S. 97
Braun/Häusler/Krieger: Anorganische ..., a. a. O., S. 97

10.4 Iod-Uhr spezial
E. Shigematsu: A Few Chemical Magie Tricks Based on the Clock Reaction. In: Journal of Chemical Education

10.5 Synthetische Golduhr
S. Bailey u. a.: Producing ..., a. a. O., S. 524 f
G. Meyendorf: Laborgeräte ..., a. a. O., S. 236
W. Flörke: Unfallverhütung ..., a. a. O., S. 94

10.6 Untergehende Sonne mit Capri-Blau
M. Braun: Umweltschutz experimentell, a. a. O. S. 64
Braun/Häusler/Krieger: Anorganische Chemie, a. a. O., S. 109
M. Kratz: Das Blutwunder von Neapel, a. a. O., Blatt 054

10.7 Red Bottle als Sundowner, Blue Bottle für blaue Stunden
M. Braun: Umweltschutz ..., a. a. O., S. 74 f
M. Braun: Fasching ..., a. a. O., S. 4
[1] *U. L. Bohne:* Red Bottle. Dissertation, Dortmund 1999

10.8 Das pulsierende Sektglas
[1] *H. Kunz* u. a.: Das »pulsierende Sektglas«. In: Chemkon, Wiley-VCH, Weinheim 2000

10.9 Ein alkoholisches Kaminfeuer
M. Kratz: Cola verdaut Fleisch , a. a. O., Blatt 1.25
Weiterführend: *www.theochem.uni-duisburg.de/DC/material/exarbeiten/Exarbeit-Alex/praxis1.htm*

10.10 Oszillierende Iod-Uhr

M. Braun: Elektrochemie ..., a. a. O., S. 38

[1] *H. Brandl:* Trickkiste Chemie, a. a. O. S. 55 ff

[2] *http://dc2.uni-bielefeld.de/dc2/citrone/c_vbzr.htm*

10.11 Rot-Blau-Oszillation

[1] *R. Field:* Das Experiment: Eine oszillierende Reaktion. In: Chemie in unserer Zeit, 7. Jahrg. 1973, Nr. 6, 171 ff

11.1 Das Giftgas aus der Toilettenschüssel

M. Kratz: Das Blutwunder von Neapel, a. a. O., Blatt 016

11.3 Gefangenes Gas

[1] *V. Obendrauf:* Kein Pech mit Schwefel. Veröffentlichung im Internet *http://schulen.eduhi.at/chemie/schwefel.htm*

Braun/Häusler/Krieger: Organische Chemie, a. a. O., S. 143 f

W. Flörke: Unfallverhütung ..., a. a. O. S. 89

Wolff/Schwahn: Sicherheit im Labor. Frankfurt/M. 1980, S. 156

11.6 Rezepte zur Gaumenfreude

Nach einer Mitteilung von Dr. *Walter*, Fachleiter am Seminar für Sekundarstufe I, Duisburg

Stichwortverzeichnis